脊椎动物类群及动物进化研究

王湘君 ◎ 著

电子科技大学出版社
University of Electronic Science and Technology of China Press
·成都·

图书在版编目(CIP)数据

脊椎动物类群及动物进化研究 / 王湘君著. --成都：电子科技大学出版社，2018.1
ISBN 978-7-5647-5563-8

Ⅰ.①脊… Ⅱ.①王… Ⅲ.①脊椎动物门－进化－研究 Ⅳ.①Q959.301

中国版本图书馆 CIP 数据核字(2018)第 009981 号

内容简介

本书全面系统地论述了脊椎动物的所有门及纲，并在最后探讨了动物进化的相关内容，力求反映学科发展的前沿、成果与动态。全书主要内容涵盖了动物学总论，脊索动物门，圆口纲，鱼纲，两栖纲，爬行纲，鸟纲，哺乳纲，动物进化及其地理分布研究，海洋气候、环境与动物分布等。本书结构合理，条理清晰，内容丰富新颖，是一本值得学习研究的著作。

脊椎动物类群及动物进化研究
JIZHUI DONGWU LEIQUN JI DONGWU JINHUA YANJIU

王湘君　著

策划编辑	杜　倩　刘　愚
责任编辑	熊晶晶
出版发行	电子科技大学出版社
	成都市一环路东一段 159 号电子信息产业大厦九楼　邮编　610051
主　　页	www.uestcp.com.cn
服务电话	028－83203399
邮购电话	028－83201495
印　　刷	三河市铭浩彩色印装有限公司
成品尺寸	170 mm×240 mm
印　　张	19
字　　数	244 千字
版　　次	2018 年 4 月第一版
印　　次	2024 年 9 月第二次印刷
书　　号	ISBN 978-7-5647-5563-8
定　　价	66.00 元

版权所有，侵权必究

前言

海洋是生命的发源地,也是生物生活和进化的最佳环境。人类的胚胎发育,反映人类的系统发育,证明人类在系统发育的进程中,经历过水生生活阶段,然后登上大陆进化而来的。现有的哺乳动物有三种类型,即水生哺乳动物,如鲸;两栖哺乳动物,如海豚等;陆生哺乳动物,如人类等。它们之间,以陆生哺乳动物的进化程度最高,两栖哺乳动物的进化程度次之,水生哺乳动物的进化程度最低。据此,哺乳动物的进化程序,应是由水生哺乳动物,经过两栖哺乳动物,登陆后进化为陆生哺乳动物。能水陆两栖生活的水獭,其体形和外部特征均保持与陆生哺乳动物相一致;能水陆两栖的海豚,其体形与外部特征,也都保持与水生哺乳动物鲸相一致。以此证明,水獭应是由陆生哺乳动物入水,成为可以水陆两栖生活的哺乳动物;海豚是由水生哺乳动物登陆,成为可以水陆两栖生活的哺乳动物。在大陆上生活的动物,在海洋的咸水中是不能生存的,因此鲸只能是由生活在海洋中的鱼类进化而来的,绝不能是由陆生哺乳动物入水后退化而来的。生活在大陆上的动物,不应是由大陆上的动物,经历由低级向高级进化,最后进化为陆生哺乳动物,因为这条进化线连接不起来,不是一条实线,而是一条虚线。正确的认识,应是大陆上不同进化阶段的动物,只能是由生活在海洋中的不同进化阶段的动物,分批登上大陆后进化而来的。随登陆的先后顺序,反映为大陆上的动物由低级向高级进化的程序,最先登陆的原生动物的进化程度最低,最后登陆的哺乳动物的进化程度最高,人类成为"万物之灵"。如果不是这样来认识动物的进化关系,则对于两栖类、爬行类、鸟类和哺乳类动物,是由大陆上的什么动物进化来的,无法做出解释。大陆上的各个进化阶段的动物,它们的系统发育,都经历了由海洋到大陆的进化历程,以原生动物的进化历程最短,哺乳动物的进化历程最长。因此,所有生活在大陆上的动物,由低级到高级的进化,都是在海洋和大陆两种环境中完成的。

纷纭多彩的动物界与人类的衣、食、住、行,乃至精神生活都密不可分,其重要意义不言而喻。研究动物学的目的主要在于揭示动物生命活动的客观规律和奥秘,并基于这些规律合理地、可持续地利用动物资源,为人类的生产和生活服务。

本书以脊索动物生命活动与环境的关系以及动物进化为主线,图文并茂地讲解动物的主要特征;在分类部分突出重要类群,重点介绍与人类生产生活密切相关的代表种类。本书共 10 章,主要内容包括动物学总论,脊索动物门,圆口纲,鱼纲,两栖纲,爬行纲,鸟纲,哺乳纲,动物进化及其地理分布研究,海洋气候、环境与动物分布。

由于时间仓促,作者水平有限,本书难免存在错误、疏漏之处,恳请广大读者批评指正,不吝赐教。

王湘君
2018 年 2 月于三亚

目 录

第一章 动物学总论 … 1

第一节 动物在生物界的地位 … 1
第二节 动物学的研究方法 … 2
第三节 动物分类学 … 3
第四节 海洋脊椎动物学的研究内容 … 6

第二章 脊索动物门 … 8

第一节 脊索动物门的主要特征 … 8
第二节 脊索动物门的分类概述 … 11
第三节 尾索动物亚门 … 12
第四节 头索动物亚门 … 17
第五节 脊椎动物亚门 … 23

第三章 圆口纲 … 28

第一节 圆口纲的主要特征 … 28
第二节 圆口纲的形态结构与功能 … 30
第三节 圆口纲的分类 … 36
第四节 圆口纲与海洋生态 … 38

第四章 鱼纲 … 40

第一节 鱼类的主要特征 … 40
第二节 鱼类的形态结构与功能 … 41
第三节 鱼类的分类 … 65
第四节 海洋鱼类分类鉴定实例 … 74

第五节　海洋鱼类的生态 …………………………… 76
　　第六节　鱼类的经济意义 …………………………… 83
　　第七节　鱼类与人类的关系 ………………………… 85
　　第八节　海产鱼养殖概况 …………………………… 87

第五章　两栖纲 ………………………………………… 88
　　第一节　两栖纲的主要特征 ………………………… 88
　　第二节　两栖纲的形态结构与功能 ………………… 90
　　第三节　两栖纲的分类 …………………………… 111
　　第四节　海蛙的生态 ……………………………… 116
　　第五节　两栖动物与人类的关系 ………………… 117

第六章　爬行纲 ………………………………………… 122
　　第一节　爬行纲的主要特征 ……………………… 122
　　第二节　爬行纲的形态结构与功能 ……………… 123
　　第三节　爬行纲的分类 …………………………… 141
　　第四节　海龟的生态 ……………………………… 150
　　第五节　海蛇的生态 ……………………………… 153
　　第六节　爬行动物与人类的关系 ………………… 157

第七章　鸟纲 …………………………………………… 162
　　第一节　鸟纲的主要特征 ………………………… 162
　　第二节　鸟纲的形态结构与功能 ………………… 164
　　第三节　鸟纲的分类 ……………………………… 178
　　第四节　鸟类的繁殖和迁徙 ……………………… 180
　　第五节　海鸟的生态 ……………………………… 183
　　第六节　鸟类的经济意义 ………………………… 190
　　第七节　鸟类与人类的关系 ……………………… 192
　　第八节　海鸟保护 ………………………………… 193

第八章 哺乳纲 ································ 196

第一节 哺乳纲的主要特征 ················ 196
第二节 哺乳纲的形态结构和功能 ·········· 197
第三节 哺乳纲的分类 ······················ 216
第四节 中国海洋哺乳动物区系 ············ 221
第五节 鲸类的生态 ························ 224
第六节 哺乳纲的经济意义 ················ 227
第七节 哺乳动物与人类的关系 ············ 228
第八节 海洋哺乳动物保护 ················ 231
第九节 海洋哺乳动物的开发利用 ·········· 232

第九章 动物进化及其地理分布研究 ······ 235

第一节 动物进化的主要例证 ·············· 235
第二节 进化理论 ·························· 238
第三节 动物进化规律 ······················ 241
第四节 脊椎动物的起源与演化 ············ 247
第五节 动物的地理分布 ··················· 257
第六节 分子进化 ·························· 266

第十章 海洋气候、环境与动物分布 ······ 272

第一节 海洋气候 ·························· 272
第二节 海洋环境 ·························· 278
第三节 海洋动物分布 ······················ 292

参考文献 ······································ 294

第一章　动物学总论

在生物分界过程中,动物界早在林奈时代就被认识并划分出来。在人类认识自然、生存和发展的漫长历史中,积累了极为丰富的动物知识,动物学随之建立和发展起来。

第一节　动物在生物界的地位

生物界中的植物,能通过其体内含有的叶绿体,进行光合作用,将二氧化碳、水和无机盐在体内合成自身必需的糖类等物质,从而使太阳能转变为淀粉等可以储存的能量。因而,在整个食物链中,植物是食物链的生产者,故称为"自养生物"。动物生存的基本条件是占据一定空间、摄取一定量食物以获取代谢所需能量和繁殖后代。在获取营养方面,动物则必须直接或间接从生产者那里获得营养和能量,故称"异养生物"。动物是生物界中能量的消费者。

无论动物还是植物,它们都有一定的寿命,当动、植物死后,其尸体被微生物分解为可循环的物质,返回到自然界中供绿色植物重新利用。因此,微生物是食物链中的分解者,处于还原者的地位。生物之间在物质和能量两个方面相互联系、协调一致,共同完成了生物界中的物质流动和能量循环。

第二节　动物学的研究方法

一、观察与描述

通过观察将动物的外部特征、内部结构、生活习性等如实系统地记录下来。记录方式包括文字描述、绘图、摄影、摄像、仪器记录等。观察描述法是最简便的直观研究法,观察时必须细微,描述要真实,从而为有关研究积累了可靠的第一手资料。

随着科学技术的发展,观察和描述的方法获得了巨大进步。光学显微镜使观察深入到组织、细胞水平;电子显微镜使观察深入到细胞及其细胞器的亚微或超微结构水平;分子生物学实验技术已将动物学研究的诸多领域推进分子水平。电子计算机与各种仪器设备联用,可以快速、准确地将观察到的各种现象记录下来。

二、比较法

比较不同动物的器官系统,可以探究它们之间的类群关系,从而揭示动物生存和演化的规律。动物学中各分类阶元特征的概括,就是通过比较而获得的。从动物体宏观结构深入到细胞、亚细胞和分子水平的比较,是当今研究的热点之一。

三、历史法

历史法是指根据现在所观察的生命过程及其规律来推论过去所发生的生命过程。研究生命的本质及发展规律,必须应用这种方法。英国博物学家达尔文(Darwin)就是应用历史法获得巨大成就的学者。

四、人工模拟法

人工模拟法是指通过动物药理实验、动物病理实验及电脑模拟来探索高级神经思维活动的规律。

五、实验法

在一定的人为控制条件下,对动物的生命活动或结构机能进行观察和研究。实验法经常与比较法同时使用,并与具体的方法学及实验手段的进步密切相关。例如,用透射电镜术与扫描电镜术研究动物的组织、细胞和细胞器的亚微或超微结构等,用放射性同位素示踪法研究动物的代谢过程和生态习性等。层析、电泳、超速离心、显微分光光度、气相色谱和液相色谱分析、蛋白质测序、基因测序及电子计算机技术等,均已应用于各有关实验工作的不同方面,从而推动着动物学科的发展。

六、综合研究法

动物学是一门综合性学科,只有运用多学科的交叉知识,采用多种技术进行综合研究,才能取得显著的研究成果,使研究向更深的方向发展。

第三节 动物分类学

一、分类等级和基本单位

动物分类等级(category)由高至低依次为界(Kingdom)、门(Phylum)、纲(Class)、目(Order)、科(Family)、属(Genus)、种(Species)共七级。种是物种的简称,是指具有共同祖先,在形态、结构、生理和遗传特征上彼此相似并占据一定空间,具有实际或潜在繁殖能力,且与其他物种具有生殖隔离的一个群体,是分类的基本单位。相近的种归并为属,相近的属归并为科,依此类推。有时为了更精确地表示动物间的相似程度,可将原有的等级细分,在原有的等级之前或之后加上总(Super-)或亚(Sub-)。从而就有了总纲(Suerclass)、亚纲(Subclass)、总目(Superorder)、亚目(Suborder)等名称。但按照惯例,亚科、科和总科等名称都有标准的字尾(科是-idae,总科是-oidea,亚科是-inae)。下面以大熊猫为例,用分类等级完整地表述它在动物系统中的地位:

界 Kingdom	动物界 Animalia
门 Phylum	脊索动物门 Chordata
亚门 Subphylum	脊椎动物亚门 Vertebrata
纲 Class	哺乳纲 Mammalia
目 Order	食肉目 Carnivora
亚目 Suborder	犬型亚目 Caniformia
科 Family(-idea)	熊科 Ursidae
亚科 Subfamily(-inae)	大熊猫亚科 Ailuropodinae
属 Genus	大熊猫属 *Ailuropoda*
种 Species	大熊猫 *melanoleuca*

二、动物物种的命名

动物物种的命名和其他生物一样,都用双名法。所谓双名法,是指每个物种都只有一个学名,这个学名由两部分构成:前一部分是该物种的属名,后一部分是其种本名,属名用主格单数名词,第一个字母必须大写,种名常为形容词,在词性上应与属名相符,一般都是小写,如果种名不能确定,可在属名后附加"sp."。学名必须以拉丁文或拉丁化的文字表示,印刷时使用斜体(手写时一般要加双下划线),学名之后,还可附加当初定名人的姓氏。例如,虎的拉丁文学名是 *Panthera tigris*,在汉语文章中往往写成:虎 *Panthera tigris* 或虎(*Panthera tigris*)。如果在一篇文章中多次提到某一个属,除第一次提到时给出全写外,在以后出现时,可将属名缩写为第一个字母,但绝不能省略。

双名法为国际统一的物种命名法,主要有以下好处:一是便于交流;二是不会出现同物异名或同名异物的现象;三是可以初步推断相近动物之间的亲缘关系。例如,从亚洲象(Elephas maxximus)和非洲象(Loxodonta africana)的汉语名称上来看,一般人可能会把它们当作同一种动物,只是分布地不一样,但从拉丁文学名上可知,它们根本就不是一个属的动物。再如,虎(*Panthera tigris*)、豹(*P. pardus*)、狮(*P. leo*)、美洲虎或美洲豹(*P. onca*)竟然有很密切的亲缘关系,都是豹属(*Panthera*)的动物,而猎豹(*Acinonyx jubatus*)、云豹(*Neofelis nebulosa*)和雪豹(*Uncia uncia*)却与豹相差较远,不是豹属的动物。

另外,还需要指出的是,如果是亚种,就要使用三名法,即在种名之后再加上亚种名,如华南虎的拉丁文学名是 *Panthera tigris amoyensis*。

三、动物的分门

根据细胞数量、胚层、体腔、体型、体节、附肢、脊索及内部器官的系统发生发展等特征,把整个动物界分化为若干门。目前动物界约分为 37 个门,具体如下。

原生动物门(Protozoa)　　扁盘动物门(Placozoa)
中生动物门(Mesozoa)　　多孔动物门(Porifera)
刺胞动物门(Cnidaria)　　栉水母动物门(Ctenophora)
扁形动物门(Platyhelminthes)　　纽形动物门(Nemertea)
线虫动物门(Nematoda)　　轮虫动物门(Rotifera)
线形动物门(Nematomorpha)　　腹毛动物门(Gastrotricha)
颚口动物门(Gnathostomulida)　　微颚动物门(Micrognathozoa)
棘头动物门(Acanthocephala)　　铠甲动物门(Loricifera)
内肛动物门(Entoprocta)　　动吻动物门(Kinorhyncha)
环口动物门(Cycliophora)　　环节动物门(Annelida)
螠虫动物门(Echiura)　　星虫动物门(Sipunculida)

须腕动物门(Pogonophora)　鳃曳动物门(Priapulida)
软体动物门(Mollusca)　节肢动物门(Arthropoda)
缓步动物门(Tardigrada)　有爪动物门(Onychophora)
五口动物门(Pentastomida)　腕足动物门(Brachiopoda)
外肛动物门(Ectoprocta)　帚虫动物门(Phoronida)
毛颚动物门(Chaetognatha)　异涡动物门(Xenoturbellida)
棘皮动物门(Echinodermata)　半索动物门(Hemichordata)
脊索动物门(Chordata)

第四节　海洋脊椎动物学的研究内容

海洋脊椎动物包括海洋鱼类、爬行类、鸟类和哺乳类。其中，海洋鱼类有圆口纲(Cyclostomata)、软骨鱼纲(Chondrichthyes)和硬骨鱼纲(Osteichthyes)。海洋爬行动物有棱皮龟科(Dermochelidae)，如棱皮龟(*Dermochelys*)；海龟科(Cheloniidae)，如蠵龟(*Caretta*)和玳瑁(*Eretmochelys*)海洋动物；海蛇科(Hydrophiidae)，如青环海蛇(*Hydrophis cyanocinctus*)和青灰海蛇(*Hydrophis caerulesceris*)等。海洋鸟类的种类不多，仅占世界鸟类种数的0.02%，如信天翁、鹱、海燕、鲣鸟、军舰鸟和海雀等都是人们熟知的典型海洋鸟类。中国常见的海洋鸟类有：鹱形目(Procellariiformes)的白额鹱(*Puffinus leucomelas*)和黑叉尾海燕(*Oceanodroma monorhis*)等，鹈形目(Pelecaniformes)的褐鲣鸟(*Sula leucogaster*)和红脚鲣鸟(*Sula sula*)，雨燕目(Apodiformes)的金丝燕(*Collocalia vestita*)和短嘴金丝燕(*Collocalia brevirostris*)等。海洋哺乳动物包括鲸目(Catacea)、鳍脚目(Pinnipedia)和海牛目(Sirenia)等。

海洋脊椎动物学是研究动物界的脊索动物门的3个亚门，即尾索动物亚门、头索动物亚门和脊椎动物亚门，海洋类群动物的形态结构和有关生命活动规律的科学。根据其研究内容的不同而划分为不同的学科,主要包括以下学科。

(1)动物形态学:指研究动物体内外结构及其在个体发育和系统发展中变化规律的科学。包括研究细胞与器官的显微结构、动物遗传变异规律及个体发育中的动物体器官系统形成过程,以及研究已绝灭动物在地层的化石等。

(2)动物分类学:研究动物类群之间彼此相似程度并把它们分门别类列成系统,以阐明它们的亲缘关系、进化过程和发展规律的科学。

(3)动物生理学:研究动物体的生活机能,如消化、循环、呼吸、排泄、生殖,刺激反应性等各种机能的变化、发展情况以及在环境条件影响下所引起的反应等。

(4)动物生态学:根据有机体与环境条件的辩证统一,研究动物的生活规律及其与环境中非生物与生物因子的相互关系的科学。

(5)动物地理学:研究不同水域动物分布情况以及动物与其存活环境的相互依存关系的科学。

第二章 脊索动物门

脊索动物是动物界最高等的一门。成体或幼体背侧有一脊索,故名脊索动物。脊索动物分为口索动物、尾索动物、头索动物和脊椎动物四个亚门。其中前三个亚门合称"原索动物"。原索动物是脊索动物门原始的一群。幼体或成体保留着脊索。脊索具有弹性,能弯曲,不分节,是构成骨骼的最原始中轴。种类少,全部海生。脊索动物门中的脊椎动物亚门,体形高大,适应能力极强,完成了动物进化上的两大飞跃:由水生变陆生,由变温改恒温。另外,高等脊椎动物的中枢神经系统获得充分发展,以致最后演化出了"智力特别发达"的人。

第一节 脊索动物门的主要特征

脊索动物门是动物界中最高等的一门。现存种类不论在外部形态和内部结构以及生活方式上,都存在极显著的差异,但在个体发育的某一时期或整个生活史中具有如下共同特征(图2-1),这些特征完全区别于无脊椎动物。

一、脊索(notochord)

脊索是身体背部起支持作用的棒状结构,位于消化道背面、背神经管腹面。在发生上来自胚胎的原肠背壁,后与原肠脱离形成。典型的脊索由富含液泡的脊索细胞组成,外面围有脊索细胞分泌形成的结缔组织鞘,即脊索鞘(notochordal sheath)。脊索鞘通常包括内、外两层,分别为纤维组织鞘和弹性组织鞘。充满液泡的脊索细胞由于产生膨压,使脊索既具弹性又有硬度(图 2-2)。脊索终生存在于低等脊索动物中(例如文昌鱼)或仅见于幼体时期(例如尾索动物)。脊椎动物中的圆口类脊索终生保留,其他类群只在胚胎期出现脊索,后来被脊柱(vertebral column)所取代,成体的脊索完全退化或保留残余。

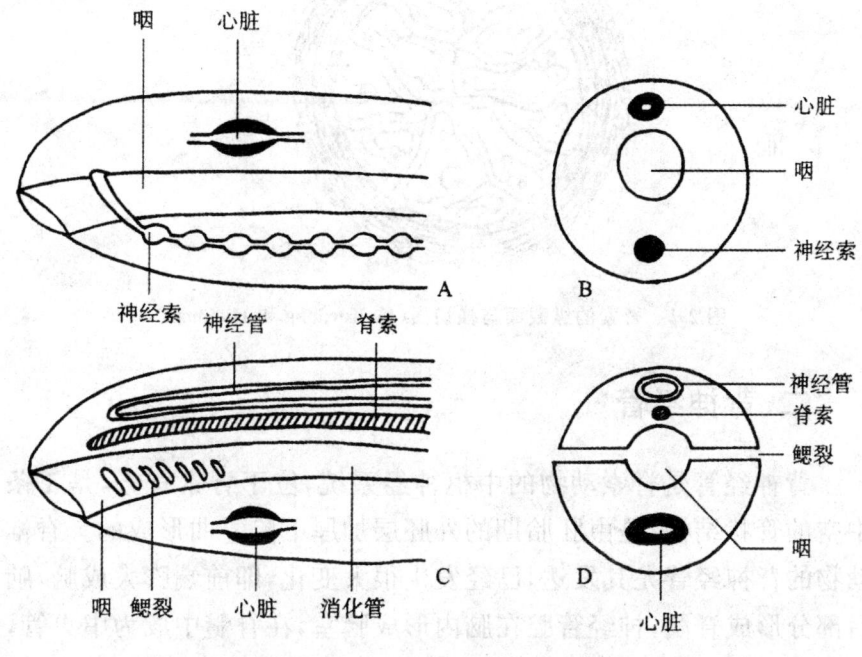

图 2-1 脊索动物与无脊椎动物主要特征比较图

A.无脊椎动物体的纵断面;B.无脊椎动物体的横断面;
C.脊索动物体的纵断面;D.脊索动物体的横断面

脊索的出现是动物进化历史上的重大事件,它强化了对躯体的支持与保护功能,提高了定向、快速运动的能力和对中枢神经系统的保护功能,也使躯体的大型化成为可能,是脊椎动物头部(脑和感官)以及上下颌出现的前提条件。

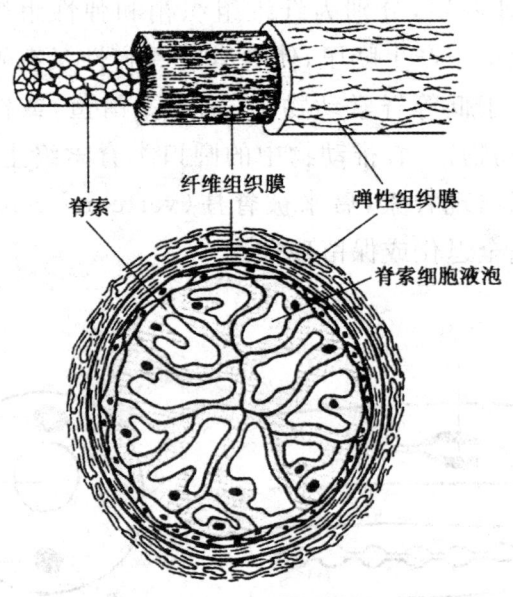

图 2-2 脊索的纵截面与横切面（仿 Kardong 和 Hickman）

二、背神经管

背神经管是脊索动物的中枢神经系统，位于脊索背方，是 1 条中空的管状结构，是由胚胎期的外胚层加厚下陷卷曲形成的。脊椎动物的背神经管尤其发达，已经发生很大变化，即前端膨大成脑，脑后部分形成脊髓，神经管腔在脑内形成脑室，在脊髓中成为中央管，而脊柱等内骨骼也进一步发展完善，形成头骨、椎管，予以保护。

在非脊索动物中，活动能力较强的高等类群，如环节动物和节肢动物，中枢神经系统一般是链状的，为 1 条实心的神经索，位于消化道的腹面，结构比较简单，与脊索动物的背神经管相差甚远。

三、咽鳃裂

咽鳃裂（pharyngeal gill slits）为消化道前端的咽部，两侧有一系列左右成对排列、数目不等的裂孔，直接开口于体表或以一个共同的开口间接地与外界相通，这些裂孔就是咽鳃裂。低等水栖脊索动物的鳃裂终生存在并附生着布满血管的鳃，作为呼吸器官;陆栖高等脊索动物仅在胚胎期或幼体期(如两栖纲的蝌蚪)具有鳃裂,随着发育成长最终完全消失。

四、脊索动物的心脏及主动脉

脊索动物的心脏位于消化管的腹面,循环系统为闭管式。无脊椎动物的心脏及主动脉在消化管的背面,循环系统大多为开管式。

五、肛门后有肛后尾

绝大多数脊索动物在肛门后方有肛后尾(post-anal tail),无脊椎动物的肛孔常开口在躯干部的末端。

第二节 脊索动物门的分类概述

根据脊索的存在情况,现存的脊索动物分属于3个亚门,即尾索动物亚门、头索动物亚门、脊椎动物亚门。尾索动物亚门和头索动物亚门是低等的脊索动物,总称为原索动物(Protochordata)(表2-1)。

表2-1 脊索动物的综合分类

类群		头部	上下颌	羊膜	体温
头索动物亚门		无头类	无颌类	无羊膜类	变温动物
尾索动物亚门					
脊椎动物亚门	圆口纲	有头类			
	鱼纲		有颌类		
	两栖纲				
	爬行纲			羊膜类	恒温动物
	鸟纲				
	哺乳纲				

第三节 尾索动物亚门

尾索动物因尾部中轴有明显的脊索而得名。成体的体表都包裹着一层由表皮所分泌的纤维质的被囊,故又称为被囊动物。大多数种类仅在幼体期有脊索和背神经管。海产,分布很广,从近岸到大洋都有。成体多营固着生活,也有少数营自由生活。终生或幼虫期体形为蝌蚪状,由躯干部和尾部组成。

一、代表动物——柄海鞘（*Styela clava*）

(一)生活环境与分布

海鞘是尾索动物亚门中最常见的类群,常固着在码头、船体、船坞、贝壳及海底岩石上。

(二)成体形态结构特征

海鞘的成体外形似壶,顶端的壶口为入水管孔,稍侧面较低处的壶嘴为出水管孔。从其发生上来看,出、入水管孔之间为背侧。壶底固着在水中的物体上(图2-3)。

口位于入水管孔的底部,向内为宽大的咽,咽壁有许多鳃裂,鳃裂间隔的咽壁组织分布着大量的毛细血管。从口进入咽内的呼吸水流经过鳃裂流到围鳃腔时,即可在咽处进行气体交换,完成呼吸作用。最终水流经过出水孔排出。

咽的内壁背、腹侧中央各有一沟状结构成为背板和内柱,具有腺细胞和纤毛细胞。腺细胞能分泌黏液将由水流带来的食物颗粒形成食物团,纤毛摆动使水定向流动。内柱与背板在咽前部以围咽沟相连。在内柱形成的食物团经围咽沟到达背板,然后进入胃、肠,食物残渣经肛门排入围鳃腔,随水流经出水管孔排出体外。

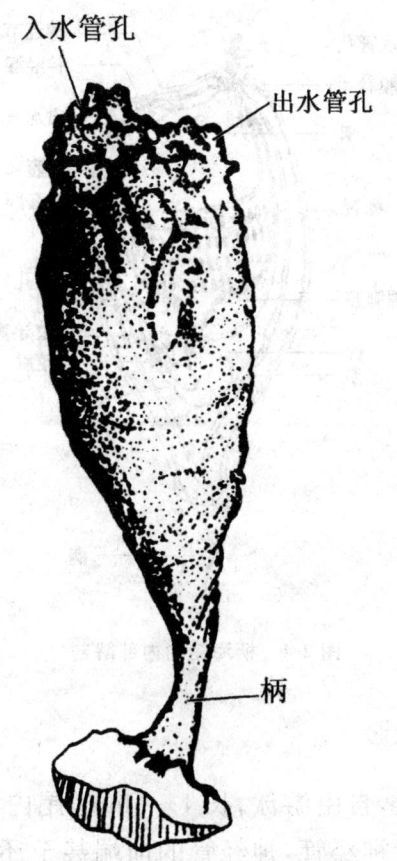

图 2-3 柄海鞘外形

由于营固着生活,神经退化,只在入、出水管孔之间有一神经节。

心脏位于身体腹侧胃的附近,心脏两端各发出一条血管,前端为鳃血管,分布于鳃裂间咽壁上;后端为肠血管,分布于内脏器官并开放于血窦。开管式循环。无专门的排泄器官,只在肠的附近堆积有一团具排泄功能的细胞,含尿酸结晶。

雌雄同体,精巢与卵巢结合在一起,位于胃的附近,分别以单一生殖导管开口于围鳃腔。成熟卵子与由水流带来的另一海鞘的精子在围鳃腔内受精,受精卵再由出水管孔排出,海水中发育(图 2-4)。

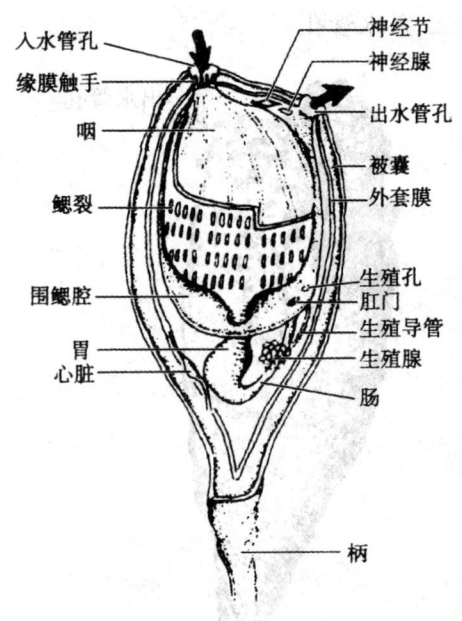

图 2-4 柄海鞘的内部解剖

（三）幼体及变态

幼体形似蝌蚪，自由游泳，长 1~5mm，尾内有发达的脊索，脊索背方有中空的背神经管，神经管的前端甚至还膨大成脑泡（cerebral vesicle）；具有眼点和平衡器官等。消化管包括口、咽、内柱、肠和肛门，咽壁上有少量成对的鳃裂。心脏位于身体腹侧。幼体经过几小时至一天的自由生活后，用体前端的附着突（adhesive papillae）黏着在其他水中物体上，开始变态。幼体的尾连同内部的脊索和尾肌逐渐被吸收而消失，神经管退化而残存为一个神经节，感觉器官消失。与此相反，咽部却大为扩张，鳃裂数目急剧增多，同时形成围绕咽部的围鳃腔；附着突被海鞘的柄所替代——附着突背面生长迅速，把水管口孔的位置推移到另一端（背部），于是造成内部器官的位置也随之转动了 90°~180°。随后由体壁分泌形成被囊，变为营固着生活的柄海鞘（图 2-5）。柄海鞘经过变态，失去了一些重要的构造，形体变得更为简单，柄海鞘成体的形态结构与典型的脊索动物有很大差异，这种变态称为逆行变态

(retrogressive metamorphosis)。

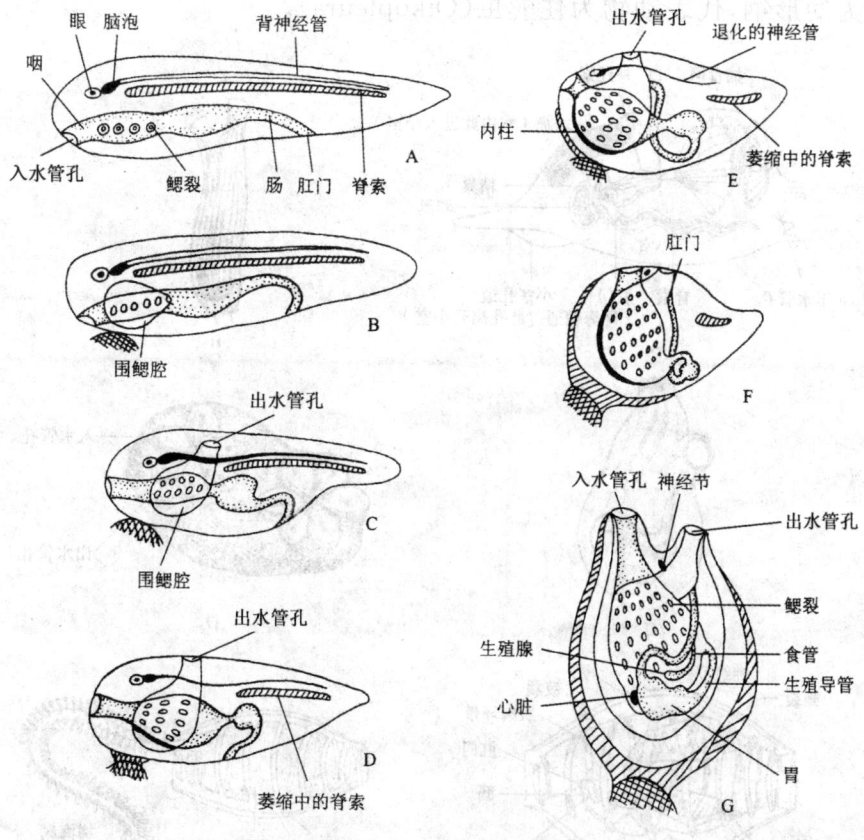

图 2-5　海鞘的幼体(A)和变态过程(B~G)

二、尾索动物的分类

本亚门有 2000 多种,分为 3 个纲(图 2-6),我国已知有 14 种左右。体呈袋形或桶状,包括单体和群体两个类型,绝大多数无尾种类只在幼体时期自由生活,成体于浅海潮间带营底栖固着生活,少数终生有尾种类在海面上营漂浮式的自由游泳生活。

(一)尾海鞘纲(Appendiculariae)

本纲是尾索动物中的原始类型,体外无被囊,缺少围鳃腔而只有两个直接开口体外的鳃裂,终生保留着幼体状态的长尾,大多在沿岸浅海中营自由游泳生活。生长发育中无逆行变态,故称为幼形纲,代表动物为住囊虫(Oikopleura)。

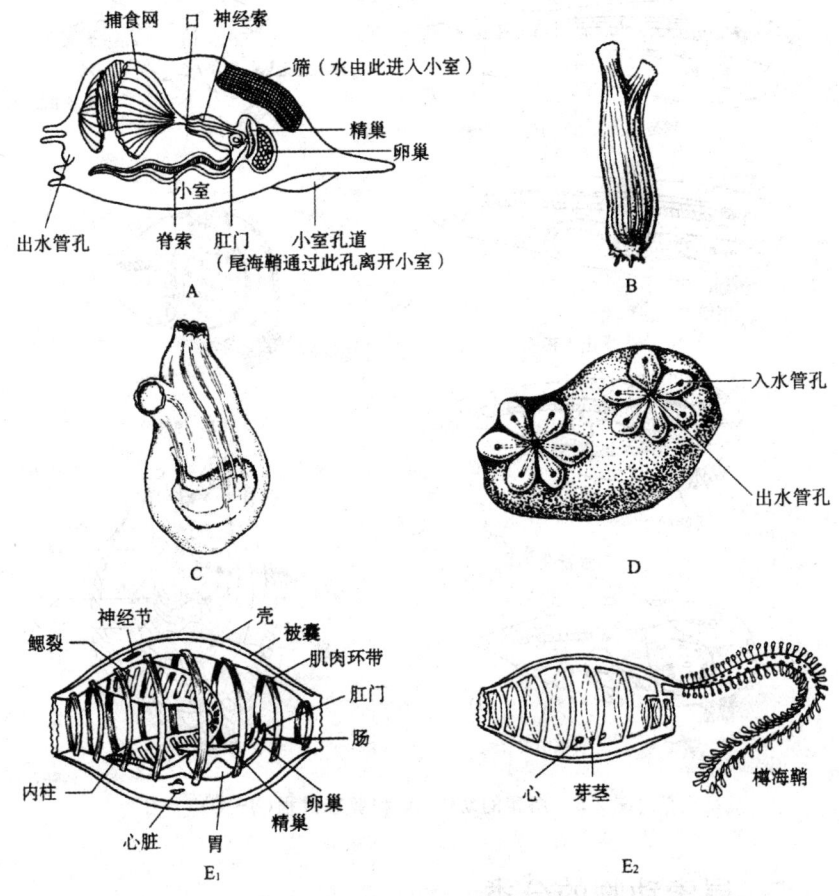

图 2-6　几种尾索动物

A.住囊虫;B.玻璃海鞘;C.长条海鞘;D.菊花海鞘;
E_1.樽海鞘有性世代;E_2.樽海鞘无性世代

(二)海鞘(Ascidiacea)

本纲种类繁多,包括单体和群体两种类型。幼体自由生活,成体通常固着。被囊厚,鳃裂多。代表种类有广布于中国的菊海鞘(*Pyrosomella verticilliata*)和柄海鞘等。

(三) 樽海鞘纲 (Thaliacea)

本纲大多营自由漂浮生活。体呈桶形或樽形,成体无尾和脊索,咽壁有两个或更多的鳃裂,背囊薄而透明。代表种类有樽海鞘(*Doliolum deutifulatum*)和磷海鞘(*Pyrosoma atlanticum*)等。

第四节 头索动物亚门

头索动物是终生具有脊索、背神经管和咽鳃裂的无头鱼形脊索动物。

一、代表动物——白氏文昌鱼

(一) 外形和生活方式

白氏文昌鱼(*Branchiostoma belcheri*)是半透明、左右侧扁,两端较尖的鱼形动物。整个体背沿正中线全长有一纵行皮肤皱褶,为背鳍(dorsal fin),与环绕尾部的尾鳍(caudal fin)相连。腹面尾鳍前端偏左的小孔为肛门,肛门之前为肛前鳍(preanal fin)。身体前部腹面两侧皮肤下垂而成的纵褶,称鳃(metapleural fold),腹褶与肛前鳍之间有腹孔(atriopore)或称围鳃腔孔(为咽鳃裂排水的总出口)(图 2-7)。

文昌鱼常栖息于水质清澈的海底沙滩上,将身体埋入沙中,只露出身体前部,借水流将硅藻和其他浮游生物带入口中。文昌鱼平时很少游泳,这种低栖钻沙、少运动的生活方式与文昌鱼原始性的体制结构有关。

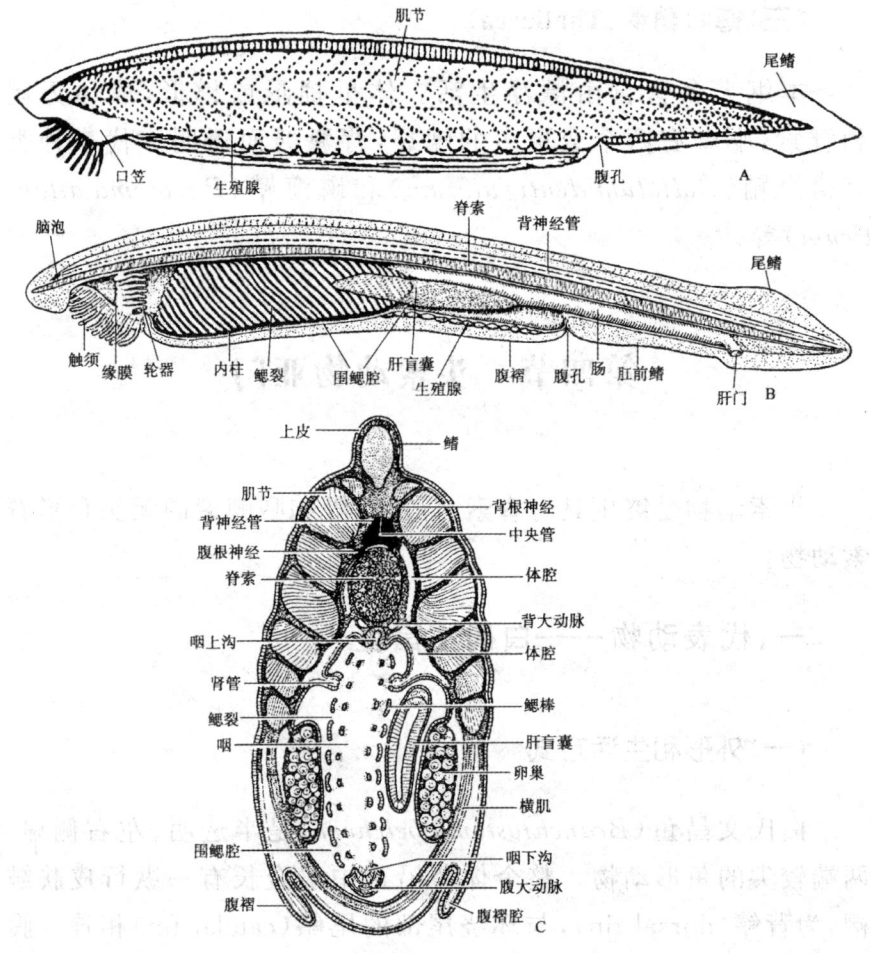

图 2-7 文昌鱼的形态结构

A.外形;B.纵剖面;C.过咽的横切面

(二)内部构造

1. 皮肤与肌肉

文昌鱼的皮肤由表皮和真皮构成,其中表皮为单层柱状上皮细胞,真皮为冻胶状物质。肌肉分节,各肌节间由结缔组织形成肌隔。肌节的数目是分类的重要依据之一。如厦门的文昌鱼肌节数为 36~66 个。

2.脊索和支持结构

纵贯全身的脊索是文昌鱼的主要支持结构,脊索细胞呈扁盘状。另外,支持鳍的鳍条、支持咽鳃裂的鳃条、口笠(oral hood)及触手、轮器(wheel organ)内部类似软骨的支持物,均由结缔组织构成。

3.消化系统

消化系统简单,由前庭、口、咽、肠和肛门组成。前端的腹面为一漏斗状的口笠,口笠内腔为前庭,前庭底部为口。口周围是一环形的缘膜,缘膜边缘向前方伸出指状的轮器。口笠和缘膜的周围分别环生口笠触须(buccal cirri)及缘膜触手,具二次保护和过滤作用。咽部极度扩大,几乎占体全长的1/2,其侧壁被大量的鳃裂所洞穿。咽部有背板、内柱和咽前端连接二者的围咽沟等。内柱能富集碘,与脊椎动物的甲状腺同源。咽内的食物微粒被内柱细胞的分泌物黏结成团后,由纤毛摆动使其从后流向前,经围咽沟入背板,再进入肠内。肠为一直管,在其起始处向前伸出一盲囊,突入咽的右侧,称肝盲囊(hepatic diverticulum),内有能分泌消化液的大型细胞,与脊椎动物的肝脏同源。食物团中的小微粒主要是被肝盲囊细胞吞噬后营细胞内消化,大微粒等物质则在肠部进行分解消化和吸收,末端以肛门开口于身体右侧。

4.呼吸与排泄

咽两侧有许多鳃裂,数目随年龄增大而增加,鳃间隔中有鳃条支持,在鳃裂壁上有纤毛上皮和血管。水流经过鳃裂时与血管中血液进行气体交换,完成呼吸作用,然后进入围鳃腔,从腹孔排出体外。

文昌鱼没有集中的肾,排泄器官为肾管,90～100对,位于咽壁背部的两侧,其结构和机能同扁形动物、环节动物的原肾类似。每个肾管都是一短而弯曲的小管,由前部的有管细胞和后部的肾管组成,其中有管细胞浸在体腔液中,收集代谢废物,然后通过肾管的肾孔排入围鳃腔,最后在水流的作用下经腹孔排出体外(图2-8)。

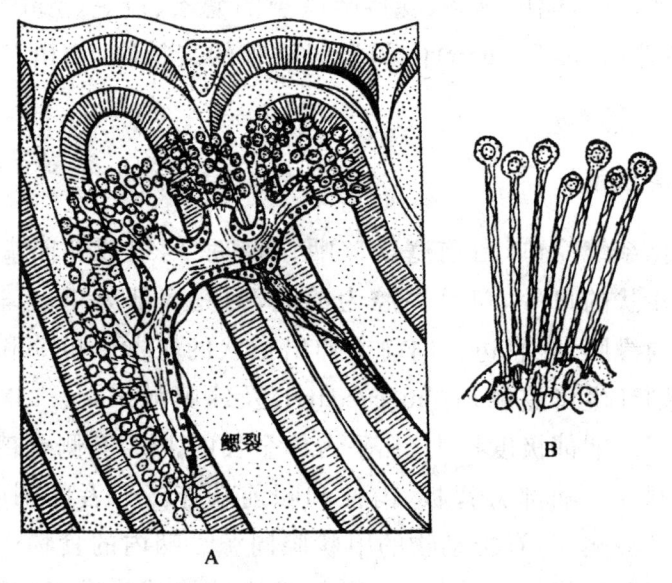

图 2-8 文昌鱼的肾管

A.文昌鱼咽部的肾管和肾管细胞;B.肾管细胞放大

5.腹大动脉与循环

文昌鱼属于闭管式循环系统,没有分化出心脏,血液无色,无血细胞和呼吸色素,但是在咽部腹面具有搏动能力的腹大动脉相当于心脏的血管,故被称为狭心动物。腹大动脉在咽部向两侧分出许多成对的鳃动脉并进入鳃隔,腹大动脉的血液向前流,经鳃动脉到鳃裂进行气体交换,变成动脉血后于鳃裂背部进入两条背动脉根,向前供应身体前端各器官,向后汇合1条背大动脉,并供应身体后端各器官。动脉血在组织细胞内进行气体交换变成静脉血,其中身体前端的静脉血通过体壁静脉进入1对前主静脉,身体后端的静脉血一小部分经过尾腹面下的1条尾静脉进入肠下静脉,大部分通过1对后主静脉。前后主静脉血液进入总主静脉并返回腹大动脉,肠下静脉血液则进入肝门静脉,并经肝门静脉返回腹大动脉,如此往复循环。

6. 神经系统和感觉器官

文昌鱼的背神经管几乎无脑和脊髓的分化。神经管的前端内腔略为膨大,称为脑泡(cerebral vesicle)。幼体的脑泡顶部有神经孔与外界相通,成体封闭,所残留的凹陷称嗅窝(Kolliker's pit),功能不清楚。神经管的背面并未完全愈合,尚留有一条裂隙,称为背裂(dorsal fissure)。

周围神经包括由脑泡发出的两对"脑神经"和自神经管两侧发出的、按体节分布的脊神经。神经管在与每个肌节相应的部位,分别由背、腹发出一对背神经根及几条腹神经根,或简称背根(dorsal root)和腹根(ventral root)。背根和腹根在身体两侧的排列形式与肌节一致,左右交错而互不对称,且其背根和腹根之间也不像脊椎动物那样合并成一条脊神经。背根无神经节,是兼有感觉和运动机能的混合性神经,接受皮肤感觉和支配肠壁肌肉运动。腹根内不包含神经纤维,而是一束细肌丝,来自体壁横纹肌纤维,进入脊髓与神经纤维接触,直接接受刺激。

文昌鱼少活动的生活方式,致使感觉器官很不发达。沿文昌鱼神经管两侧有一系列黑色小点,称为脑眼(ocelli),是光线感受器。每个脑眼由一个感光细胞和一个色素细胞构成,可通过半透明的体壁起感光作用。神经管的前端有单个大于脑眼的色素点(pigment spot),又称眼点(eye spot),但无视觉作用,有些人认为是退化的平衡器官,有些人则认为有使脑眼免受阳光直射的作用。口笠内背中央纵行沟的前端是一个窝状结构,称哈氏窝(HatSchek's pit)。免疫细胞化学和电镜结构证明其与脊椎动物脑下垂体同源。哈氏窝上皮细胞产生促性腺激素释放激素,具有原始激素调控功能。此外,全身皮肤中还散布着零星的感觉细胞,其中尤以口笠、触须和缘膜触手等处较多,可感觉水流的化学性质。

(三)发育

文昌鱼在每年的5～7月产卵,通常产卵和受精都在傍晚进行。卵小而含卵黄少,为均黄卵(isolecithal egg),卵径0.1～0.2mm。文昌鱼的发育需经历受精卵→桑葚胚→囊胚→原肠胚→神经胚各个时期,才孵化成幼体,完成此过程需要20多个小时。

胚胎发育结束后,全身披有纤毛的幼体就能突破卵膜,到海水中活动,此时有白天游至海底,夜间升上海面进行垂直洄游的生活规律。幼体期约3个月,然后沉落海底进行变态。幼体在生长发育和变态的过程中,身体日益长大,出现前庭,鳃裂的数目因发生次生鳃条而增加了一倍,并由原来直接开口体外而变为通入新形成的围鳃腔中。一龄的文昌鱼体长约40mm,性腺发育成熟,可参与当年的繁殖(图2-9)。

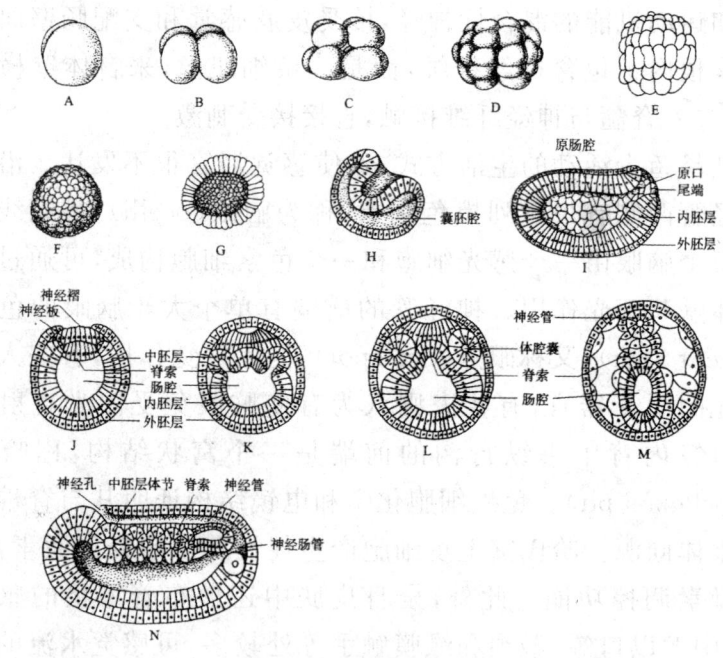

图2-9 文昌鱼的胚胎发育

A→D.卵裂期;E.桑葚期;F→G.囊胚及剖视;H→I.原肠期剖视;
J→M.神经胚各阶段横切面;N.神经管、脊索、中胚层体节的形成(纵切面)

二、头索动物分类

仅1纲1目,即头索纲(Cephalochorda)文昌鱼目,包括文昌鱼科和偏文昌鱼科,通称文昌鱼。文昌鱼科的生殖腺左右对称排列于腹部两侧,有1属9种,其中体型最大的加州文昌鱼(*Branchiostoma californiense*)长达100mm。我国最早发现的是厦门白氏文昌鱼,广泛分布于渤、黄、东、南海的浅水区。偏文昌鱼科仅右侧有一行生殖腺,有2属5种。

第五节 脊椎动物亚门

脊椎动物是脊索动物中结构最复杂、进化最高等的1个亚门。脊椎动物虽然也具有脊索动物的特征,但与原索动物相比,脊椎动物的进步特征十分明显,而且种类繁多,生活环境多样。

一、脊椎动物亚门的主要特征

脊椎动物在胚胎发育的早期都出现脊索、背神经管和鳃裂(图2-10)。脊椎动物的特征集中表现在以下几点。

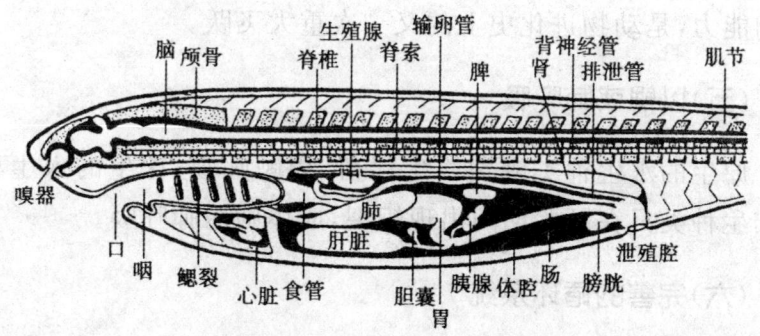

图2-10 脊椎动物的模式结构

(一)神经和感觉器官发达

背神经管前端分化出复杂的脑,脑进一步分化为大脑(cere

brum)、间脑（diencephalon）、中脑（mesencephalon）、小脑（cerebellum）和延脑（myelen-cephalon），同时出现集中的嗅、视、听等感觉器官，并受头骨的保护，形成了明显的头部，又称为有头类。脑后背神经管分化为脊髓。发达的神经系统和感觉器官增强了机体对外界刺激的感应能力。

（二）脊柱代替脊索

除少数低等种类外，脊索仅见于发育的早期，以后就被脊柱所代替。脊柱由单个的脊椎骨联结组成，脊椎动物也因此而得名。脊柱保护着脊髓，前端发展出头骨保护着脑。脊柱与头骨以及其他骨骼所组成的骨骼系统起着支持与保护作用。

（三）除圆口纲外，出现成对的附肢作为运动器官

水生种类有成对的胸鳍和腹鳍，陆生种类有成对的前肢和后肢，增强了脊椎动物运动、摄食、避敌和求偶等能力。

（四）出现了上、下颌

除圆口类外，脊椎动物都有能动的上、下颌，用以支持口部，使动物的捕食由被动变为主动，加强了动物的消化吸收和营养代谢的能力，是动物进化史上的又一次重大飞跃。

（五）以鳃或肺呼吸

原生的水生种类鳃裂终生保留，用鳃呼吸；次生的水生种类及陆生种类只在胚胎期间出现鳃裂，成体则用肺呼吸。

（六）完善的循环系统

出现了能收缩的心脏，促进了血液循环，有利于生理机能的提高。在高等的种类（如鸟类和哺乳类）中，心脏中的多氧血与缺氧血已完全分开，机体因得到多氧血的供应，能保持旺盛的代谢活动，使体温恒定，形成脊椎动物中所特有的恒温动物。

（七）出现了集中的肾脏

构造复杂的肾代替了简单的肾管，提高了排泄系统的机能，使新陈代谢所产生的大量废物更有效地排出体外。

二、脊椎动物各胚层的分化

脊椎动物的发育经历受精卵、囊胚、原肠胚、神经胚等各个时期，然后孵化成幼体。原肠胚期是胚胎发生中一个极为重要的阶段。细胞经过一系列的重新排列，形成3个胚层，即外、中、内胚层，为以后复杂的组织和器官的形成打下基础。脊椎动物的早期胚胎都要经过种系特征性发育阶段，即脊椎动物共同具有的结构如背神经管、脊索、咽囊、体节等都优先发生，而不同纲的特征结构在以后发生。因而脊椎动物早期胚胎较为相似，随着进一步发育，依次出现各纲、各目等不同结构。在脊椎动物中，各胚层形成的器官如图2-11所示。

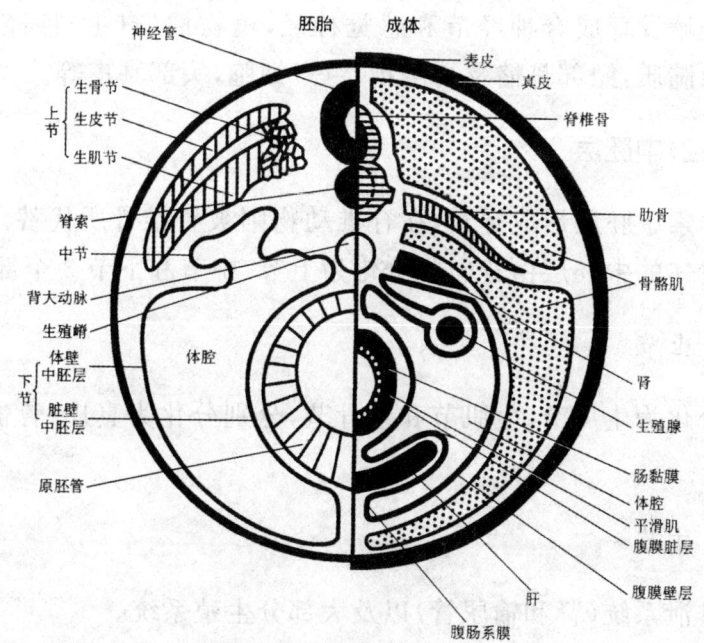

图 2-11　三胚层分化图

(一)外胚层

1. 体壁外胚层

皮肤的最外层即表皮并延伸进消化管的两端;表皮衍生物有毛、蹄、羽毛、皮肤腺等,鼻腔和内耳的感觉上皮,感觉器官的感觉部分,眼的晶体,腺垂体,牙齿的釉质,除圆口类外的脊椎动物的鳃等。

2. 神经外胚层

神经外胚层包括神经管和神经嵴两部分。

神经管:脑和脊髓,脑神经和脊神经的运动神经,视网膜和视神经,神经垂体,松果体,鱼类的脊髓尾垂体等。

神经嵴:为脊椎动物在神经管背部两侧的细胞带,由部分神经褶细胞形成,以后与神经管断开,成为神经嵴(neural crest)。由神经嵴发育成脊神经节和感觉神经,植物性(自主)神经系统,肾上腺髓质,鳃部骨骼及衍生物,色素细胞,头部真皮等。

(二)中胚层

脊索中胚层形成脊索,在脊椎动物则被脊椎骨所代替。脊椎动物躯体的中胚层由背向腹分化为上节、中节和下节3个部分。

1. 上节

分化为生皮节、生肌节和生骨节,分别分化为真皮、骨骼肌和脊柱。

2. 中节

排泄系统(肾和输尿管)以及大部分生殖系统。

体壁中胚层:腹膜,一部分骨骼肌。

脏壁中胚层:浆膜,肠系膜,循环系统,血液,生殖系统,平滑肌,一部分骨骼肌。上腺皮质。

体腔:上述两胚层之间的空腔为体腔。

来自中胚层的间充质细胞(某些情况下外胚层神经嵴和内胚层也能产生)具有潜在的很大的分化能力,形成成体的结缔组织,包括软骨、硬骨、循环系统(血液和血管、淋巴管和淋巴腺)、平滑肌、心肌和附肢骨骼肌。

(三)内胚层

内胚层分化为原肠及其衍生物,包括消化管内层上皮和消化腺(肝、胆囊和胆管、胰)、气管和肺的内层、膀胱和尿道内层、多个内分泌腺(甲状腺和甲状旁腺、胰岛、胸腺和后鳃体)、扁桃体、咽囊及圆口类的鳃等。

第三章 圆 口 纲

圆口纲是水栖生活的无偶鳍和上下颌的低等脊椎动物。因为没有颌,故又称为无颌类(Agantha)。生活于海洋或淡水中,有些种类具有洄游习性,是迄今所知地层中出现最早和最原始的脊椎动物。身体结构特征表现为双重性,既表现出它们在脊椎动物中的原始性,又显示出它们与寄生生活方式相适应的特性。

第一节 圆口纲的主要特征

圆口纲是一类营寄生生活并发生高度特化的脊椎动物,是一类具有特殊结构的水栖动物,因营寄生生活而产生了一个圆形的口吸盘,故称圆口类。

(1)没有真正的上、下颌。
(2)无成对附肢(偶鳍)。
(3)鼻孔单个,位于头部背面。
(4)鳃位于咽部两侧的鳃囊(gill pouch)中,鳃囊中附有由内胚层起源的鳃丝(gill filament),故称囊鳃类(marsipobranchii)。
(5)生殖腺单个,无输出管。

一、圆口纲的原始性特征

在脊椎动物进化史上,圆口纲代表着动物已经进入了有头、无颌的这一发展水平。现存种类与古代化石中的无颌类——甲胄鱼非常相似,其原始性特征表现在以下几点。

(1) 没有真正的上、下颌,缺乏主动捕食的能力。

(2) 没有成对的附肢,只有奇鳍而没有偶鳍。

(3) 终生保留脊索,刚刚出现了雏形的脊椎骨(脊索鞘两侧按体节成对排列的软骨质弓片)。

(4) 没有真正的齿,只有表皮形成的角质齿。

(5) 脑颅发育不完整,没有形成顶部。相当于高等脊椎动物颅骨胚胎发育的早期阶段。

(6) 肌肉分化少,仍保持原始的肌节排列,肌节间尚无水平隔。

(7) 脑发育程度低,无脑弯曲。内耳的平衡器仅有一个或两个半规管。

(8) 胃未分化,肠管内有许多纵形皱褶,增加食物消化和吸收的面积。

(9) 心脏为一心室一心房,开始出现静脉窦。

圆口纲动物的结构甚为原始,它为我们提供了最古老的原始脊椎动物的特征和概念。

二、圆口纲的特化性特征

圆口纲动物常以鱼类和龟类为寄主,营寄生或半寄生生活,是一类因寄生生活而引起显著特化的动物,其表现出的特化性特征(图 3-1)如下。

(1) 具有漏斗状的口吸盘,不能启闭。舌位于漏斗的底部,由环肌和纵肌构成,因而能做"活塞"状的活动;舌长有可再生的角质齿(称锉舌),与漏斗内壁形成锉刀式的摄食器。

(2) 鳃位于特殊的鳃囊中,鳃囊中附有由内胚层起源的鳃丝。

(3) 皮肤无鳞,体表黏滑,富有黏液腺。

(4) 嗅囊为单个,开口在头顶中线上。

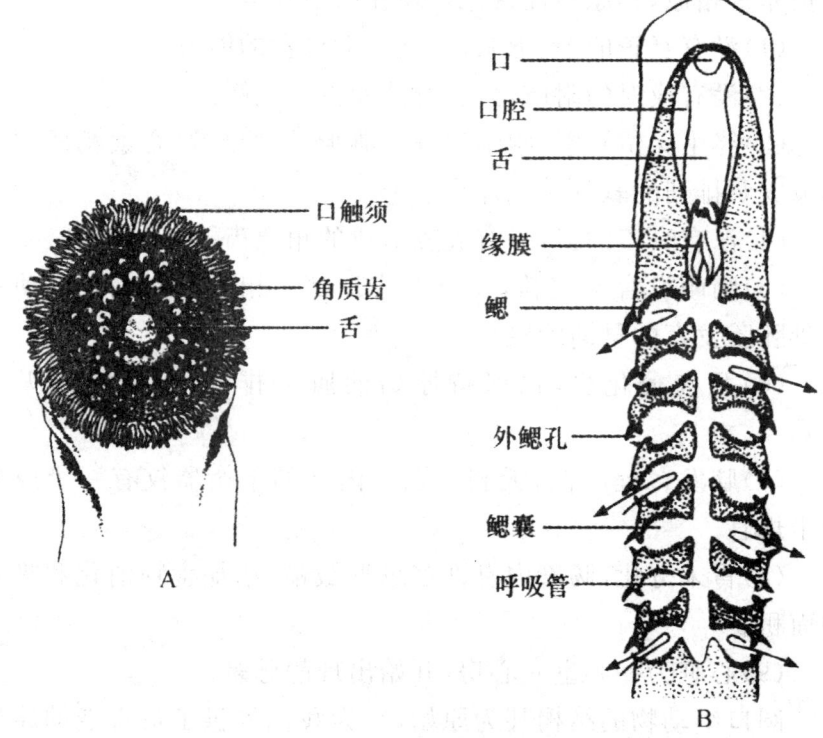

图 3-1 七鳃鳗的口漏斗和鳃囊(引 Moyle)

A. 口漏斗;B. 鳃囊

第二节 圆口纲的形态结构与功能

本节以七鳃鳗为例对圆口纲的形态结构与功能进行研究。

一、外形

圆口纲外形呈鳗形,分为头、躯体和尾 3 部分,尾部侧扁。体长约 30cm。皮肤柔软,表面光滑无鳞,富黏液腺。如图 3-2 所示为七鳃鳗的外部形态。

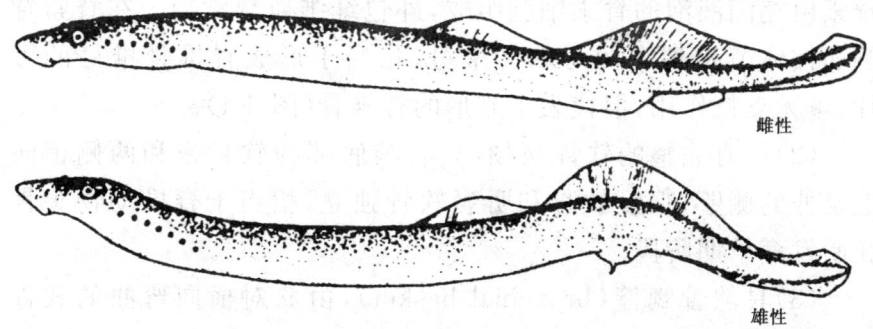

图 3-2　七鳃鳗的外部形态(仿 Storer)

二、皮肤及其衍生物

皮肤裸露无鳞,包括表皮和真皮。表皮(图 3-3)由多层上皮细胞组成,内有发达的单细胞黏液腺分泌黏液润滑体表。真皮为排列规则的结缔组织,包括胶原纤维和弹性纤维,纤维的走向多与身体平行,少量纤维则与体表垂直。真皮内有星芒状的色素细胞,能使体色变深或变浅,幼体更明显。皮肤衍生物有角质齿、黏液腺和色素细胞。

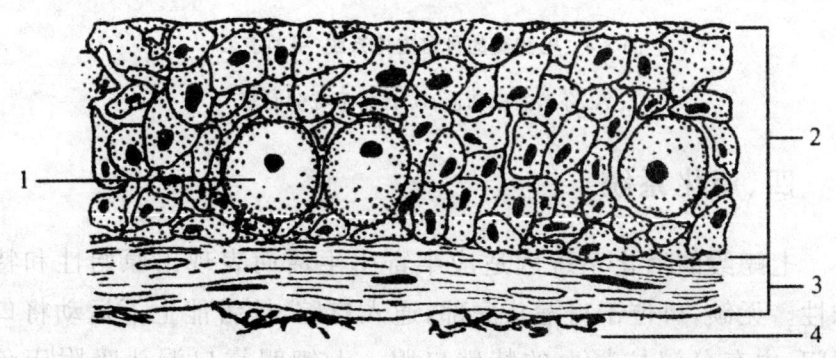

图 3-3　七鳃鳗表皮结构

1—单细胞腺;2—表皮;3—真皮;4—色素细胞

三、骨骼和肌肉系统

(1)终生保留脊索,外围很厚的脊索鞘是身体主要支持中轴。

脊索由充满液泡的脊索细胞组成,外包纤维质脊索鞘。在脊索背侧面按体节排列有两对软骨椎弓,相当于形成脊椎骨椎弓的弓片,虽无支持作用,但代表了雏形的脊椎骨(图3-4)。

(2)没有完整的软骨脑颅,只有脑底部的软骨板和两侧稍向上延伸的侧壁;嗅囊软骨和听囊软骨独立,相当于脊椎动物头骨胚胎发育早期阶段。

(3)具软骨鳃篮(branchial basket),由9对横向弯曲的软骨条和4对纵向的软骨条联结而成。鳃篮末端有保护心脏的杯状围心软骨。鳃篮紧贴皮下,包在鳃囊外面,不分节,与鱼类的分节并着生在咽壁内的咽弓不同。

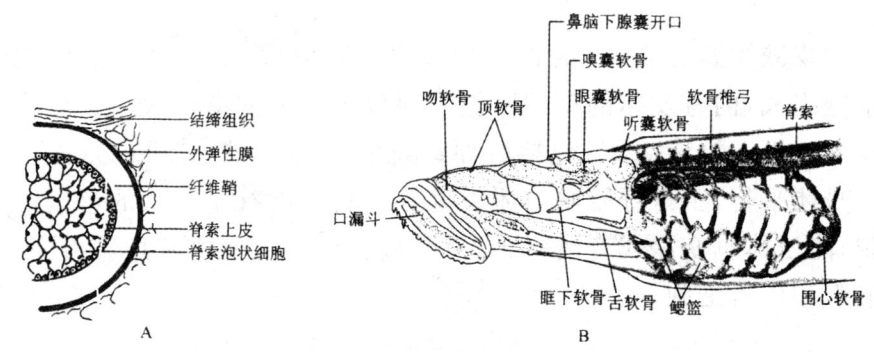

图3-4 七鳃鳗的骨骼支持系统(引刘凌云)

A.脊索的横切面;B.骨骼系统侧面观

四、消化系统

七鳃鳗的消化系统因适应半寄生生活而表现出原始性和特殊性。无颌,口位于口漏斗底部,通入口腔,锉舌能上下运动将口开闭,内有分泌抗凝血的特殊口腺。七鳃鳗靠口漏斗吸附于鱼体,用锉舌刺破鱼的皮肤且不断地吸食血肉。口腔后为咽,分化出背腹两条管,背面为狭窄的食管,腹面为呼吸管,呼吸管前端有缘膜可阻挡食物进入。食道直接与肠相连,无胃。肠内有纵走的螺旋状的黏膜褶,称为盲沟或螺旋瓣,以增加吸收的面积和延缓食物通过肠管的时间,使食物能被充分地消化和吸收。肠末端为肛门(图3-5)。

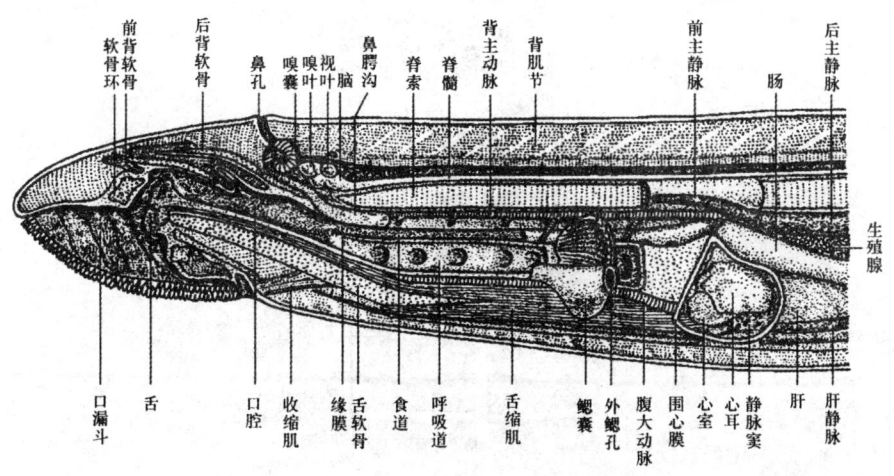

图 3-5 七鳃鳗体前部纵剖面(仿 Parker)

七鳃鳗有独立的肝脏，分左右两叶，位于围心囊后方。幼体有胆囊、胆管，成体则无。无独立的胰脏，胰细胞聚集成群分布于肝和肠壁上，能分泌蛋白质分解酶及与糖代谢相关的物质。

五、呼吸系统

咽部腹面的呼吸管为盲管，其两侧各有 7 个内鳃孔，每个内鳃孔各与一个鳃囊相通，每个鳃囊也各与一个外鳃孔同外界相通。鳃孔周围有强大的括约肌和缩肌可控制鳃孔的启闭。鳃位于鳃囊中，鳃囊背、腹及侧壁均为内胚层演变而来的皱褶状鳃丝，有丰富的毛细血管，是呼吸器官的主体(图 3-6)。而其他行鳃呼吸的脊椎动物的鳃是都是由外胚层形成的，这在起源发生上与七鳃鳗的鳃囊是不同的。在利用口吸盘寄生时，水流的进出由外鳃孔流入，经鳃囊交换气体后，仍由外鳃孔流出，这也是七鳃鳗营寄生生活所表现出的一种适应。

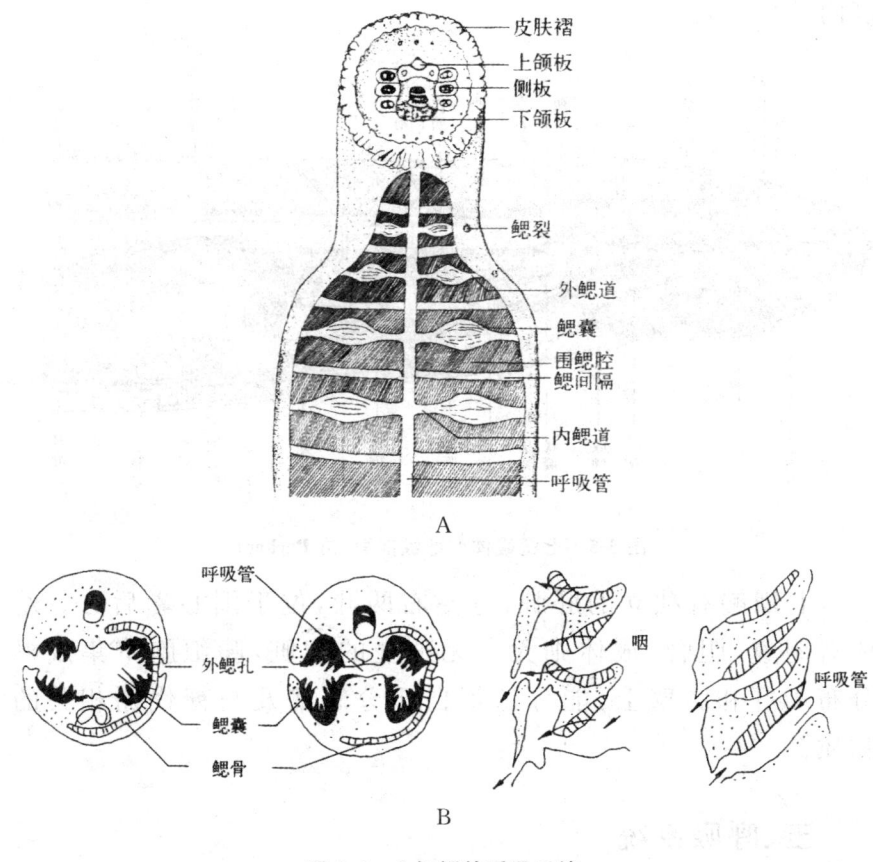

图 3-6 七鳃鳗的呼吸系统

A.口吸盘及呼吸系统；B.呼吸运动

六、血液循环系统

七鳃鳗的血液循环方式与文昌鱼相似。但它出现了心脏，心脏位于鳃囊后的围心囊内，包括一心房、一心室和一静脉窦。由心室发出 1 条腹大动脉，再分出 8 对入鳃动脉，分布于鳃囊壁上形成毛细血管，进行气体交换后，由 8 对出鳃动脉集中到 1 对背动脉根内，由此向前各发出 1 条颈动脉至头部，向后会合成背大动脉，再分支至体壁和内脏器官中。经过组织交换后，身体前、后部的血液分别汇入 1 对前主静脉和 1 对后主静脉，二者共同汇入总主静脉，再入静脉窦（图 3-7）。七鳃鳗有肝门静脉，无肾门静脉。

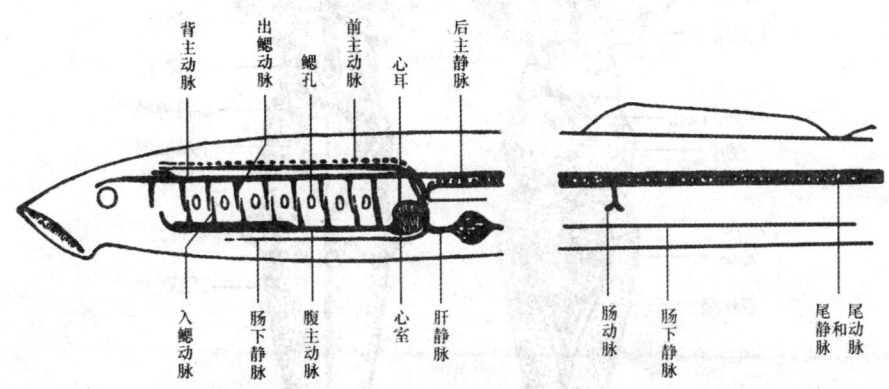

图 3-7 七鳃鳗的血液循环系统模式图

七、神经系统和感觉器官

七鳃鳗的神经系统相当原始,分化成大脑、间脑、中脑、小脑和延脑5个部分(图3-8)。脑的体积小,排列在一个平面上,未形成脑弯曲。大脑半球不发达,其前端连有较大的嗅叶,脑上皮无神经细胞,故称古脑皮。大脑的功能为嗅觉中枢。间脑顶部有松果体和松果旁体,底部有脑漏斗和脑下垂体。中脑只有1对稍大的视叶,顶部有脉络丛,在脊椎动物中仅圆口纲只有1个脉络丛。小脑与延脑还未分离,相当于四部脑阶段。脑神经10对。

八、排泄系统

有狭长的肾脏一对,由腹膜固着在体腔壁上,两条输尿管沿体腔后行,开口于泄殖窦内,由泄殖孔通向体外(图3-9)。肛门开口于泄殖孔的前方。七鳃鳗的肾脏属中肾,幼体时前肾和中肾同时存在;盲鳗的前肾终生保留,中肾分节排列。

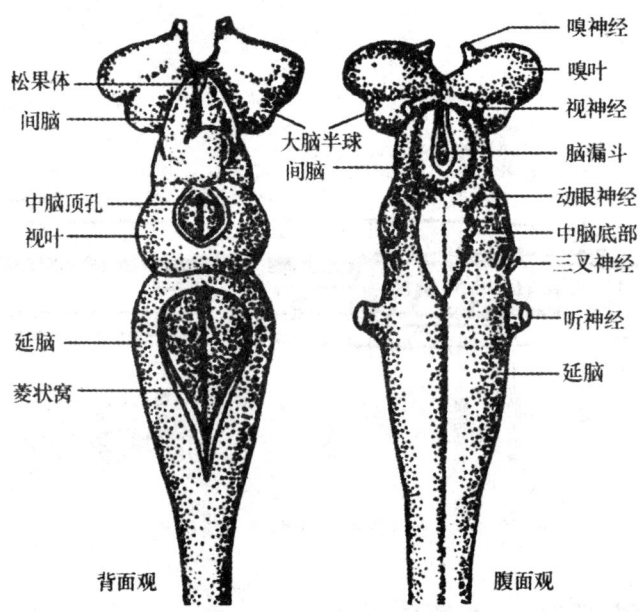

图 3-8　七鳃鳗的脑和神经（仿 Parker 和 Haswell）

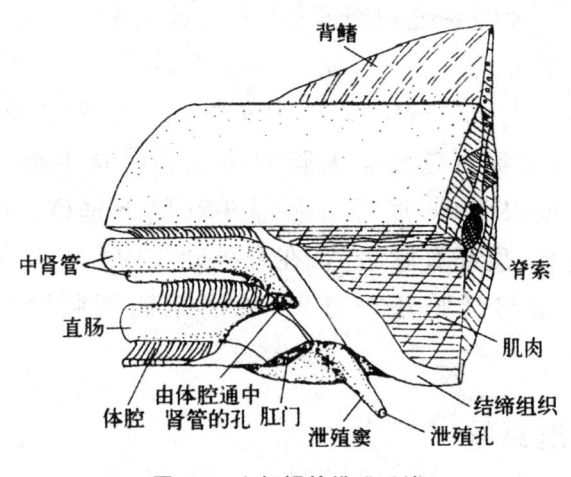

图 3-9　七鳃鳗的排泄系统

第三节　圆口纲的分类

现存的圆口纲动物有 70 多种，分为盲鳗目和七鳃鳗目两个目。

第三章 圆口纲

一、盲鳗目

盲鳗目(Myxiniformes)是圆口纲中较为低等的一类,有30多种,均为海生。营寄生生活,曾在一条鱼体内发现100多条盲鳗,严重危害渔业。无背鳍;单鼻孔开口于吻端;皮肤黏液腺极度发达。头骨极不发达;仅尾部脊索背面有软骨弓片。脑很小,无大脑和小脑的明显分化。无口漏斗而代以软唇。身体前端有4对口缘触须。眼隐于皮下,无晶体,无松果眼;内耳仅有一个半规管。鼻垂体囊向后开口于口腔。鳃囊6~15对,多数种类的鳃裂是借一个长管开口体外。无呼吸管的分化。鳃篮退化。成体仍保留胚胎期的前肾(图3-10)。

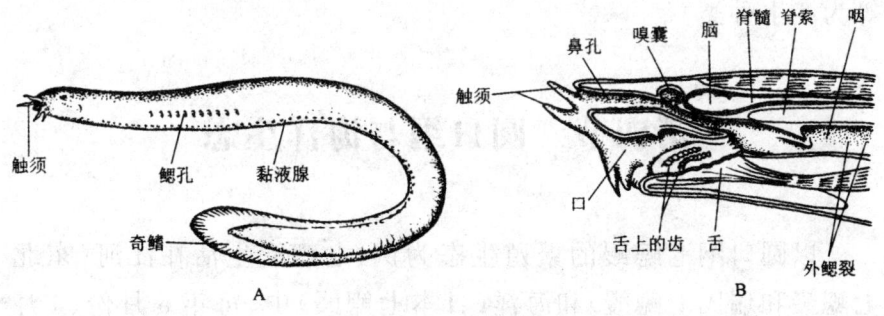

图3-10 大西洋盲鳗
A.外形;B.头部矢状切

雌雄同体。幼体生殖腺前部是卵巢,后部是精巢,如前端发达后端退化则为雌性,反之,则为雄性。雄性先成熟;卵大,包在角质卵壳中,无变态,受精卵直接发育成小鳗。体液与海水等渗。

由于盲鳗具有许多低等原始特征,有学者将盲鳗与脊椎动物(包括七鳃鳗和有颌类)并列互为姐妹群,共同组成有头类。

常见种类有分布在大西洋的盲鳗(*Myxine glutinosa*)以及产于日本海和我国南方沿海的蒲氏黏盲鳗(*Eptatretus burgeri*)、杨氏拟盲鳗(*Paramyxine yangi*)等。

二、七鳃鳗目

七鳃鳗目有40多种,分布在淡水和海洋中,营半寄生生活,也是渔业大害。具口漏斗和角质齿。口漏斗作为取食工具,还可附着在鱼体上随鱼转移。单鼻孔;鼻垂体囊为盲管,不与咽部相通;鳃囊7对,分别向体外开口,鳃篮发达。脑分为5个部分。内耳有两个半规管。

卵小,有变态,幼体期长,独立生活。海七鳃鳗(*Petromyrzon marinus*)平时生活在大西洋沿岸海水中,每年春季溯江而上到淡水中产卵。我国东北产的东北七鳃鳗(*Lampetra morii*)、日本七鳃鳗(*Lampetra japonicus*)和瑞氏七鳃鳗(*Lampetra reissneri*)等为淡水种类。

第四节 圆口纲与海洋生态

以圆口纲七鳃鳗的繁殖生态为例,七鳃鳗生活在江河(东北七鳃鳗和瑞氏七鳃鳗)和海洋(日本七鳃鳗)中,每年5月份、6月份常常聚集成群,溯江而上或由海入江进行繁殖。雌雄七鳃鳗在繁殖季节往往成群结队地来到水质清澈的有粗沙砾石的河床,用口吸盘先营造一个浅窝(图3-11),而后雌鳗吸附在砾石,雄鳗吸附在雌鳗的头背上,相互卷绕,摆尾排精和排卵,卵在水中受精。因此,七鳃鳗有时又称为石吸鳗。七鳃鳗在2~3天的产卵期内,多次交尾和产卵,数量达14 000~20 000个,繁殖后大都筋疲力尽,相继死去。

七鳃鳗卵圆小,约0.7mm,幼体长10~15mm,生活期长达3~7年。之后,在秋冬季经过变态成为成体后,再经过数月的寄生生活便达到性成熟,并开始了集群和繁殖活动。幼鳗——沙隐虫曾一度被看作原索动物,它的摄食活动和呼吸方式均与文昌鱼相似。从沙隐虫所呈现的原始结构和生活习性,显示了它们与原索动物之间存在着一定的亲缘关系。因此,研究七鳃鳗的生活史,对于研究脊椎动物的演化来说,具有重要的意义。

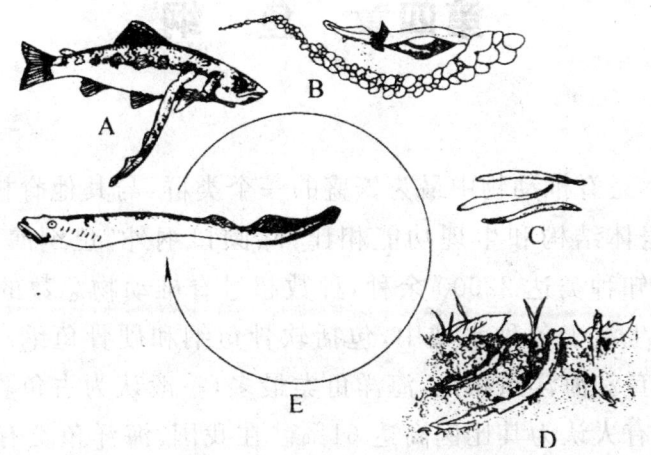

图3-11 七鳃鳗的生活史

第四章 鱼 纲

鱼纲是脊椎动物中最为繁盛的一个类群,与其他脊椎动物的类群的身体结构和生理功能相比,除圆口纲外,鱼纲属较低等。目前,已知种类达 22000 余种,种数超过脊椎动物总数的 50% 以上,终生生活于各种水域中,包括软骨鱼纲和硬骨鱼纲。在鱼类中,淡水鱼和海洋鱼相比,海洋鱼类最多,一般认为占鱼类总数的 58%,也有人认为其比例高达 61%。在我国,海洋鱼类有 2300～2400 种,约 300 种为经济鱼类。

鱼纲是一群身体多被有鳞片,以颌取食,用鳃呼吸,以鳍作为运动和平衡器官的低等变温脊椎动物,所以鱼类都生活在水环境中,其身体结构高度适应水生生活。

第一节 鱼类的主要特征

由于鱼类生活在水里,在进化过程中外部形态和内部结构都向适应水生生活的方向发展。主要特征表现如下。

(1)身体多呈纺锤形,皮肤富含黏液腺,游泳时可以减少水中的阻力。体表一般被有骨质的鳞片,增强了保护功能。

(2)脊柱代替了脊索。在脊椎动物中,圆口纲仅出现雏形的脊椎骨,脊索仍然是支持身体的中轴骨骼,从鱼类开始形成了结构完整的脊柱,加强了支持、保护和运动的功能。

(3)出现了上、下颌。鱼类头骨中出现了能活动的上、下颌,支持口部进行捕食,掌握了主动权。因此,鱼类与两栖纲、爬行纲、鸟纲和哺乳纲共同组成有颌口类(gnathostomes)。在脊椎动物的演化史上,颌的出现是一个非常重要的进步,是脊椎动物进化的大事。颌器不仅提高了脊椎动物捕食能力,而且为脊椎动物进一步适应环境做出了重要贡献。大多数种类上、下颌上着生有牙齿,使得动物能够利用颌主动去捕捉食物,增加了获取食物的机会,扩大了食物范围,有利于动物提高生存能力。同时颌还是防御、攻击、营巢、求偶、育雏等多种活动的工具。

(4)用鳃进行呼吸。鳃是原始水生脊椎动物的呼吸器官,由咽部两侧发生形成,着生于鳃弓上,鱼类的鳃来源于外胚层。鳃必须完全浸润在水中,通过鳃表皮上毛细血管进行气体交换。

(5)具有成对的附肢。鱼类成对的附肢为胸鳍和腹鳍,能够维持身体的平衡和改变运动的方向。偶鳍的出现可以增强动物的运动能力,为鱼类不断扩大分布范围和陆生脊椎动物四肢的出现奠定了基础。

(6)血液循环为单循环(single circulation)。鱼类的心脏仅有一心房和一心室,由心脏流出的血液在鳃部进行气体交换,多氧血不再流回心脏,直接分布到各器官和组织中,气体交换后的乏氧血再经静脉返回心脏,整个循环血液流经心脏一次,心脏中的血液均为乏氧血。

(7)脑和感觉器官比圆口纲更为发达。鱼类的脑可以分为明显的5个部分,即端脑、间脑、中脑、小脑、延脑,不完全在一个平面上出现了弯曲。嗅觉器官出现一对鼻孔,内耳具有3个半规管。

第二节　鱼类的形态结构与功能

一、外形

鱼类的身体一般分为3个部分,即头部、躯干部和尾部。头部和躯干部分界线为最后1对鳃裂或鳃盖后缘,躯干部和尾部的分界线是肛门(图4-1)。

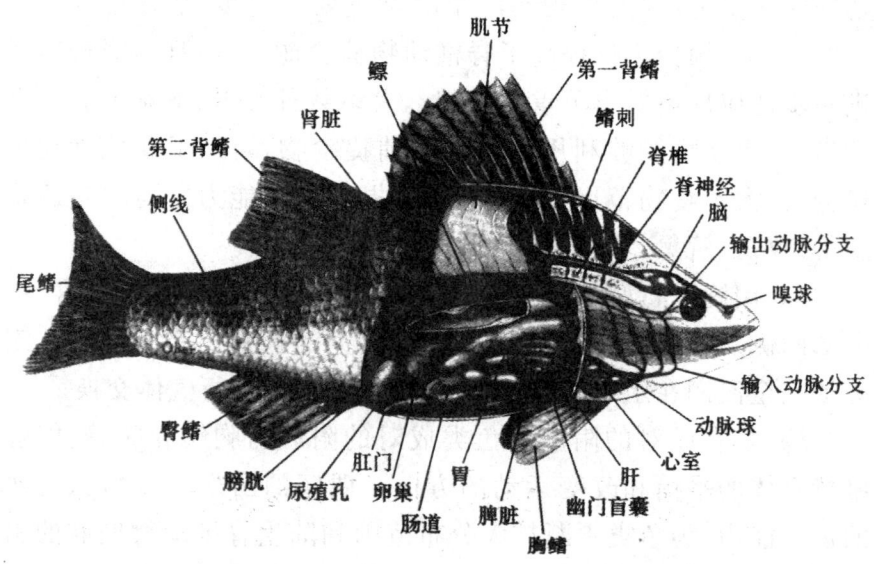

图 4-1　鱼的外形与内部结构（引 Hickman）

鱼类的外形因存在各种各样的变异而变得多种多样。例如，带鱼（*Trichiuridae*）的身体为带形，比目鱼的为不对称形，箱鲀（*Ostraciontidae*）的为箱形，河鲀（*Fugu*）的为炮弹形，枯叶鱼（*Monocirrhus*）的为树叶形，颌针鱼（*Belonidae*）的为牙签形等；还有的鱼很难说清楚是什么体形，根本就没个"鱼样"，如翻车鲀（*Molidae*）、海马（*Hippocampus*）、海龙（*Syngnathus*）、海蛾鱼（*Pegasus*）等（图 4-2）。但无论如何，各种体形都与其栖息环境和生活运动方式十分协调。

总地说来，鱼类的体形大致分为以下几种。

（一）纺锤型

纺锤型是两头尖、中间鼓的流线型体形，体形如梭。最典型的是鲭鱼类，包括金枪鱼（*Thunnus*）、狐鲣（*Sarda*）、鲅鱼（*Scomberomorus*）、真鲨（*Carcharhinidae*）等，这类鱼一般生活在中上层的广阔海域，靠摆尾推动身体前进，喜欢追食其他鱼类，能够快速而持久的游泳，靠速度取胜。其中，旗鱼（*Istiophoridae*）、剑鱼（*Xiphiasgladius*）和金枪鱼（*Makaira*）的体形进一步特化，游速极快,有的时速可超过 100km。相对来讲,生活在不十分开阔水域中的鱼,体形较钝,但也属于纺锤型,如鲑鱼(*Salmonidae*)、鳙鱼(*Aristichthys nobilis*)等(图 4-3)。

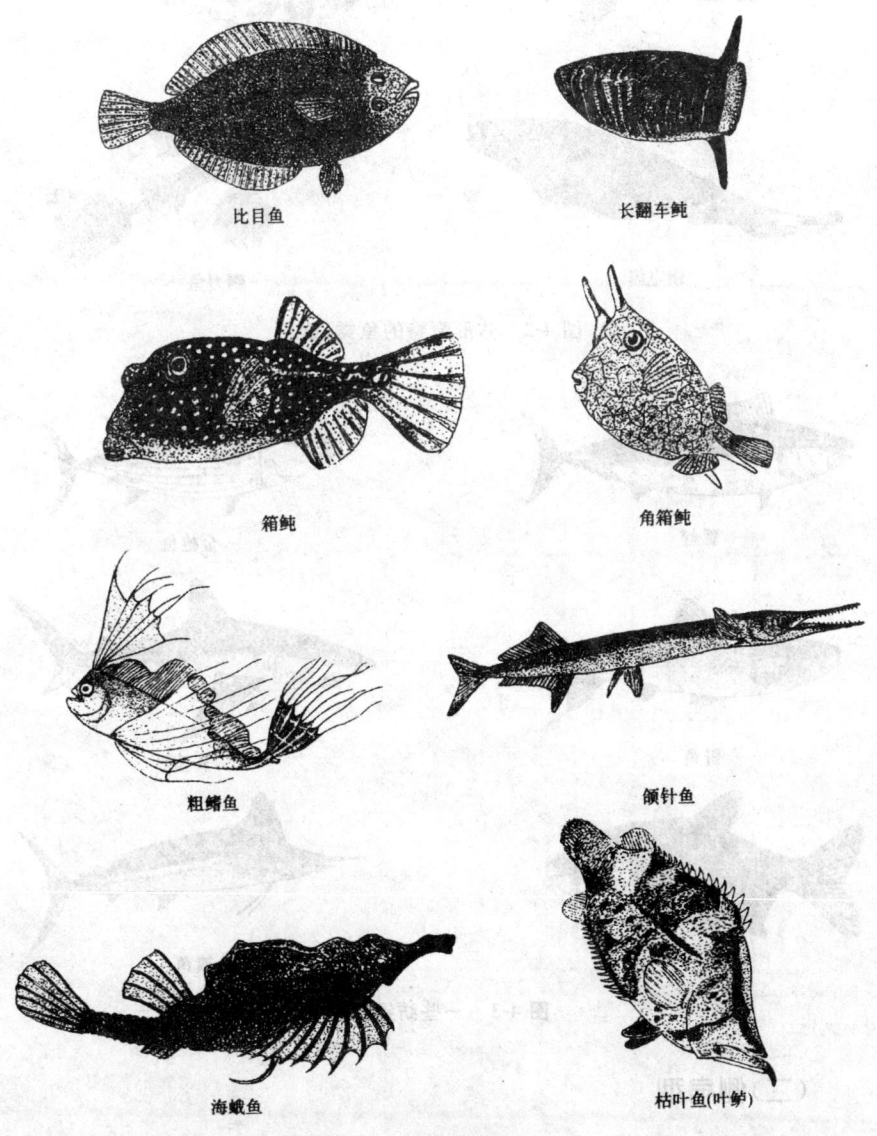

图 4-2 体形奇特的鱼类

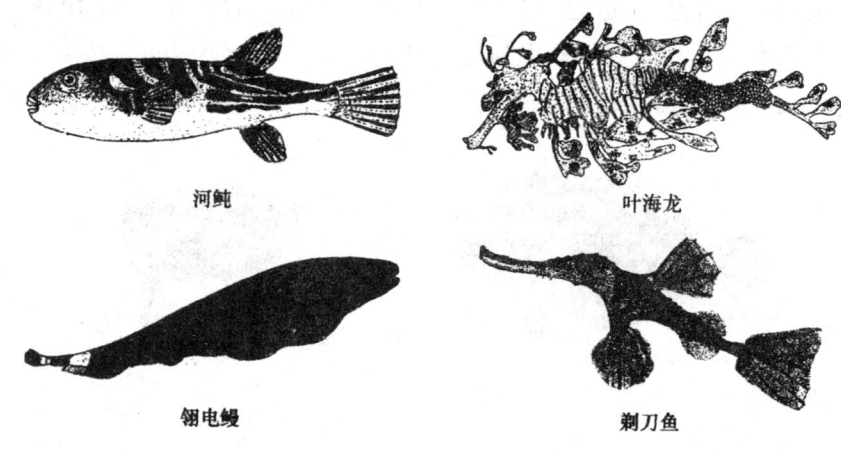

图 4-2 体形奇特的鱼类(续)

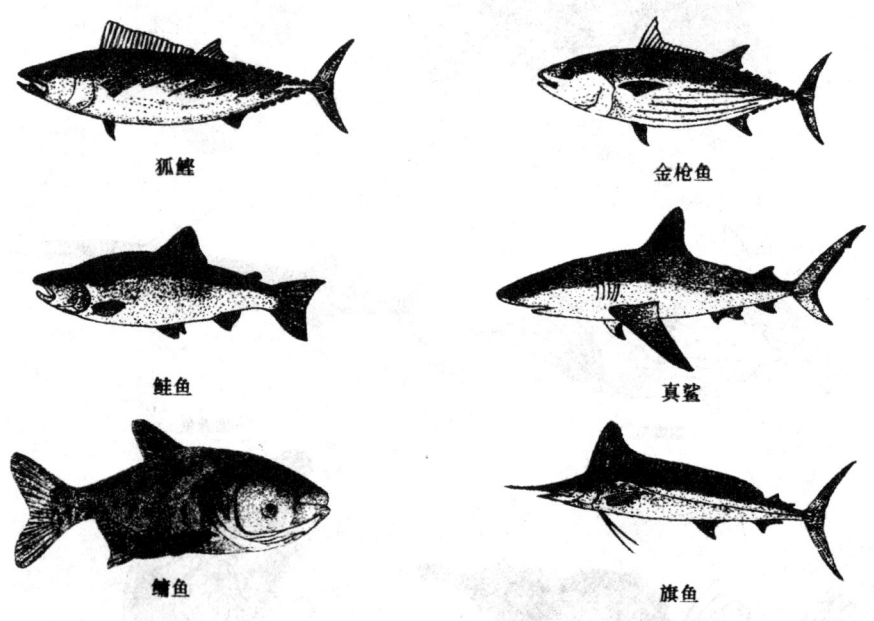

图 4-3 一些纺锤型鱼

(二)侧扁型

侧扁型的鱼身体很高,但左右扁薄,侧面观为菱形。如眼镜鱼($Mene\ maculata$)、神仙鱼($Pterophyllum\ scalare$)、七彩神仙鱼($Symphysodon$)、蝙蝠鱼($Platax$),这种体形一般生活在水流缓慢、中下层水域,且能有效地防止被其他鱼类吞食,身体也比较灵活,但游速较慢,一般不能连续快速游动(图 4-4)。

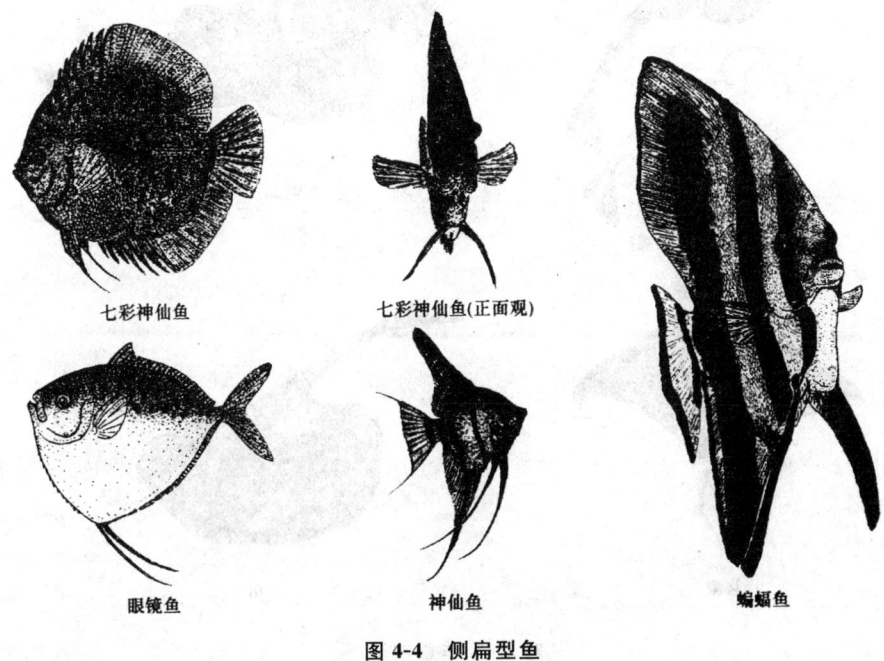

图 4-4 侧扁型鱼

(三)平扁型

平扁型的鱼背腹扁平,尾部细长,这类鱼常常平铺在水底,埋伏起来,伏击过路的鱼虾,如犁头鳐(*Rhinobatidae*)、𫚉鱼(*Dasyatidae*)和扁鲨(*Squatina*)等,但也有翱翔于水中的种类,如蝠鲼(*Mobullidae*)。平鳍鳅(*Homalopteridae*)的身体也是平扁的,可伏在石头上减小水流的冲力(图 4-5)。

(四)圆筒型

圆筒型的鱼身体延长成棍棒状,很像蛇,适应于洞穴生活,它们尾部侧扁,游泳时靠摆动身体前进,如黄鳝(*Monopterus albus*)、鳗鲡(*Anguilla*)等(图 4-6)。

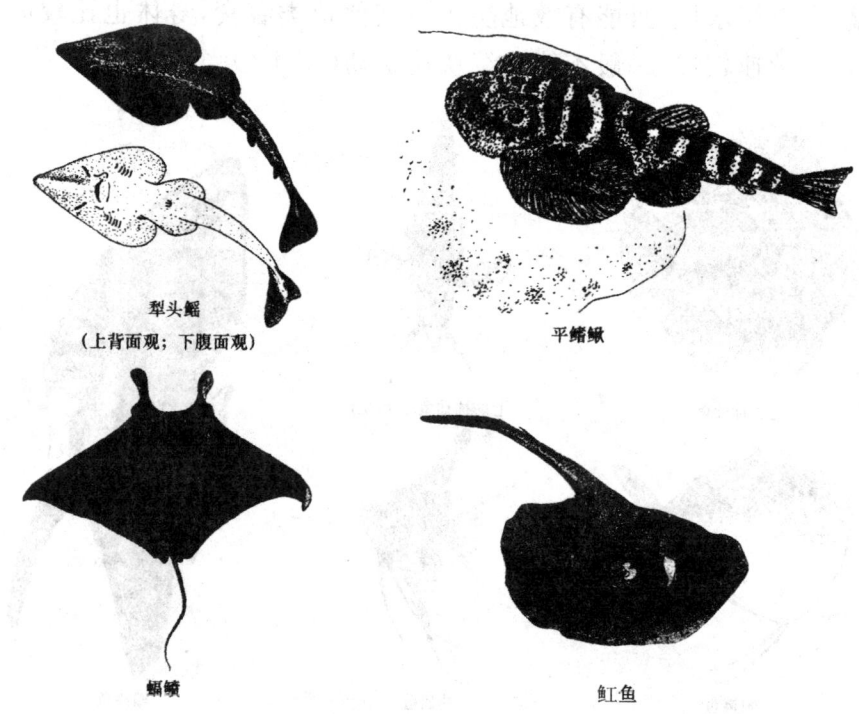

图 4-5 平扁型鱼

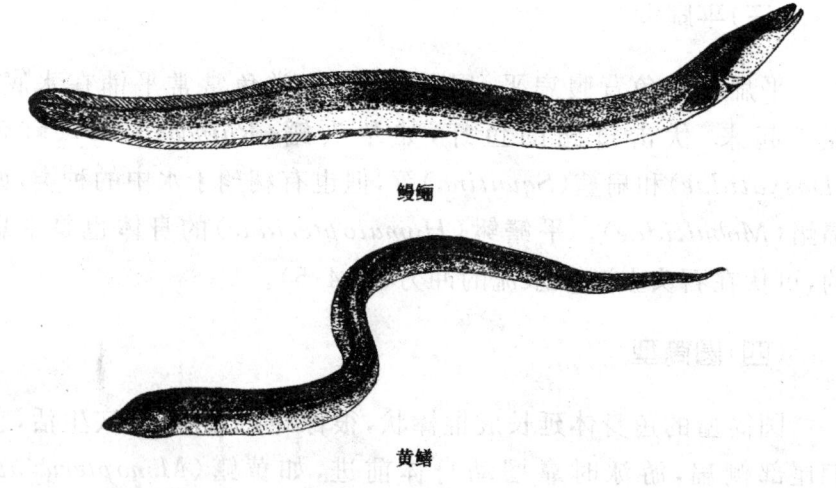

图 4-6 圆筒型鱼

二、鱼类尾鳍

尾鳍位于鱼类尾后,是鱼类的运动推进器,控制鱼类前进方向。尾鳍的类型主要有如图 4-7 所示的三类。

(1)原尾型。尾鳍上下叶对称,尾椎平直,见于鱼类胚胎时期和仔鱼期。

(2)歪尾型。尾鳍上下叶外形不对称,尾椎末端伸入上叶。上叶大于下叶,如鲨鱼、鲟鱼。

(3)正尾型。尾鳍上下叶外形对称,但尾椎向上翘。如多数硬骨鱼类。

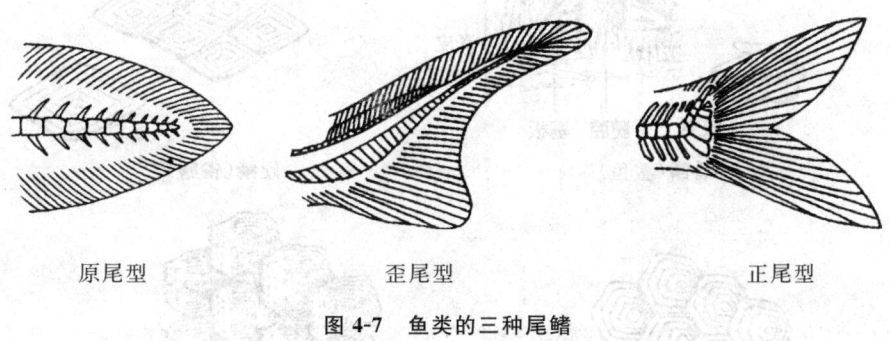

原尾型　　　　　歪尾型　　　　　正尾型

图 4-7　鱼类的三种尾鳍

三、皮肤及其衍生物

鱼类的皮肤由表皮和真皮组成,均含多层细胞,如图 4-8 所示为硬骨鱼的皮肤。表皮是上皮组织,由外胚层形成;真皮是结缔组织,由中胚层形成。皮肤衍生物包括黏液腺、毒腺、鳞片和色素细胞等。其中,鳞片是鱼类很有特色的皮肤衍生物,主要有盾鳞、硬鳞和骨鳞三种类型(图 4-9),骨鳞又可分为圆鳞和栉鳞两种,主要作用是减小水面阻力,提高游泳速度。一些游泳极快的鱼类,鳞片会发生退化,如鲅鱼。

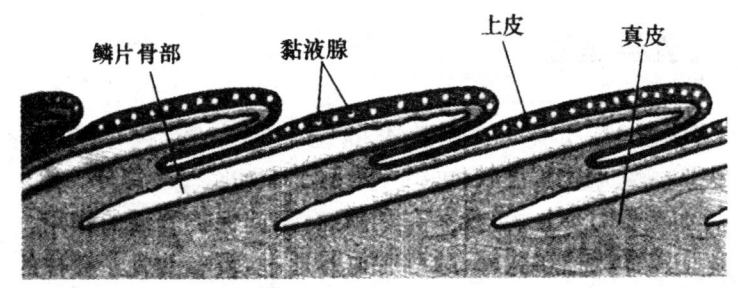

图 4-8 硬骨鱼的皮肤

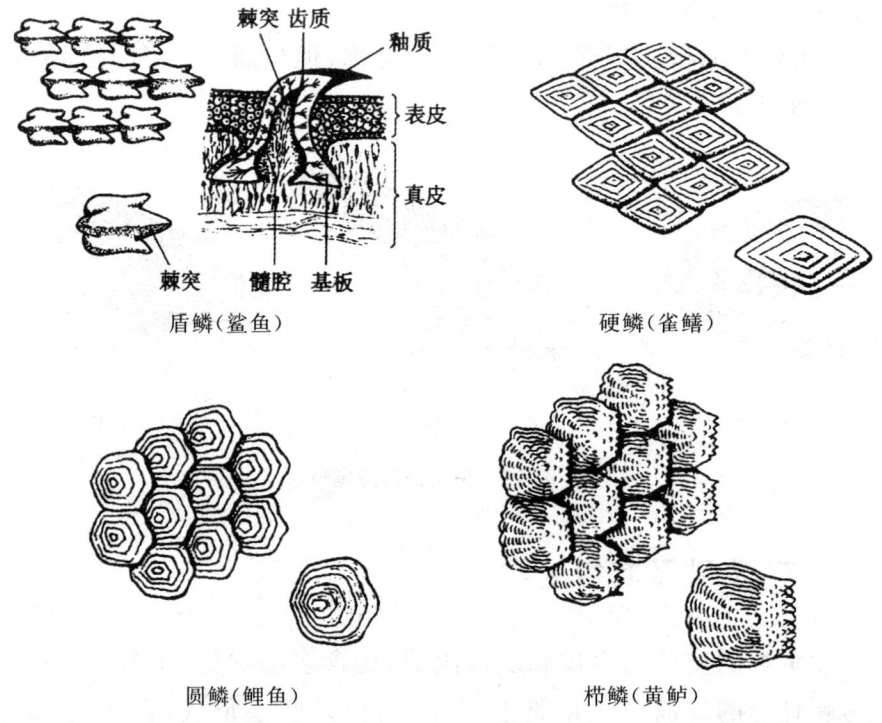

图 4-9 鱼类的鳞片类型

鱼类皮肤与肌肉连接很紧,可减少水的阻力,加快游泳速度。

四、骨骼系统

鱼类具有发达的内骨骼,不仅具有支持身体、保护体内柔软器官的作用,还能够与肌肉协同合作完成各种运动。鱼类的骨骼系统可以分为软骨系统(图 4-10)和硬骨系统(图 4-11)两大类。

但不管是软骨系统还是硬骨系统,都包括中轴骨和附肢骨。

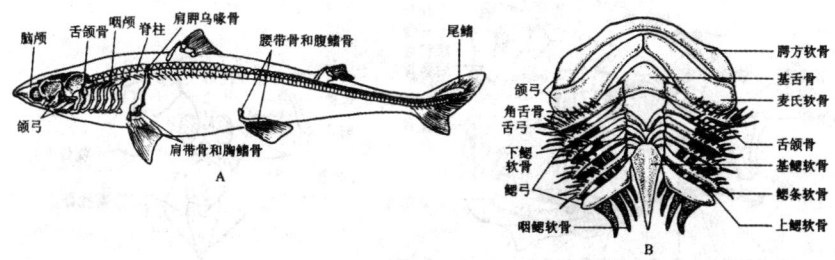

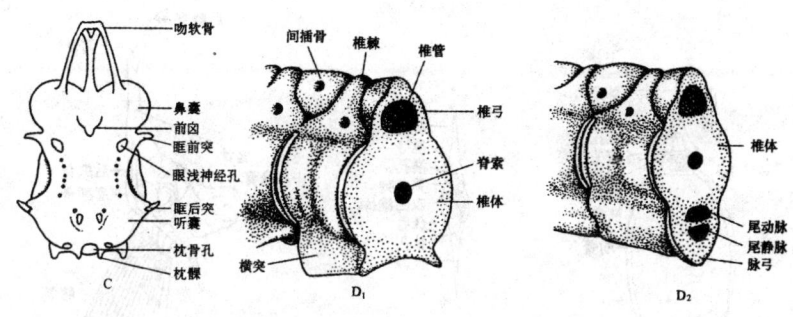

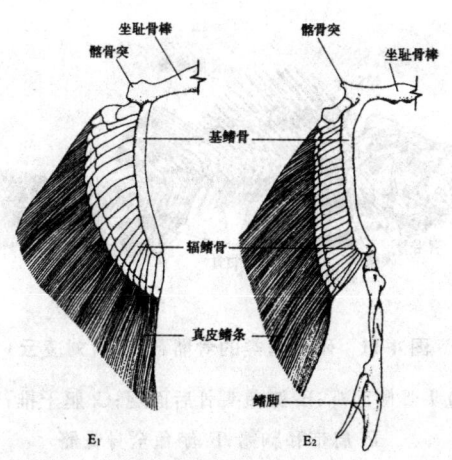

图 4-10　软骨鱼类的骨骼系统(引刘凌云)

A.全身骨骼侧面观;B.咽颅腹面观;C.脑颅背面观;D_1.躯干椎;
D_2.尾椎横切面;E_1.雌性腰带骨和腹鳍骨;E_2.雄性腰带骨和腹鳍骨

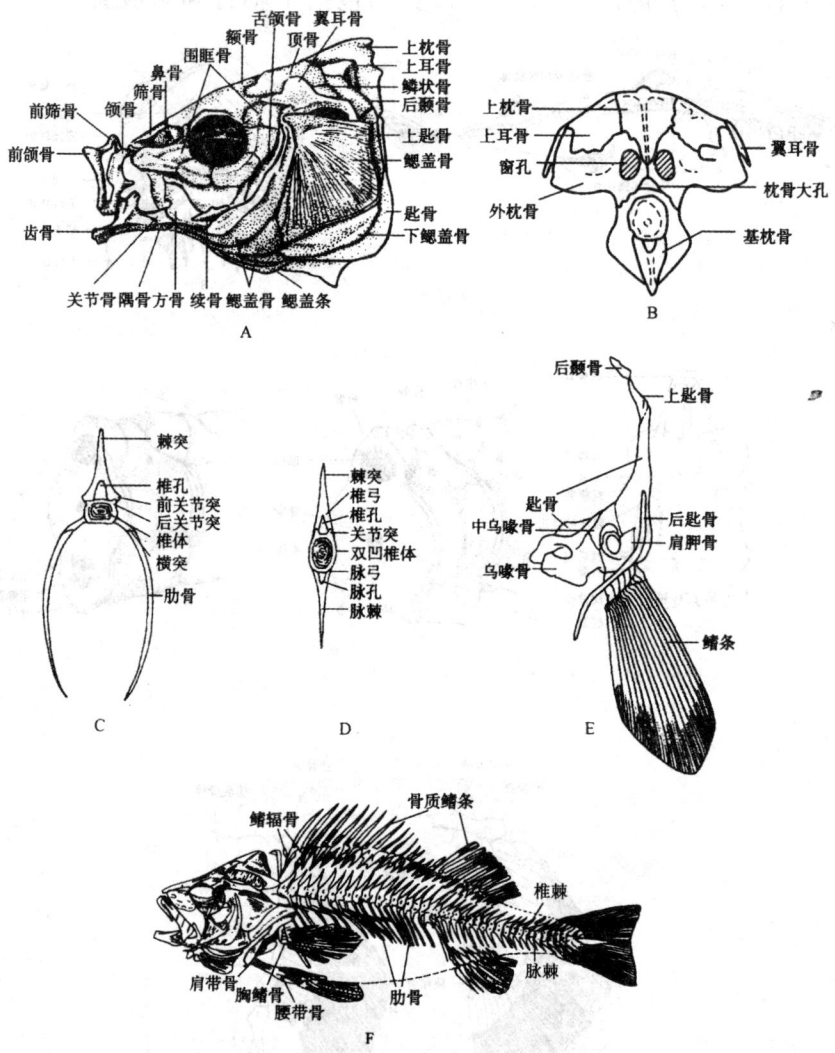

图 4-11　硬骨鱼类的骨骼系统（引刘凌云）

A.鲤鱼头骨侧面观；B.鲤鱼头骨后面观；C.躯干椎；D.尾椎；
E.肩带和胸鳍；F.鲈鱼全身骨骼

（一）中轴骨

中轴骨包括脊柱和头骨两大部分。

1. 脊柱和肋骨

脊柱由一连串软骨的脊椎骨关联而成,紧接在脑颅后,取代了脊索成为支持身体、保护脊髓的新结构。脊柱的分化程度不高,主要分为两部分:躯椎和尾椎。躯椎无脉弓和脉棘,椎体两侧有横突(transverse process)与肋骨相连。其中,硬骨鱼的肋骨发达,呈弯刀形,与躯干椎的横突相关节,以保护内脏。

鱼类的脊椎骨如图 4-12 所示。

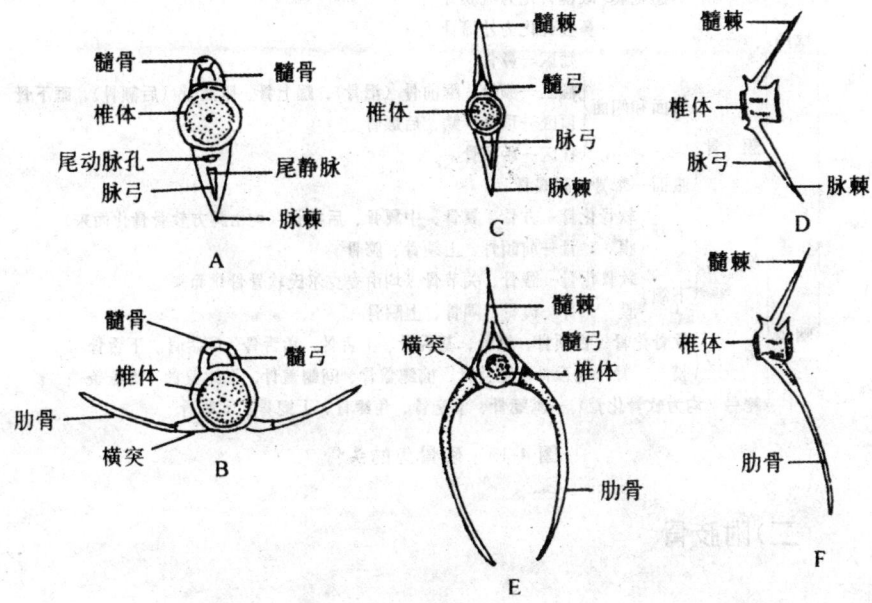

图 4-12　鱼类的脊椎骨(灰星鲨)(引华中师范学院等)

A.尾椎(正面);B.躯干椎(正面);鲤鱼的脊椎骨;C~D.尾椎;E~F.躯干椎

2. 头骨

鱼类的头骨包括脑颅和咽颅两部分。脑颅位于头部背面,主要保护脑和各种头部感觉器官;咽颅位于头部腹面,呈弧状,成对地排列于消化道前端,主要支持和保护摄食、呼吸等器官。

脑颅一般分为几个区,后部背面为枕区,前端背面和侧面则有鼻区、蝶区和耳区。

咽颅主要是 7 对咽弓（弧）：第一对为颌弓，支持上、下颌；第二对为舌弓，支持舌；其余 5 对为鳃弓，支持鳃。

其中，硬骨鱼的头骨由许多骨片组成，如图 4-13 所示，现存硬骨鱼一般为 130 块左右。而软骨鱼的脑颅则由一块箱状的软骨盒构成。

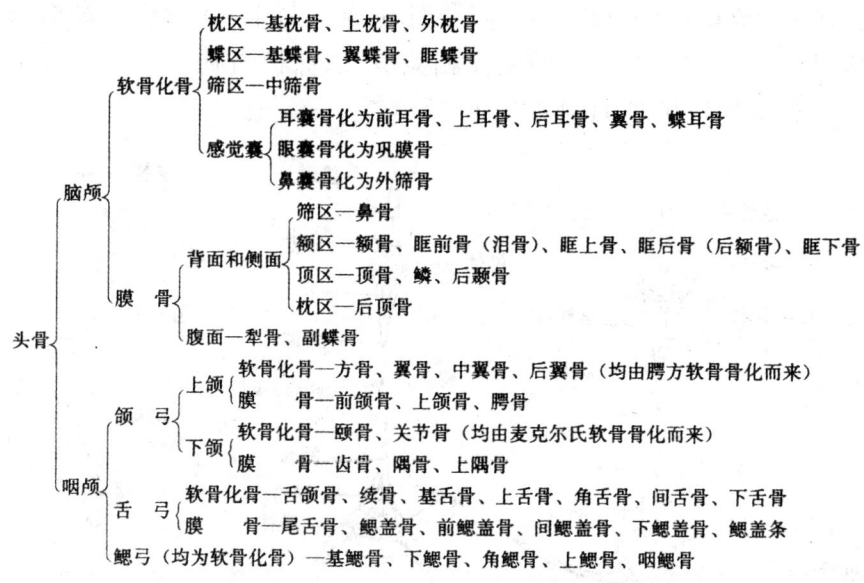

图 4-13　硬骨鱼的头骨

（二）附肢骨

1. 奇鳍支鳍骨

奇鳍支鳍骨（pterygiophore）又称为担鳍骨。软骨鱼的背鳍和臀鳍的支鳍骨是一分为 3 节的棒状软骨，有些种类支鳍骨的基部趋于愈合，称为辐状软骨（radial cartilage），部分突入鳍内，并参与鳍的组成。硬骨鱼背鳍和臀鳍的支鳍骨深埋在肌肉中，低等种类分为 3 节，高等种类一般分为 2 节或 1 节。仅在鲟鱼、多鳍鱼等种类支鳍骨数目少于鳍条，其他鱼类支鳍骨和鳍条数相等。

尾鳍支鳍骨在软骨鱼和鲟鱼仅分布于尾鳍的上叶，下叶支鳍骨与脉棘愈合。硬骨鱼的最后几枚尾椎骨愈合成 1 根尾杆骨翘向后上方,在尾杆骨的上、下方有尾上骨和尾下骨及其他骨片共同构成尾鳍支鳍骨。

2. 偶鳍骨骼

鱼类的偶鳍骨骼包括偶鳍支鳍骨和带骨,带骨又分为连接胸鳍的肩带(pectoral girdle)和连接腹鳍的腰带(peivic girdle)(图 4-14)。软骨鱼的肩带位于咽颅后方呈"U"字形,由腹侧的乌喙部和两侧的肩胛部组成,鲨类不与头骨或脊椎骨相连,鳐类与脊柱相连。胸鳍支鳍骨包括几块鳍基软骨(pterygium cartilage)和辐状软骨(radialia cartilage)。肩带侧面与鳍基软骨相关节。硬骨鱼的肩带成分复杂,除了肩胛骨(scapula)、乌喙骨(coracoid)及低等种类的中乌喙骨(mesocoracoid)外,还有膜骨成分,如匙骨(cleithrum)、上匙骨(supracleithrum)、后匙骨(postcleithrum)等。通过后匙骨将肩带连于头骨上。鳍基骨在真骨鱼类已经消失,支鳍骨直接与肩带相连。腰带在鱼类结构简单,软骨鱼位于泄殖腔前方,呈"一"字形,腹鳍支鳍骨数目趋于减少,鳍基软骨与腰带两端相连,鳍脚为鳍基软骨的变形。硬骨鱼的腰带由一对无名骨(innominatum)组成,无膜骨成分,支鳍骨多与腰带愈合。

五、肌肉系统

鱼类肌肉简单,分化程度不高。全身最发达的肌肉是躯体两侧的轴肌,由多数排列的圆锥状肌节和肌隔相互套叠而成。其排列方式利于主要依靠躯干和尾部左右屈伸产生运动。水平生骨隔把轴肌分隔为背部的轴上肌(epaxial muscle)和腹部的轴下肌(hypaxial muscle)。鱼类的轴上肌发达,轴下肌较薄(图 4-15)。借助于连续的肌节收缩与舒张,使收缩波传向尾部,尾部将收缩的力传给水,这个力被水以同等大小但方向相反的反作用力作用于尾部,是鱼类向前运动的主要推进力。

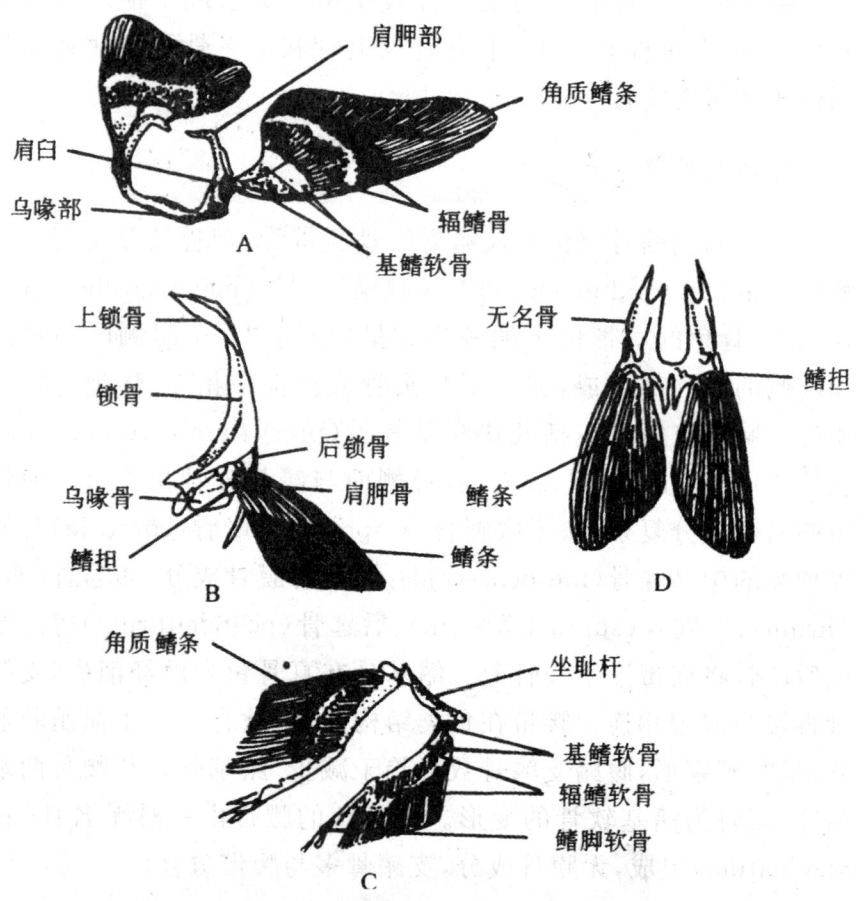

图 4-14 鱼类的偶鳍骨骼（引华中师范学院等）

A.鲨胸鳍；B.鲤胸鳍；C.鲨（雄性）腹鳍；D.鲤腹鳍

有些鱼类的肌肉特化为发电器官，如电鳐、电鳗、电鲶等都是发电较强的鱼类。发电器官的功能单位为一些柱状的极板，称为电板，实际上是由肌细胞特化形成的电细胞，均面朝同一个方向，神经组织网支配着每一电板的一面，当神经冲动启动发电器官，电流就朝一个方向流动。电鳗可发电高达 600V，电鳐可发电达 50V，它们均能产生超过 5kW 的电力，如图 4-16 所示。

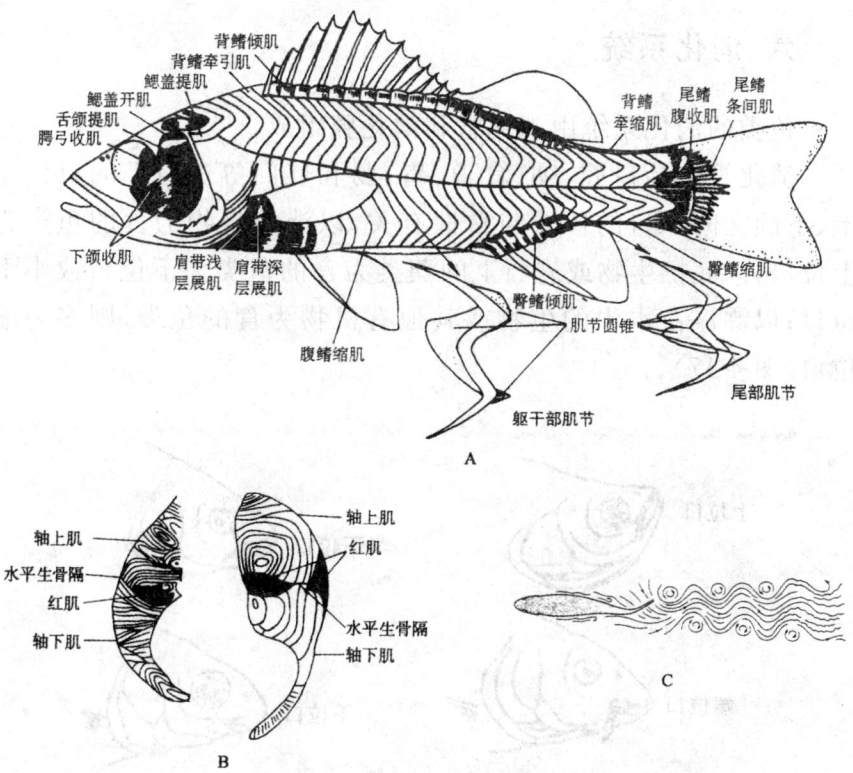

图 4-15 鱼类的肌肉（引刘凌云）

A.鲈鱼的肌肉系统；B.躯干部红肌位置；C.鲤鱼的运动

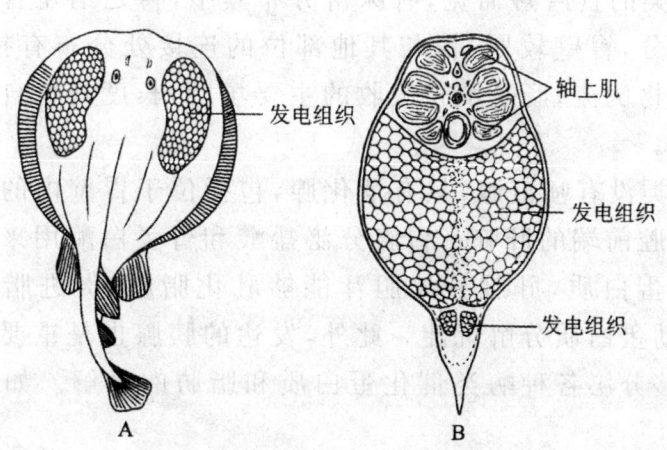

图 4-16 几种鱼类的发电器官

A.电鳐背面，皮肤已移去；B.南美电鳗尾部横切面

六、消化系统

鱼类的消化系统由消化管和消化腺组成。

消化管包括口腔、咽、食道、胃、肠和肛门等。鱼类的口位于上、下颌之间。口的位置与食性有关,以浮游生物为食的鱼类为上位口;以底栖生物或岩石上的藻类为食的鱼类为下位口或半下位口;以漂浮在水中的生物或其他有机物为食的鱼类,则多为端位口(图4-17)。

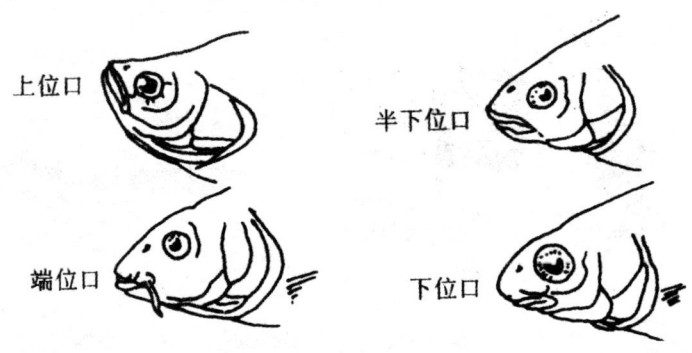

图 4-17 鲤科鱼类几种口部不同位置(引华中师范学院等)

鱼类的食管短而宽,有味蕾分布其中;胃是消化管中最膨大的部分,胃壁较厚,胃与其他部位的连接处分布有括约肌,防止食物倒流;肠是消化吸收的主要场所,长度与鱼自身的食性有关。

鱼类没有唾液腺,只有消化腺,包括位于胃壁内的胃腺和位于体腔前端的肝脏。胃腺分泌盐酸和胃蛋白酶用来消化食物中的蛋白质,肝脏分泌胆汁能够乳化脂肪,促进脂肪的分解,帮助蛋白质分解沉淀。此外,发达的胰腺也是重要的消化腺,能够分泌各种酶类催化蛋白质和脂肪的分解。如图4-18所示。

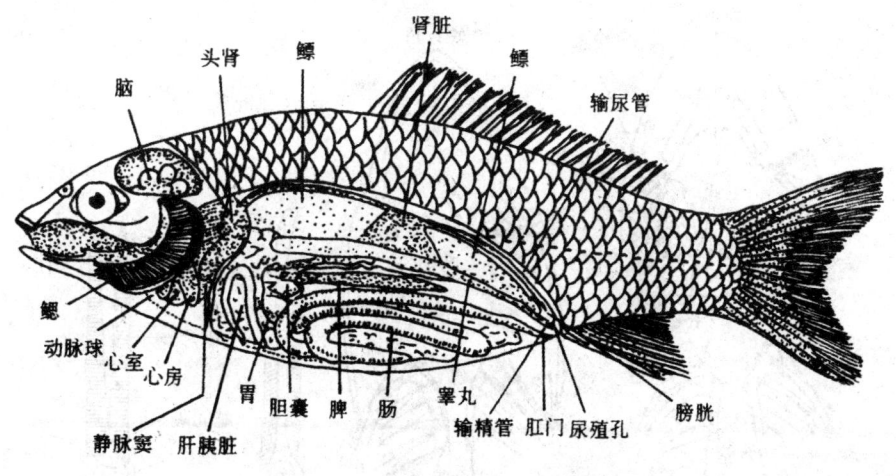

图 4-18 鲤鱼的内脏（引丁汉波）

七、呼吸系统

作为水生脊椎动物，鱼类的呼吸器官主要是鳃，即咽鳃裂。鱼类的鳃均由鳃弓支持，鳃弓外侧是鳃片（图 4-19），鳃片有丰富的毛细血管，为气体交换的场所。板鳃鱼类的鳃裂直接对外开口，鳃裂之间以鳃间隔隔开，鳃间隔很长，宽大呈板状，前、后面都附有鳃片，鳃片短于鳃间隔，末端游离；其他鱼类的鳃间隔逐步退化，短于鳃片，鳃裂不直接对外。其中，硬骨鱼的有骨质鳃盖，对鳃有很好的保护作用。

很多鱼的脊柱腹面有一个囊泡，这就是鳔，鳔最初就是一种辅助呼吸器官，但现在只有肺鱼、多鳍鱼（Polypteridae）、雀鳝（Lepisosteidae）等古老鱼类的鳔能从空气中吸收氧气，多数鱼类鳔的作用只是控制鱼体的沉浮。鳔多位于肠管背面紧贴肾和脊椎骨，也有鳔伸入尾部或分成两叶，对称地伸入到尾部肌肉中。

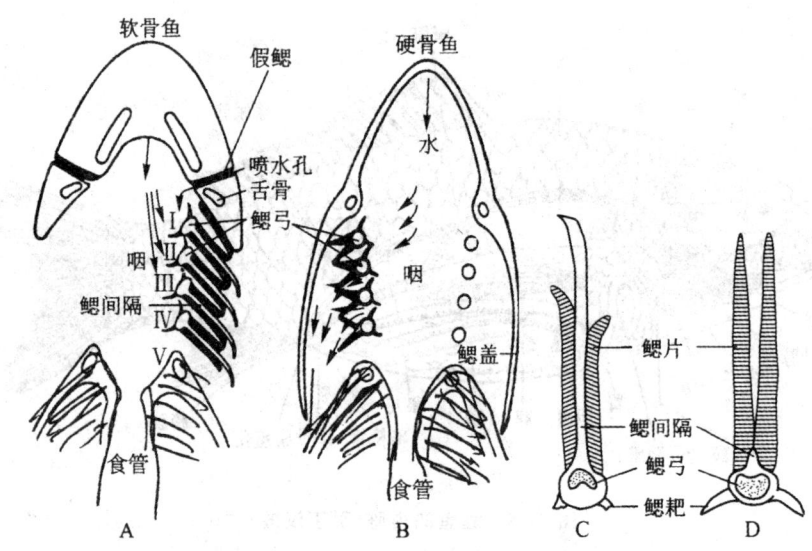

图 4-19　鱼类的鳃(引刘凌云)

软骨鱼(A)和硬骨鱼(B)头部水平切面示鳃的区别；鲨鱼(C)和鲤鱼(D)鳃的结构比较

八、循环系统

循环系统主要由心脏、血管和液体(血液和组织液等)组成。

鱼类的心脏较小，重量不足体重的 1%，位于鳃后下方的围心腔内，由 1 个心室、1 个心耳和 1 个静脉窦构成(图 4-20)。静脉窦壁薄，负责接受流回心脏的静脉血；静脉窦的前方是心耳，壁稍厚；心耳的前方是心室，负责将血液压入动脉。软骨鱼类和低等硬骨鱼类的心室前还有动脉圆锥，能搏动，为心脏的一部分；多数硬骨鱼类的心室直接接腹大动脉，且腹大动脉基部膨大，形成动脉球，动脉球不能搏动，不属于心脏的组成部分。

鱼类的血液循环属于单循环。心脏内的血是缺氧血，只有经腹大动脉将血液送达鳃部，由出鳃动脉流出来时，才变为富氧血。离开器官组织的少氧血，又带着代谢废物或营养物质循着从小到大的静脉管道回流，最终回流至心脏内，然后再开始新的一轮血液循环(图 4-21)。

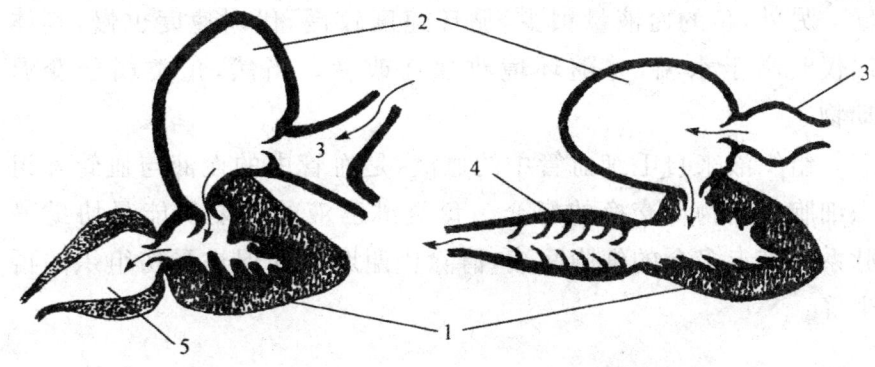

图 4-20 鱼类的心脏剖面图（箭头示血流方向）

1—心室；2—心耳；3—静脉窦；4—动脉圆锥；5—动脉球

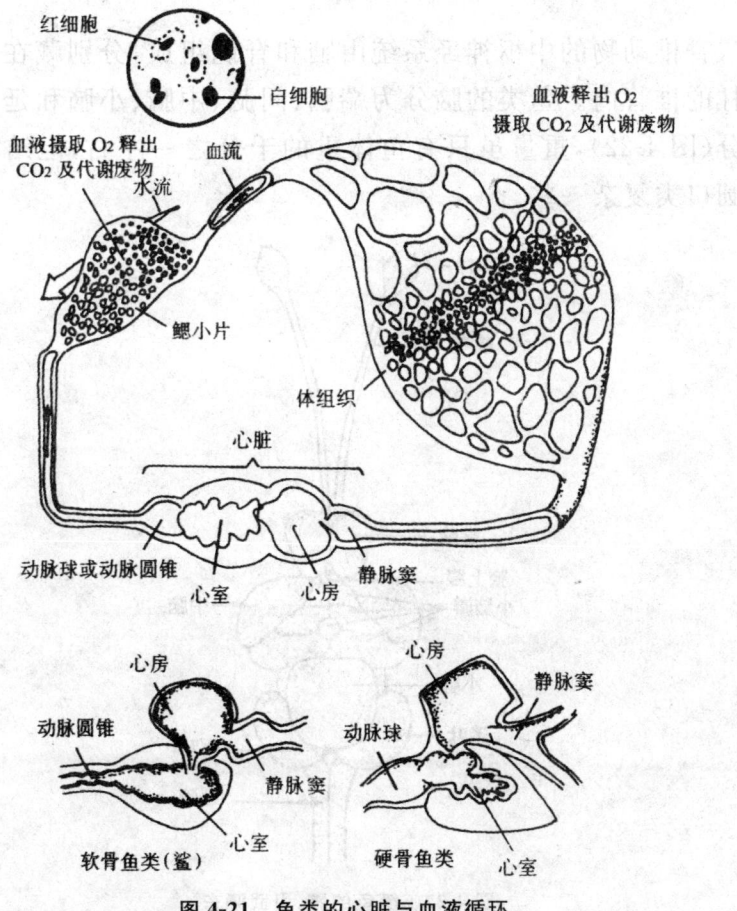

图 4-21 鱼类的心脏与血液循环

另外,鱼的血液量很少,循环速度较慢,代谢速度也慢,其体温仅略高于水温,并随环境改变而改变。当然,鱼类属于变温动物。

组织液来自毛细血管中的血液,是血管中的血液与血管外组织细胞之间物质交换的媒介。鱼类淋巴液的主要机能是协助静脉系统带走多余的细胞间液,清除代谢废料和促进受伤组织的再生等。

九、神经系统和感觉系统

(一)中枢神经

脊椎动物的中枢神经系统由脑和脊髓组成,分别藏在脑颅和脊柱的椎管内。鱼类的脑分为端脑、间脑、中脑、小脑和延脑5个部分(图4-22),重量虽只有鱼体重的千分之一左右,但结构还是较圆口类复杂一些。

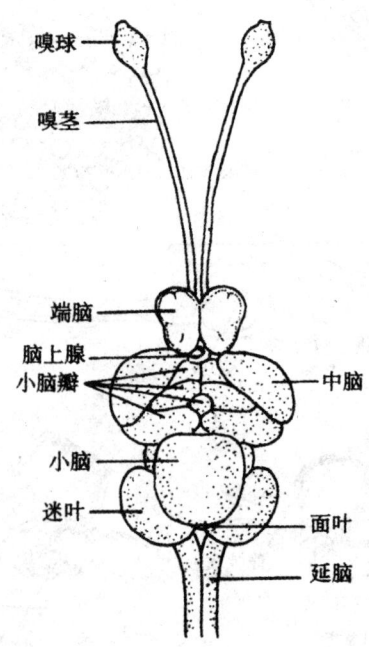

图4-22 鲤鱼的脑(引武晓东)

鱼类的脊髓(spinal cord)紧接于延脑后方,向后延伸至最后一枚脊椎骨,一般由前向后逐渐变细,但在胸鳍和腹鳍处稍微膨大。脊髓借背中沟和腹中沟分成左右两半。脊髓外面为脊髓膜,中央管纵贯脊髓全长,上与第四脑室相通,中央管周围是由神经原本体构成的灰质(gray matter),呈"H"字形,可完成低级反射活动,灰质周围是白质(white matter),由纵行的神经纤维组成。

鱼类有一定的记忆能力,可形成简单的条件反射。美国科学家通过研究银大麻哈鱼,知道银大麻哈鱼能记住出生地水流的独特气味,在海水中生活数年后,依然能凭记忆找到家乡河,甚至回到自己出生的那条溪流中。

(二)感觉

鱼类的运动能力很强,有的还有洄游现象。运动能力强,感觉就比较发达,感觉主要有嗅觉、听觉、视觉(图 4-23)。另外,鱼类还有侧线和电感受器等感觉器官。

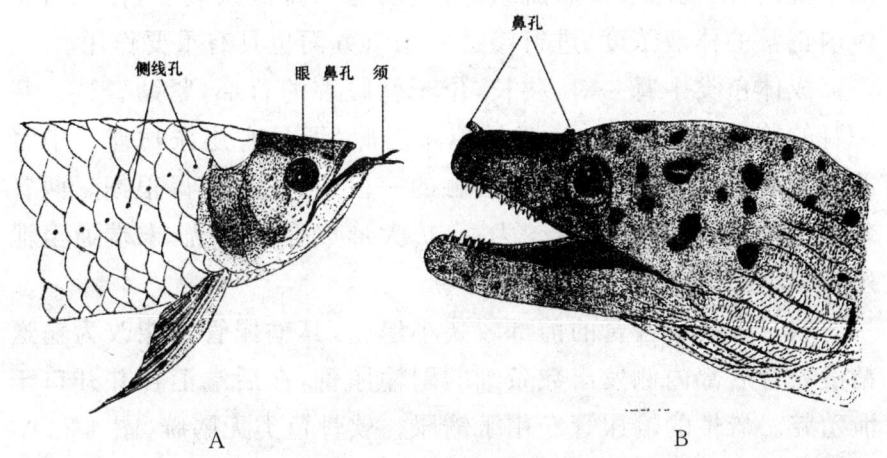

图 4-23 鱼的感觉器官

A. 骨舌鱼;B. 裸胸鳝

鱼类的鼻孔成对存在,位于眼睛前方(硬骨鱼类)或口前方(软骨鱼类),是嗅觉器官。有些鱼的嗅觉非常发达,如鲨鱼,能闻出十几千米外海水中血液的味道,海鳝等穴居鱼类的嗅觉也十分灵敏。鱼类无外耳和中耳,只有内耳,内耳有 3 个半规管,因为水传导声波的能力远强于空气,所以鱼类的听力还是很好的。鱼眼的结构不太复杂,无泪腺、无眼睑,调节能力较差,多数种类看不到 15m 以外的东西,尤其是夜间或水底活动的鱼,视力很差,眼睛也小,为弥补视力不足,这些鱼的口部有须,触觉发达。不过,在大洋上生活的鲭鱼视力很好,而生活在地下河中的鱼,眼睛往往退化,成为无眼的盲鱼,盲鱼多有触须,而且侧线发达,对振动非常敏感。

十、排泄系统和渗透压调节

(一)排泄系统

鱼类大部分代谢废物是以尿的形式由肾滤出,并通过输尿管排出体外。软骨鱼排泄物以尿素为主,硬骨鱼以排铵盐为主。排泄系统由肾、输尿管及膀胱组成,其功能除排泄尿液外,在维持鱼体内正常的体液浓度、进行渗透压调节方面也具有重要作用。

成体鱼类中肾一对,狭长,位于胸腹腔的背部,紧贴脊柱。每一肾的前端为一头肾,头肾是拟淋巴腺,不具有泌尿功能。中肾的最宽处是在与鳔的中部相接触的一段,再往后变得很细。两肾各有一输尿管,在后端合二为一,扩大形成导管膀胱,末端通至泄殖窦,以泄殖孔开口于肛门后方。

软骨鱼类雄性肾的前部较狭小退化,其输尿管功能改为输送精液。肾后部内侧发出数条细的副输尿管,在后端汇合并开口于泄殖腔。雌性的输尿管专用于输尿。软骨鱼类无膀胱(图 4-24)。

硬骨鱼类胸腹腔背前端有头肾(head kidney),可能是淋巴器官。后端为肾,左右部分相连。输尿管沿胸腹腔背壁后行合并,膨大成膀胱,最后通入泄殖窦,以泄殖孔开口于肛门后方(图 4-25)。

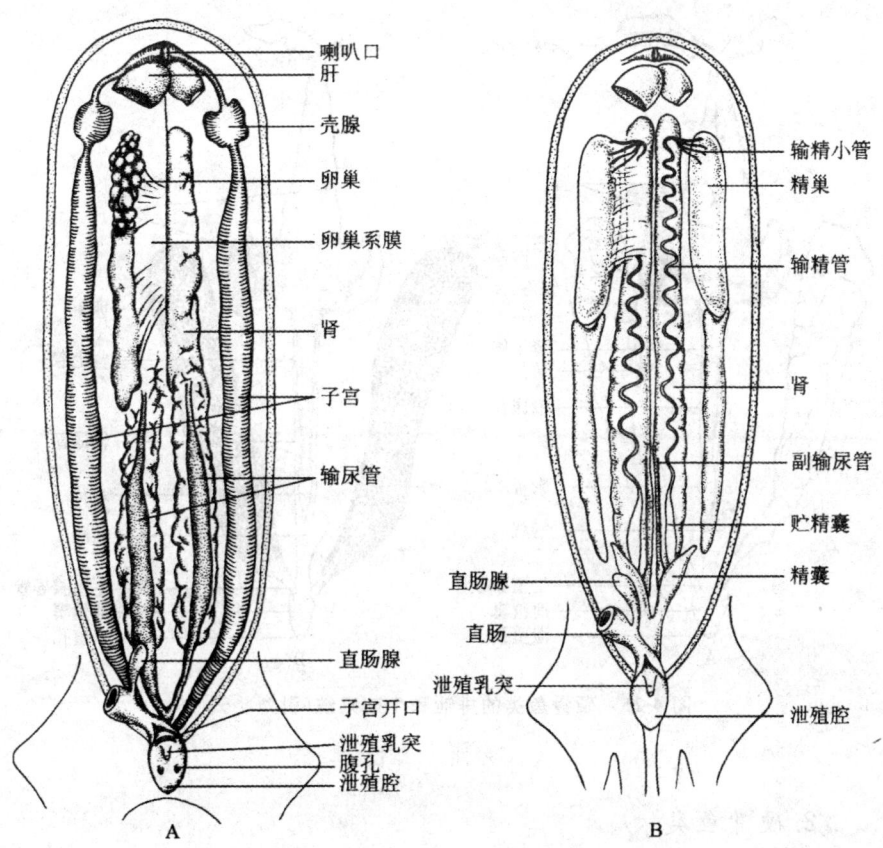

图 4-24 软骨鱼类的排泄和生殖系统(引郑光美)
A. 雌性;B. 雄性

(二)渗透压的调节

1. 软骨鱼类

鲨鱼等软骨鱼类适应海水生活,在血液中积累大量尿素,含量达血液的 2%～2.5%(其他脊椎动物为 0.01%～0.03%),使体内体液的浓度和渗透压高于海水,因而不致产生失水过多的现象,周围海水还会通过鳃部和皮肤渗透进入体内。这时需要通过肾排出多余水分。多余盐分则通过直肠腺排出。

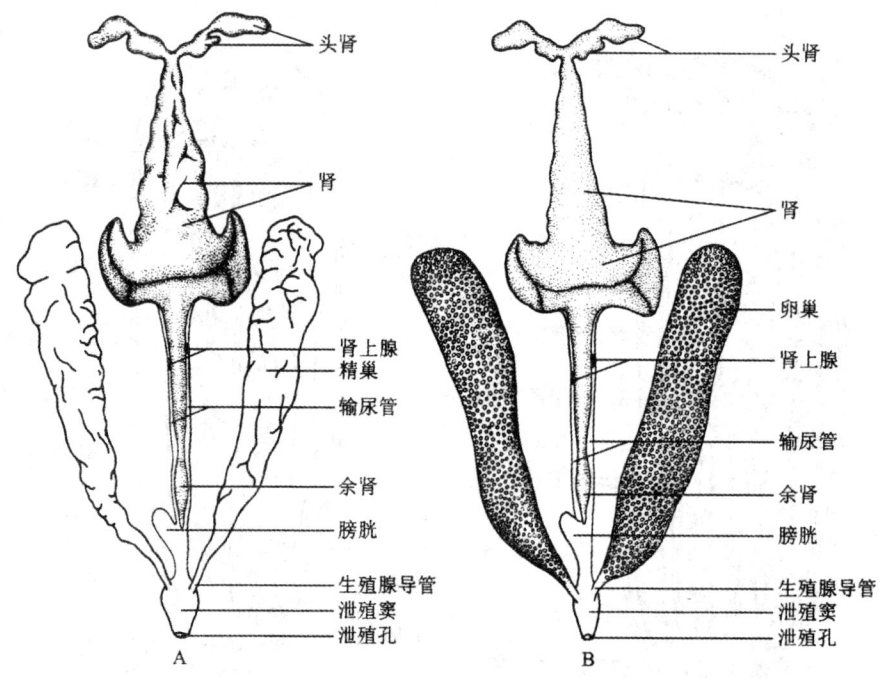

图 4-25 硬骨鱼类的排泄和生殖系统（引刘凌云）

A.雌性；B.雄性

2.硬骨鱼类

淡水鱼类体液的浓度一般高于周围淡水，体外的淡水会不断地渗入体内。由于肾的肾小球数目多，泌尿量大，能及时排出浓度极低的大量尿液，尿液中的含水量达95%以上。尿液中含氮废物以氨或铵盐的形式排出。肾小管具有重吸收作用，可将尿液中的盐分重新吸收回血液内，因而在尿液的排泄过程中丧失的盐分很少，有些鱼类还能通过食物或依靠鳃的泌氯腺从外界吸收盐分。

十一、生殖系统

（一）软骨鱼类的生殖系统

雄性软骨鱼类有1对精巢，乳白色，后通输精管（中肾管），管的后端扩大为贮精囊，之后通入泄殖腔，经鳍脚将精液排出。雌性软骨鱼类的卵巢属游离卵巢,多成对存在,成熟的卵落入腹腔后,在体壁肌肉的收缩作用下,进入输卵管,输卵管前端较细,是受精场所,之后膨大为卵壳腺,受精卵在此被包上几层膜而形成卵囊,卵壳腺后是子宫,子宫是卵胎生鱼类孵化发育的场所,两条输卵管后端一般分别开口于泄殖腔中,少数鱼类的两条输卵管在合并后以一总孔开口于泄殖腔。

从生殖器官的结构可以看出,软骨鱼类的生殖方式应是:雌雄异体,体内受精,卵生或卵胎生;其繁殖策略是产卵大,数量少,卵成活率高。

(二)硬骨鱼类的生殖系统

雄性硬骨鱼类有精巢1对,乳白色,狭长形,后通输精管,输精管直接对外开口或与输尿管合并成一短的尿殖窦后,以尿殖孔的形式开口体外。多数硬骨鱼类无交配器。雌性硬骨鱼类的卵巢一般也成对存在,其后直接接输卵管,输卵管单独开口体外。

从生殖器官的结构可以看出,硬骨鱼类的生殖方式一般是雌雄异体,体外受精,卵生。也有少数硬骨鱼类进行体内受精,卵生或卵胎生。硬骨鱼类的繁殖策略是产卵小,数量大,卵成活率低。如鲤鱼一般可产卵数万至十余万粒,而翻车鲀一次能产卵3亿粒。

第三节 鱼类的分类

鱼类是脊椎动物中种类最多的类群,现存种类约24 000种,分布遍及全球各水域,其中约58.8%的鱼类生活在海洋,淡水鱼类约占41.2%(图4-26),这一现状与海洋的面积辽阔及复杂的环境条件有关。

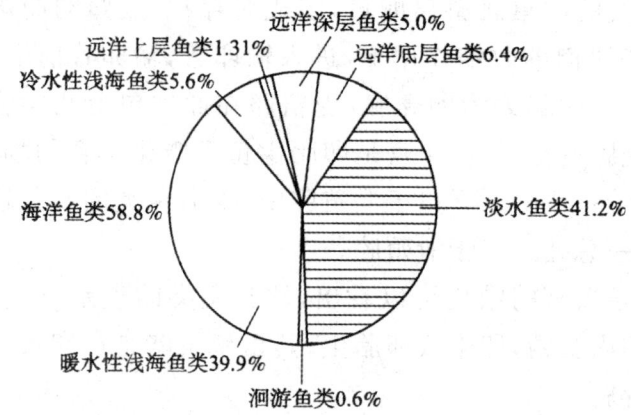

图 4-26 现存鱼类在不同栖居水域中的比例

通常将鱼类分为两大类,即软骨鱼类和硬骨鱼类。

一、软骨鱼类

全为海产,骨为软骨,体被盾鳞,鳃间隔发达,鳃孔5～7对,体内受精。全世界约存有800种,我国190多种,包括两个亚纲。软骨鱼类绝大多数生活于热带和亚热带海洋中。

(一)全头亚纲

全头亚纲(Holocephali)体表光滑或偶有盾鳞,鳃腔外被一膜质鳃盖,后缘具一总鳃孔。本亚纲只有银鲛目,约30种,例如,我国有黑线银鲛(图 4-27 A),属于该科。

(二)板鳃亚纲

板鳃亚纲(Elasmobranchii)体呈梭形或盘形,鳃孔5～7对,各自开口于体外而无鳃盖。

1. 鲨总目

鲨总目(Selachomorpha)(图 4-27 B～I)体呈纺锤形,眼和鳃裂侧位。胸鳍与头侧不愈合;歪型尾。全世界有鲨鱼250～300

种,我国有130余种。

图 4-27 银鲛目和鲨总目的代表鱼类

A.黑线银鲛;B.扁头哈那鲨;C.宽纹虎鲨;D.姥鲨;
E.鲸鲨;F.尖头斜齿鲨;G.锤头双髻鲨;H.短吻角鲨;I.日本锯鲨

2. 鳐总目

鳐总目(Batoidei)体形背腹扁平,鳃裂腹位,胸鳍前缘与头侧相连(图4-28)。

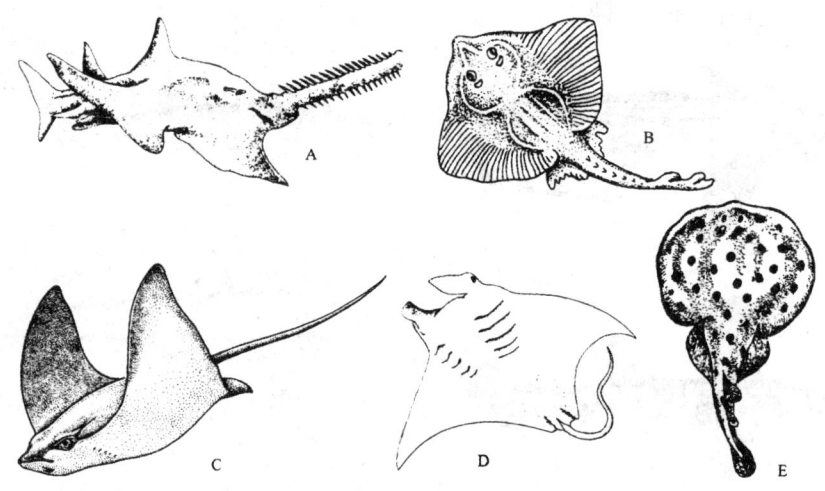

图 4-28 鳐总目的代表鱼类

A. 尖齿锯鳐;B. 孔鳐;C. 鸢鲼;D. 日本蝠鲼;E. 电鳐

二、硬骨鱼类

硬骨鱼类有 2 万多种,我国有 3700 余种,世界各地的海洋和淡水等水域均有分布。

(一)内鼻孔亚纲

内鼻孔亚纲(Choanichthyes)鱼类口腔具内鼻孔,有原鳍型的偶鳍,即偶鳍有发达的肉质基部,鳍内有分节的基鳍骨支持,外被鳞片,呈肉叶状或鞭状,故又称肉鳍亚纲(Sarcopterygii)。本亚纲又分两个总目:总鳍总目(Crossopterygiomorpha)和肺鱼总目(Dipneustomorpha)。

1. 总鳍总目

总鳍总目是一类出现在泥盆纪的古鱼。如 1938 年 12 月 22 日在非洲东南沿海捕获到的矛尾鱼(*Latimeria chalumnae*),为最珍贵的动物活化石(图 4-29)。

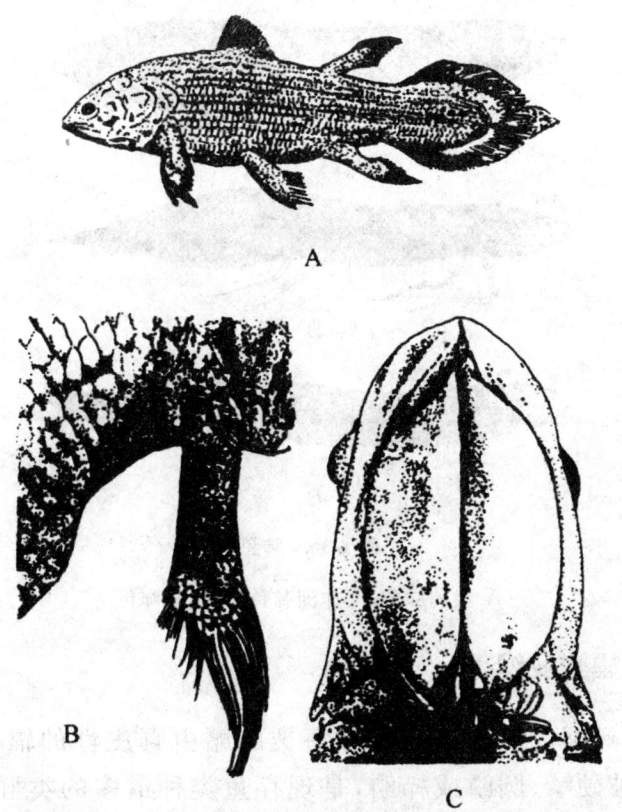

图 4-29 矛尾鱼及其偶鳍和喉板(引 schmidt)

A.矛尾鱼；B.偶鳍；C.喉板

2.肺鱼总目

　　肺鱼总目的种类也是一类较原始的鱼类,与总鳍鱼类的亲缘关系最近,其特殊的鳔无论从发生、构造还是呼吸机能上都与陆生脊椎动物的肺十分相似。在世界各地曾广泛分布,最早出现在早泥盆纪,但现生种类仅有 2 目 3 科 5 种,并被隔离分布于南美洲、非洲和大洋洲(图 4-30)。我国四川省境内曾出土肺鱼化石。

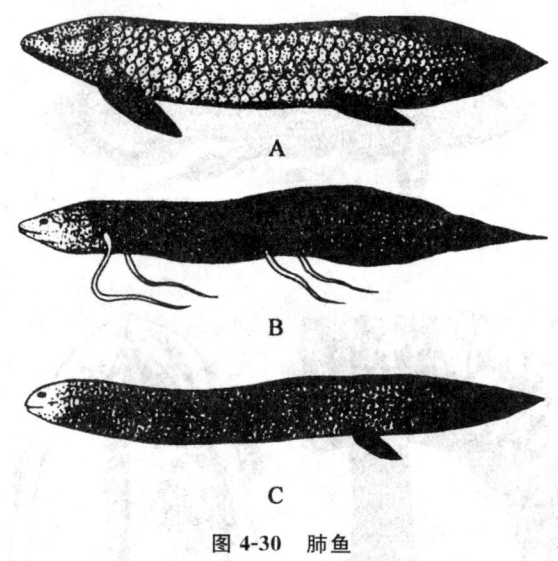

图 4-30 肺鱼

A. 澳洲肺鱼；B. 非洲肺鱼；C. 美洲肺鱼

（二）辐鳍亚纲

辐鳍亚纲（Actinopterygii）鱼类的鳍由真皮性的辐射状鳍条支持，体被硬鳞、圆鳞或栉鳞，是现存鱼类种最多的类群，占90%以上，共包括9总目36目，我国有8总目28目。

1. 软骨硬鳞总目

软骨硬鳞总目（Chondrostei）是辐鳍亚纲最原始的类群，保留有许多原始的特征：骨骼大部分为软骨，脊索终生存在，有喷水孔，肠内有螺旋瓣，心脏有动脉圆锥，由于这类鱼背鳍和臀鳍的鳍条数多于各自的支鳍骨数，特称古鳍鱼类。

软骨硬鳞总目现存多鳍鱼目（Polypteriformes）和鲟形目（Acipenseriformes），二者的身体结构和生活习性相差较大。多鳍鱼（图4-31）低等，体表有发达的硬鳞，鳔能呼吸空气，原型尾，胸鳍基部有肉质的基叶，上被覆细小鳞片。鲟鱼（图4-32）具有许多与软骨鱼相似的特征：口横裂，位于吻的腹面，歪型尾。

图 4-31 多鳍鱼　　　　　　图 4-32 鲟鱼

多鳍鱼现存的有 12 种,栖息于非洲淡水;鲟鱼现存 25 种,产于北半球的淡水水域或在海水与淡水之间洄游。

2. 鲱形总目

鲱形总目(Clupeomorpha)腹鳍腹位,鳍条一般不少于 6 枚,胸鳍基部位置低,接近腹缘,鳍无棘。鲱形总目在海洋和淡水等水域均可生活,该总目包括海鲢目、鲱形目、鲑形目、灯笼鱼目等约 1000 种。例如,鲱形目的鲱鱼是我国黄海的重要经济鱼类;鲥鱼、鳓鱼、鲑形目的大马哈鱼、银鱼科的大银鱼(图 4-33),1988—1992 年在内蒙古和北京地区移养成功,以及狗鱼科的东北狗鱼等。

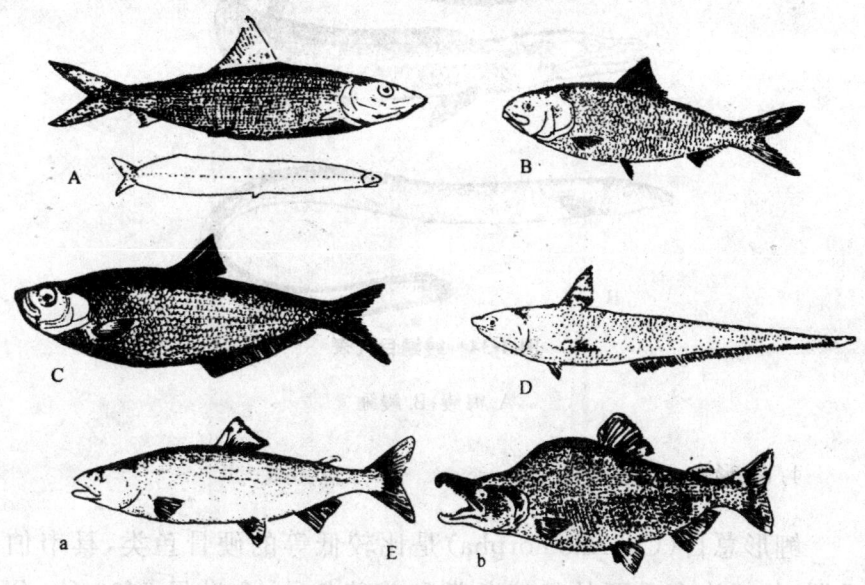

图 4-33 鲱形总目代表(引杨安峰等)

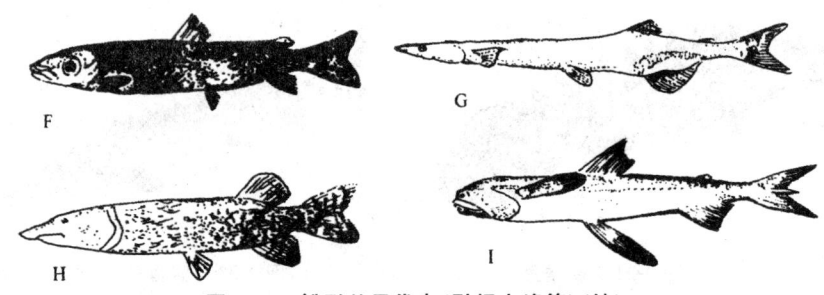

图 4-33 鲱形总目代表（引杨安峰等）（续）

A. 北梭鱼及其幼鱼；B. 鲥鱼；C. 鳓鱼；D. 鲮鱼；
E. 大马哈鱼，a. 非繁殖期 b. 繁殖期；F. 哲罗鱼；G. 大银鱼；H. 狗鱼；I. 龙头鱼

3. 鳗鲡总目

体形细长如蛇，脊椎骨数多，鳞片常常退化，没有腹鳍，背鳍及臀鳍的基底长，且与尾鳍相连，鳃孔小。鳗鲡目的鱼在深海产卵，卵小，个体发育中有明显变态现象，早期在海洋中漂流生活，代表种类有海鳗、鳗鲡，如图 4-34 所示。

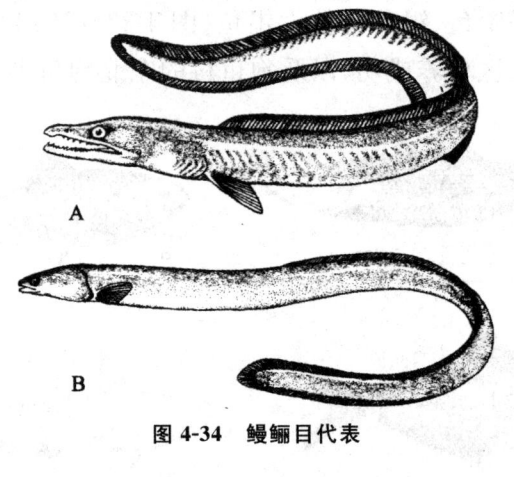

图 4-34 鳗鲡目代表

A. 海鳗；B. 鳗鲡

4. 鲤形总目

鲤形总目（Cyprinomorpha）是比较低等的硬骨鱼类，具韦伯氏器，包括许多重要的经济鱼类和养殖鱼种，全世界 5000 种，分为鲤形目和鲇形目，其中鲤科是鱼类中最多的一类，约有 2000 余

种。鲤形总目多淡水生活,广布于各大洲,我国的淡水鱼大部分种类列属其中。本科鱼类是我国淡水天然捕捞以及池塘和大水面养殖的重要对象,有经济价值的不少于 400 种,产量是我国鱼产量的 1/3。例如,四大家养鱼:青鱼、草鱼、鲢鱼、鳙鱼(图 4-35)。

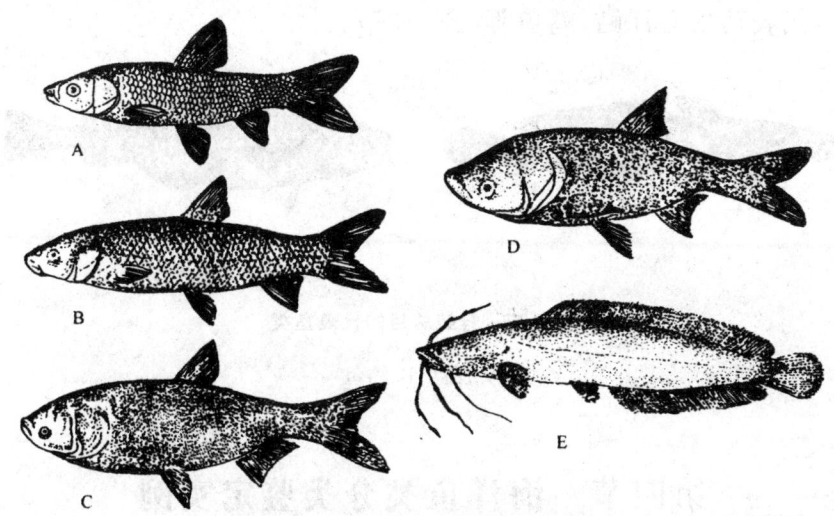

图 4-35 鲤形总目代表(引杨安峰等)

A.青鱼;B.草鱼;C.鲢鱼;D.鳙鱼;E.胡子鲇

5.银汉鱼总目

银汉鱼总目的胸鳍位高,腹鳍腹位或亚胸位,体被圆鳞,鳔无管。海水、淡水都有。银汉鱼总目包括鳍形目、银汉鱼目和颌针鱼目,有 1000 余种,代表动物有飞鱼、扁颌针鱼等(图 4-36)。

图 4-36 银汉鱼总目的代表鱼类

A.飞鱼;B.扁颌针鱼

6. 鲑鲈总目

鲑鲈总目的腹鳍喉位、胸位或亚胸位,体被圆鳞或栉鳞,鳔无管。海水、淡水都有。鲑鲈总目包括鲑鲈目和鳕形目,约有500种,代表动物有江鳕、鳕鱼等(图4-37)。

图4-37 鲑鲈总目的代表鱼类

A. 江鳕;B. 鳕鱼

第四节 海洋鱼类分类鉴定实例

本节主要以海洋产的鲭亚目鱼类为例,对其进行分类鉴别。

鲭亚目鱼类是一类经济价值较高的海洋鱼类,主要栖息于热带和温带水域,是世界渔业重要捕捞对象之一。其主要鉴别特征如下:①上颌不能向前伸出(前颌骨被固定是一种对大型猎物次生变性的适应性鱼类)。②体裸露或具小圆鳞。③胸鳍位低;腹鳍胸位或消失。④尾鳍存在或退化,其鳍条基部重叠或不叠于尾下骨上。⑤有或无皮肤血管系统等。最常见的鲐鱼就是隶属于鲭亚目的鱼类。

鲭亚目包括6科,46属,大约147种鱼类。这6科我国皆有,分别为鲭科(Scombridae)、蛇鲭科(Gempyllidae)、带鱼科(Trichiuridae)、剑鱼科(Xiphiidae)、旗鱼科(Istiophoridae)和魣科(Sphyraenidae)。现以鲭科鱼类的鉴别为例进行研究。

鲭科鱼类体呈纺锤形,被小圆鳞。吻部不做箭状延长,胸鳍位高;背鳍两个。背鳍及臀鳍后方有小鳍。尾柄两侧有2到3条隆起嵴。鉴别索引如下：

1(10)胸部的鳞片正常，不形成明显的胸甲

2(5)尾柄两侧各有2条隆起嵴，无中央隆起嵴；胸部附近鳞片较大；两背鳍相距较远；齿弱小（鲭类）

3(4)鳃耙正常；犁骨及腭骨有齿；鳞片细小……鲭（鲐）属（Scomber）

4(3)鳃耙羽状；犁骨及腭骨无齿；鳞片相对鲭属较大……羽鳃鲐属（Rastrelliger）

5(2)尾柄两侧各有3条隆起嵴，中央隆起嵴大；胸鳍附近鳞片正常，两背鳍相距近；齿强大（鲅类）

6(7)侧线分上下两支，无小分支；腹鳍间突1个……双线鲅属（Arammatorcynus）

7(6)侧线1条。有许多小分支；腹鳍间突1对

8(9)无鳃耙，鳃丝作网状；肌肉间的刺接在肋骨上……刺鲅属（Acanthocybium）

9(8)有鳃耙，鳃丝不作网状；肌肉间的刺接在脊椎骨上……马鲛属（Scornberomorus）

10(1)胸部的鳞片特别大。形成明显的胸甲（金枪鱼类）

11(14)体被鳞，胸部鳞较大，形成胸甲

12(13)体亚圆筒形；上下颌具1列细齿，犁骨有齿……金枪鱼属（Thunnus）

13(12)体稍侧扁；上下颌齿尖锐，犁骨无齿……狐鲣属（Sarda）

14(11)体仅胸部被大鳞，余皆裸露无鳞

15(18)腹鳍间有1大鳞瓣

16(17)两背鳍分离远；腭骨无齿，犁骨具齿……舵鲣属（Auxis）

17(16)两背鳍相连；腭骨具细齿，犁骨无齿……裸狐鲣属（Gymnosarda）

18(15)腹鳍间具2鳞瓣

19(20)犁骨及腭骨无齿……鲣属（Katsuzvonus）

20(19)犁骨及腭骨各具1列细齿……鲔属（Euthynntys）

以金枪鱼类的鉴别为例。金枪鱼类包括金枪鱼属、狐鲣属、

舵鲣属、裸狐鲣属、鲣属和鲔属等,这是它们的统称,其共同特征是"有发达的皮肤血管系统",这是对体温调节的某种适应,金枪鱼类的体温通常略高于水温,最高可超过水温9℃。此类鱼呈世界性分布,是重要的经济鱼类,在各个大洋中都有进行捕捞。活动敏捷,多在水的上层成群游动,但因行动过于迅速,用围网不易捕获,故多用活饵钓取。由于金枪鱼类资源丰富,近几十年来各国大力发展金枪鱼渔业,在世界渔业中占重要地位。我国金枪鱼属现知有5种。它们的区别如下:

1(2)无鳔;胸鳍短,向后达第一背鳍后端……青干金枪鱼

2(1)有鳔

3(4)背鳍、臀鳍和小鳍皆呈黄色;胸鳍向后达第一背鳍后端,第二背鳍及臀鳍显著突起……黄鳍金枪鱼 T. albacares(Bonnaterre)(c)

4(3)背鳍、臀鳍和小鳍不呈黄色

5(6)胸鳍较短,约为头长的1/2,其后端不达第二背鳍的起点,第二背鳍及臀鳍甚低……金枪鱼 T. thynnus(Linnaeus)(E)

6(5)胸鳍较长,其后端超过第二背鳍的起点,第二背鳍及臀鳍的高度中等

7(8)胸鳍呈带状,向后伸达臀鳍后的第一小鳍……长鳍金枪鱼 T. alalunga(Bonnaterre)(B)

8(7)胸鳍向后伸达第二背鳍的前端……大眼金枪鱼 T. obesus(Lowe)(D)

第五节 海洋鱼类的生态

一、鱼对环境的适应和要求

(一)压力和密度

地球上不同水体,密度和压力差别很大。鱼类本身的相对密

度可为1.01～1.09,为适应不同相对密度的水体,鱼类以鳔、脂肪等调节其自身的相对密度,卵和仔、幼鱼则常以油球、鳍褶等构造使之能在一定水层中漂浮。深水鱼类,为适应深层巨大的压力及缺乏自然光等情形,身体的构造、营养和繁殖特点都有相应的改变。身体往往变得柔软透明,鳔管退化或无鳔,以上层(有光层)沉积下来的有机物为主食。繁殖更为奇特,如一种角鮟鱇的雄鱼寄生在雌体上,这对保证在海洋深处无边的黑暗中,求偶受精提供了特殊的便利。

(二)盐度

在各种盐度的水体中,均有鱼类的分布,不同的鱼类能够在不同盐度的水体中正常生活,这是由于具备完善的渗透压调节机制的缘故。但是鱼类渗透压调节作用是有一定限度的,如果水中盐度的变化超过其调节极限,就会影响鱼类的生存。根据鱼类生活水体的盐度,可把鱼类分为淡水鱼类、海水鱼类和淡咸水鱼类。根据耐受盐度变化的能力,又分为广盐性(euryhaline)鱼类和狭盐性(stenohaline)鱼类。广盐性鱼类能够适应较大的盐度变化,可以生活在淡水、咸淡水和海水等各种环境中,如鲻鱼在淡水和47‰的海水中均能正常的生活。一些河口性鱼类如刀鲚、银鱼,江河和海洋洄游的鱼类如鳗鲡、鲥鱼、大马哈鱼等均属于此种类型。狭盐性鱼类只能生活在某种特定盐度的水体中,盐度稍有变化就会影响到代谢平衡,甚至死亡,如鲤科鱼类只能栖息于淡水环境中,有些生活于珊瑚礁和深海鱼类只能忍受不足1‰的盐度变化。

(三)生物性因子

除了水环境的理化因子对鱼类的生活有很大影响之外,水中其他生物性因子对鱼类也有重大影响,而且使鱼产生了种种的适应性。在同种鱼类各个体之间,产生种内的联系,如求偶、产卵、护幼、索饵、集群等,都是种内个体之间产生的联系。特殊的例子如一种肉食性的淡水鲈生活在某些水域中无其他鱼类可供食饵时,就转而以同种的幼鱼为食,而幼鱼则以浮游生物为食。在这种特定的环境条件下,自相残杀的行为使物种优者得以保存和延续。生物性联系在鱼和其他生物之间主要表现在营养、敌害和寄生等方面;营养联系最普通的是捕食者和牺牲者之间的关系。许多凶猛的肉食性鱼类以其他鱼或生物为食,同时捕食者的不同种类,处在水域中食物链的不同环节上,即是通常人们所说的"大鱼吃小鱼,小鱼吃虾米";营养联系的另一种关系就是竞食关系,摄食大体相同饵料的不同种类,在饵料数量有限的情况之下就发生竞争的现象。这种营养联系在人工养殖的水域中是养殖者必须考虑的一个因素,应该很好地搭配养殖种类,务必使不发生尖锐的食饵矛盾,以便最充分地利用水体有限的空间,达到最大的经济效益。应该附带指出,食饵竞争在同种鱼类不同个体之间也会发生,这是养殖工作者熟知的事实。

二、鱼类的生殖和发育

鱼类大多为雌雄异体,只在鲱、鳕、黄鲷和鳍等少数鱼类科属中发现雌雄同体。

1. 雌雄同体

雌雄同体的鱼类,生殖腺有多种分布形式,有的一侧是卵巢,另一侧是精巢;有的一侧或两侧雌雄生殖腺同时存在;有的精巢和卵巢间没有明显的界线。还有些鱼类具有性逆转(sex reversal)的现象,如黄鳝从胚胎到性成熟都是雌性,产卵后逐渐变成雄性。鱼类生殖腺在发育早期,雌雄因素同时存在,以后才分化成雄性或雌性。如黑鲷在体长 4cm 时全是雄性,生长到 5cm 时在精巢内形成一纵走的袋,袋内出现卵细胞,成为雌雄同体,发育到约 23cm 时分化成精巢或卵巢。合鳃目中的黄鳝有奇特的性逆转现象,在黄鳝胚胎时期,有一对生殖腺,后来右侧性腺退化,左侧性腺发育成卵巢。孵化后黄鳝都是雌性的,体长 35～46cm。开始性成熟而产卵,产卵之后,卵巢都转变为精巢,46cm 以上的个体都是雄性个体,受精作用必须在不同个体之间进行,故是异体受精。但有些鲈类有自体受精现象,有的热带鱼有孤雌生殖现象。

2. 雌雄异形

在多数情况下,同年龄的鱼,雌性大于雄性,有些种类两性个体相差悬殊,如一种康吉鳗的雌性重达 45kg,而雄性不超过 1.5kg;角鮟鱇(Ceratias holbolli)两性个体差别大,雄性寄生在雌性体上,雄鱼除生殖腺外,其他器官均退化,曾在体长 1030mm 雌鱼的腹部发现寄生 2 尾体长 85mm 和 88mm 的雄鱼。但多数种类差别不太显著。有护卵习性的鱼类(如黄颡鱼等),雄性稍大于雌性。有些鱼类两性鳍的形态不同,如雄性马口鱼臀鳍前部的鳍条显著延长;鳅科许多种类雄性的腹鳍和胸鳍有延长的鳍条;鳗鲡等的胸鳍雄性呈镰刀状,雌性呈圆形;大银鱼臀鳍的基部,雄性有一排鳞片,雌性裸露无鳞。

3. 雌雄异体

雌雄两性鱼外形上一般不易区别,但某些鱼类在生殖季节第二性特征比较显著,如大马哈鱼在生殖洄游时,雄性上二颌发生显著的弯曲、背部隆起等;又如养殖鱼类中的青鱼、鲢鱼、鳙鱼,在成熟时,雄性胸鳍有"珠星"或锯齿、刀刃状突出物,这对人工催产选择亲鱼是有用的特征。

鱼类的繁殖方式一般可分为 3 种类型,即卵生(oviparity)、卵胎生(ovoviviparity)和胎生(viviparity)。绝大多数鱼类都是卵生的,鱼类把成熟的卵直接产在水中,在体外进行发育。卵生软骨鱼类和少数硬骨鱼类如杜父鱼科和鳉科的一些种类为体内受精,而绝大多数硬骨鱼类为体外受精。卵胎生的种类均为体内受精,受精卵在雌性生殖管道内进行发育,但胚胎发育所需的营养物质依靠卵黄供给,与母体没有营养物质的联系,仅呼吸靠母体进行或母体提供部分水分和矿物质。绝大多数软骨鱼类和部分硬骨鱼类如鳉形目种的食蚊鱼（$Gambusia\ affihis$），鲈形目中的海鲫（$Ditrema\ temmincki$）、绵鳚（$Enchelyopus\ elongatus$），鲉形目中的褐菖鲉等为卵胎生。胎生为某些软骨鱼类如灰星鲨、锤头双髻鲨等具有的繁殖方式，胚胎与母体发生循环上的联系，形成卵黄囊胎盘，胚胎发育所需的营养物质除了卵黄本身外，也靠母体供给。还有些鱼类能进行雌核生殖和孤雌生殖，如银鲫只有雌性而无雄性，繁殖时卵借助其他鲤科鱼类精子的刺激，全部发育成雌鱼。太平洋鲱、江鳕等未受精的卵可以孵化，发育成新个体。

三、鱼类的洄游

某些鱼类在生命周期的一定时期会有规律地集群，并沿一定路线做距离不等的迁移活动，以满足重要生命活动中生殖、索饵、越冬等需要的特殊的适宜条件，并在经过一段时期后又重返原地，这种现象叫作洄游（migration）。

依据鱼类洄游的不同类型，可分为生殖洄游（breeding migration）、索饵洄游（feeding migration）和越冬洄游（overwintering migration）。它们三者之间的关系如图 4-38 所示。

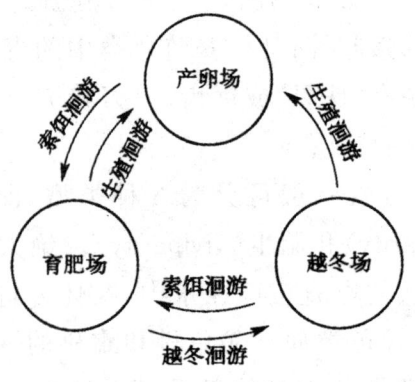

图 4-38　鱼类的洄游

(一)生殖洄游

当鱼类生殖腺发育成熟时,脑下垂体和性腺分泌的性激素会促使鱼类集合成群而向产卵场所迁移,称为生殖洄游。由于它们是从越冬场或育肥场来的,生殖洄游具有集群大、肥育程度高、游速快和目的地远等特点。

1. 由远洋向近海

成鱼生活在海洋,其生殖洄游是从海洋游向近海浅海。例如,小黄鱼、大黄鱼、带鱼、鳓鱼、鲷鱼等,其中的大黄鱼从渤海湾外的黄海游至渤海湾内产卵。这是由于近海附近的温度和盐度适合卵的孵化和幼鱼的生长发育。

2. 降河产卵洄游

成鱼生活在淡水水域,生殖期沿江河顺流而下到深海产卵。产于我国的鳗鲡是降河产卵洄游的著名例子。鳗鲡性成熟后,在河口集群游向深海进行产卵,亲鳗产卵后疲累而死。幼鳗周身透明,身体似柳叶状,经过生长和变态成为鳗形并开始向亲鳗栖息的江河进行溯河洄游,进入适合它们的淡水水域生长。分布于欧洲和美洲的鳗鲡,要分别洄游约 5000 海里和 2000 海里,到北纬 22°～30°、西经 48°～65°的大西洋西部、百慕大群岛与巴格姆群岛的海区深 400m、水温 16℃～17℃处产卵,产卵后的亲鱼也因疲劳而死亡。孵化后的幼鱼称为柳叶鳗,洄游到欧洲和美洲分别需要约 3 年和 1 年的时间。

3. 溯河产卵洄游

成鱼生活在海洋,产卵季节溯江而上到淡水水域产卵。例如,鲥鱼、大麻哈鱼、鲟鱼、鲚鱼和大银鱼等。大麻哈鱼在溯河洄游中一天可溯游 30～50km,历尽艰难险阻,繁殖活动结束后几乎全部死亡。中华鲟的幼鱼和性未成熟的个体在东海的河口和浅海区生活,繁殖的个体每年9~11月上溯到长江上游和金沙江下游,在水温17℃~20.2℃处产卵繁殖。

另一种溯河产卵洄游是从淡水的下游至上游,例如,青鱼、草鱼、鲢鱼和鳙鱼等鱼类一直生活在淡水的江河中,它们从江河下游及其支流上溯到中、上游产卵,其行程可长达1000~2000km。

(二)索饵洄游

鱼类为追踪捕食对象或寻觅饵料所进行的集群洄游,称索饵洄游。一般在繁殖期结束后或接近性成熟时表现得较明显,它们需要通过索饵洄游摄取和补充因繁殖过程中所消耗的巨大能量,恢复体能,积蓄营养以供生长、越冬和来年的生殖。例如,我国福建南部的蓝圆鲹追食犀鳕($Bregmaceros$ spp.)以及带鱼追食拟隆头鱼($Pseudolabrus$ spp.)和海猪鱼($Halichoeres$ spp.)的集群索饵洄游。

(三)越冬洄游

冬季即将来临时,鱼类常集结成群从索饵的海区或湖泊中转移到越冬海区或江河深处,以寻求水温、地形对自己适宜的区域过冬,称为越冬洄游。例如,大黄鱼在11月后返回黄海越冬。

生殖洄游、索饵洄游和越冬洄游是鱼类生活周期中不可缺少的环节。洄游为鱼类创造最有利于繁殖、营养和越冬的条件,是保证鱼类维持生存和种族繁衍的适应行为,是在长期进化过程中形成并遗传下来的。引起鱼类洄游和决定洄游路线的原因是极其复杂的,与鱼类自身的生理状况以及外界环境的变化如季节、温度、食源、海流和水质变化等有关,同时也与遗传性密切相关。研究鱼类洄游的规律,不但具有理论意义,而且在渔业生产上也有重大的经济价值。

第六节 鱼类的经济意义

我国的海洋鱼类资源十分丰富,有2000种左右,占全国鱼种的3/4,其中带鱼、小黄鱼、大黄鱼、鲳称为四大海鱼,总产量为全国海洋水产品的1/4。我国的淡水渔业资源也十分丰富,有淡水鱼种800种左右,具有经济价值的就有250多种,养殖对象已有青、草、鲢、鳙、鲤、鲥、鲫、鳊、鲂、鲷、鳗、黄鳝等20多种。1991年我国的渔业产量创下1320t的新纪录,居世界各国之首,我国海岸线长,四大海区(渤海、黄海、东海和南海)海岸线长约11 000km,连同沿海的5000余个岛屿在内,海岸线总长约23 000km,成为很好的渔场。国内著名的渔场有渤海、大沙、舟山、粤东和北海湾。我国人均年消费鱼量也大幅提升。

(一)食用

鱼肉是人类肉食品的主要来源之一。鱼的肉味鲜美,是高蛋白、低脂肪、高能量、易消化的优质食品,营养丰富,蛋白质含量16%~25%,明显高于牛奶、鸡蛋,与鸡肉、牛肉、羊肉和猪肉等(19.3%~20.3%)不相上下。此外,鱼肉中还有人类必需的和容易吸收的脂肪、钙、磷、铁、赖氨酸、硫胺素、核黄素、尼克酸、抗坏血酸和多种维生素。其中,二十碳五烯酸(EPA)和二十二碳六烯酸(DHA)等具有降血脂、清理血栓、增强机体免疫力、提高视力、补脑健脑和减轻关节疼痛等功效。鱼肉富含维生素A、叶酸、维生素B_2和铁、钙、磷、镁等矿物元素,常吃鱼有养肝补血、润肤养发、滋补健胃、利水消肿、通乳、清热解毒和止嗽下气的功效。

除鲜食鱼肉外,还可制作成罐头食品,方便携带和使用。餐桌上的珍品佳肴不少是鱼类食品,如鱼翅是鲨鱼的角质鳍条;鱼唇是软骨鱼的吻软骨或鲨鱼皮;明骨是大型鲨鱼颈部软骨的干制品;鱼肚是黄花鱼的鳔等。随着动物保护宣传的深入,人们开始意识到应该有选择地取食这些食物。

（二）药用

药用鱼类的研究和应用在我国有着悠久的历史。西汉时代的《医林纂要》等就有鱼类药用的记载。我国渔民在长期渔业生产和与疾病做斗争的过程中更是积累了丰富的经验，用鱼类治疗常见病和多发病取得了一定的成效。据统计，我国有药用鱼类近200种，如鲤、鲫、黄鳝、泥鳅、乌鳢、鲟鱼、海龙、海马、赤红、大黄鱼、小黄鱼、带鱼、鲐鱼、虫纹东方鲀、石首鱼和鲨鱼等。稻田和池塘养鱼可以消灭蚊虫的幼虫，从而有效控制蚊虫繁殖，防止脑炎和疟疾的流行。海龙和海马可入药，有安神、滋补、散结和舒筋活络等功效；海蛾能化痰止咳，治疗神经衰弱；河鲀的内脏可提取河鲀毒素，对治疗神经病和痉挛有一定疗效；大黄鱼的胆汁可提取胆色素钙盐，是人造牛黄的原料。

（三）观赏

观赏鱼类大致有金鱼、锦鲤和热带鱼3类。金鱼是鲫鱼经人类长期驯化培育而成的，至今已有数百个品种。锦鲤是一类大型观赏鱼，以其缤纷艳丽的色彩、千变万化的花纹、健美有力的体型、活泼沉稳的游姿，赢得了"观赏鱼之王"的美称。锦鲤的祖先是鲤。目前世界各地饲养的热带观赏鱼有2000余种，广泛养殖的有400多种。热带鱼的体色和鳞的形状变异较大，有红、蓝、黄、黑、绿及杂色等。

（四）工业原料

鱼肝富含脂肪。鳕、鲨、鲆、鲽等肝脏含脂量高达70%，是提取鱼肝油的主要原料；鱼鳞可制鱼鳞胶、鳞光粉、鳞酸钙、盐酸、尿素和鱼鳞酱油等；鱼的真皮可制革和鱼皮粉；鱼油制油漆、润滑油、肥皂、油墨；鱼鳔可制鱼鳔胶，是高级黏着剂；鱼骨可制成鱼骨粉；鱼内脏及其废弃物可制鱼粉，用作动物饲料和优质农业肥料等。

(五)鱼类的危害

有的鱼是寄生虫的中间宿主,特别是鲤科鱼是华肝蛭的中间寄生。河鲀虽肉味鲜美,但内脏及生殖腺有剧毒,如处理不当,可导致食用者死亡。鲨鱼危害鱼群,破坏网具,其中噬人鲨可危及捕捞作业人员的安全等。肉食性鱼类如鲶鱼、乌鳢吞吃鱼苗,是池塘养鱼的敌害。有些鱼类是寄生虫的中间寄主,如鲤鱼等为华肝蛭的中间寄主,人吃未煮熟的鱼肉可被感染致病。河豚有毒,食用前不经处理,可使人中毒丧命。

第七节 鱼类与人类的关系

一、我国的海洋渔业

我国的海岸线长,海域辽阔,沿岸的港湾河汊多,绝大多数河流都注入四大海区,即渤海、黄海、东海和南海。它们给这些海区带来了丰富的饵料和营养物质,极适合鱼类的生长。再加上我国有5000多个岛屿,海岸线可达23 000km,四大海区多为200m深的浅海,因而海产渔业资源十分丰富。我国海区地处温热带,气候适宜,受台湾暖流及北来的寒流相汇集的影响,使海区的水质肥沃,浮游生物滋生,为鱼类滋生繁衍创造了得天独厚的优良条件,形成极好的生态环境。鱼类在沿海渔民生活中具有重要的经济意义,渔业生产投资少,见效快,不占耕地面积。

我国的渔业资源极为丰富,各种鱼类约有2000种,其中经济价值较大的有200种以上。我国小黄鱼、大黄鱼、带鱼、鲥鱼和鲐鱼的产量居世界首位。鲨鱼、鲗鱼、鲚鱼、鲷鱼、大马哈鱼、海鲇和比目鱼等产量也很高。除海洋资源以外,我国内陆水域面积也十分宽广。我国淡水鱼有800多种,有较大经济价值的有250多种,发展成养殖对象的有20种以上,如青鱼、草鱼、鲢鱼、鳙鱼、鲤鱼、鲫鱼、鲂鱼等家鱼。我们应该充分利用这些优质的资源,特别是大力开发海洋资源。这就需要我们多研究和多学习不同鱼种的活动规律,即洄游规律,准确判断渔场和渔汛,进行合理捕捞。海洋鱼类的养殖是利用浅海、港湾、滩涂、围塘等海域进行饲养和繁殖海产经济动物的生产方式,是人类定向利用海洋生物资源、发展海洋水产业的重要途径之一。目前大致有港湾养殖和网箱养殖等方式。

二、淡水渔业

我国是世界上内陆水域面积最广的国家之一,约有 2000 万 hm^2,可用作淡水渔业生产的水域约 700 万 hm^2,可养鱼的水稻田和浅水荡滩 1000 多万 hm^2。

我国也是淡水鱼类资源最丰富的国家之一,其中具经济价值的有 250 多种。发展为养殖对象的已达 70 多种,鲤科鱼类最多,约占 1/2。

我国对淡水渔业做了大量的研究工作。在珍稀鱼类和养殖鱼类的人工繁殖、鱼病的预防与治疗等方面都取得了重要成果,为淡水养鱼业奠定了坚实的基础。在长期的养鱼实践中,总结出了池塘养鱼八字经,即"水、种、饵、混、密、轮、防、管",分别代表水质良好、苗足质优、饵丰质鲜、混合放养、合理密养、轮捕轮放、防治病害和科学管理八个方面的工作。

三、珍稀鱼类

我国有特产鱼类 400 余种,如白鲟、中华小公鱼(*Anchoviella chinensis*)、骨唇黄河鱼(*Chuanchialabiosa*)、长吻鮠、短颌鲚等,它们在研究鱼类起源及区系等方面具有重要的意义。属于国家Ⅰ级重点保护的鱼类有 4 种,即新疆大头鱼(*Aspiorhynchus laticeps*)、中华鲟、达氏鲟、白鲟。属于国家Ⅱ级重点保护的鱼类有黄唇鱼、松江鲈鱼、克氏海马鱼、胭脂鱼、唐鱼、大头鲤、金线鲃、大理裂腹鱼、花鳗鲡、川陕哲罗鲑、秦岭细鳞鲑等。

第八节　海产鱼养殖概况

在我国,海洋鱼类有 2300～2400 种。约 300 种为经济鱼类,其中产量较高的有 70 余种,以鲱形目、鲈形目为主。黄海和东海产量高于渤海和南海。近年来,我国海产鱼养殖发展迅速,最早起步的是广东省,迄今为止网箱养鱼已近十万个;海南已有上万个,山东网箱养殖稳中有升,发展良好。

进行海产鱼养殖时必须重视鱼类资源的繁殖保护工作。鱼类资源与一切生物资源一样,虽然是一种可以再生的自然资源,但应合理利用,才能发挥最大生产潜力。酷渔滥捕,破坏了资源生物再生能力,有的就很难恢复。在这方面我们有很多沉痛的教训。黄海、东海的真鲷资源,历史上遭日本掠夺性滥捕而一直不能恢复。我国原来的四大海产,大黄鱼、小黄鱼几乎已不成为渔业,带鱼的产量也锐减,这些都是捕捞过度的结果。现时,政府已制定繁殖保护的各项措施,规定了禁渔区及禁渔期,经过这几年的实行,效果是很明显的。

如前所述,我国的鱼类养殖开展得很早,有悠久的历史。1958 年以后在静水池塘条件下对养殖鱼类的人工繁殖技术取得突破,在生产上解决了天然鱼苗不足的问题,技术措施的主要内容是向亲鱼体内注射催情剂,并结合其他生态条件(水温、溶氧、流水刺激等),促使亲鱼产卵、受精再进行人工孵化,培育出大量鱼苗,以供应养殖生产的需要。至于海水鱼的养殖,目前规模较大的主要海水养殖鱼类有鲟、虹鳟、虱目鱼、鲻鱼、梭鱼、鳗鲡、石斑鱼、军曹鱼、大黄鱼、鲈鱼、真鲷、牙鲆、鲽、东方鲀、大菱鲆(引种人工繁殖)等。

第五章 两栖纲

两栖动物起源于古代的总鳍鱼类,是由水生向陆生过渡的中间类型动物。从水生演化到陆生,是脊椎动物进化史上一次巨大的飞跃,使动物有了向更多样的生态环境发展的可能性。大多物种生活在淡水,也有少数种类生活在沿海,例如,海陆蛙[*Fejervarya cancrivora*(Cravenhorst)]是我国唯一生活于近海边的咸水或半咸水地区的两栖动物。

第一节 两栖纲的主要特征

一、两栖类对陆生的初步适应性和不完善性

(一)初步适应性

(1)初步解决了在陆地上运动的矛盾。出现了五趾型附肢,脊柱分化出颈椎和荐椎,且腰带直接与荐椎连接。获得了对身体的支撑力,扩大了活动范围,增强了陆地捕食等能力。

(2)初步解决了从空气中获得氧气的矛盾。两栖类首次出现了肺,循环系统也由单循环改变为不完全的双循环,表皮仅轻微角质化,这些是适应于陆地呼吸的主要原因。

(3)初步解决了陆地复杂环境的适应问题。出现了比鱼类进步的感觉器官和神经系统,其大脑顶壁具原脑皮,出现了中耳、眼睑和眼腺,视、嗅、听觉功能均增强,提高了对陆地环境的感知能力。

(二)不完善性

(1)两栖类未从根本上解决陆地存活和繁殖问题。皮肤的角质化程度不高,不能有效防止体内水分散失;从卵受精到幼体完成变态都必须在水中进行,故未能彻底摆脱水的束缚。

(2)肺呼吸不完善,还必须靠皮肤和口咽腔辅助呼吸。

(3)由于肺呼吸不完善和血液循环为不完全的双循环等原因,因此,维持体内生理、生化活动所必需的温度问题也未解决。

二、两栖纲的主要特征

两栖动物初步登陆获得陆栖脊椎动物的一些进步特征,同时具有原始性和不彻底性。其主要特征表现在以下几个方面。

(1)皮肤裸露,轻微角质化,腺体丰富,皮肤湿润,利于皮肤呼吸。

(2)头骨扁宽,脑腔狭小,无眶间隔,平颅型脑颅;脊柱分化为颈椎、躯干椎、荐椎和尾椎;出现胸骨;腰带髂骨长,适应跳跃生活;五指(趾)型附肢(pentadactyl limb)的各部可做相对应转动。

(3)肌肉分节现象已不明显,肌隔消失,大部分肌节愈合并经过移位,分化为形状和功能各异的肌肉。

(4)两栖类的呼吸方式分为鳃呼吸、口咽腔呼吸、肺呼吸和皮肤呼吸。成体肺结构简单,皮肤为重要的呼吸器官。

(5)循环系统由单循环演化为不完全的双循环,心脏由二心房一心室组成。

(6)成体肾脏为后位肾,输尿管为吴氏管(wolffian duct)。雄性输尿管兼有输精功能。膀胱由泄殖腔壁突起形成,称为泄殖腔膀胱,具重吸收水分功能。

(7)卵生,受精卵在水中发育。

(8)大脑由古脑皮、纹状体及新出现的原脑皮(archipallium)构成,大脑半球已完全分开,脑神经10对。

(9)感觉器官初步适应于陆栖生活,具内鼻孔和犁鼻器,出现了眼睑、瞬膜和泪腺。中耳由鼓膜、鼓室、耳柱骨和耳咽管构成，声波经扩大后传导到内耳。

第二节 两栖纲的形态结构与功能

一、外部形态

两栖动物的身体通常分为头、躯干、四肢和尾4部分（图5-1），无明显颈部。适应不同的生活方式，体形发生了较大变化，可分为蚓螈型、鲵螈型和蛙蟾型3种（图5-2）。

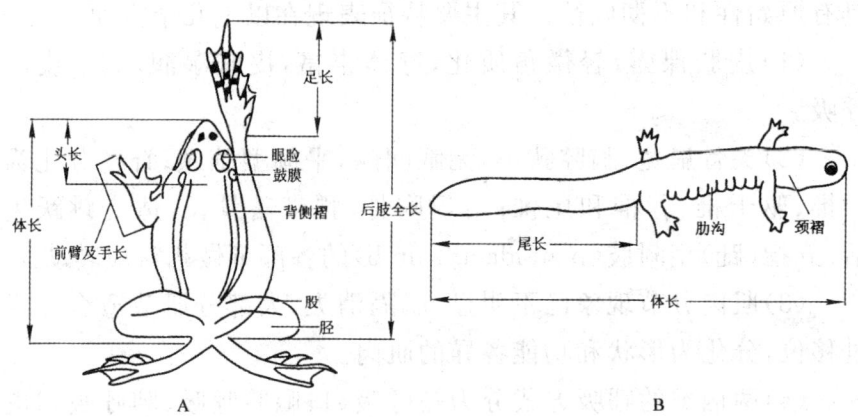

图5-1 两栖动物的外形

A. 无尾类；B. 有尾类

版纳鱼螈（*Ichthyophis bannanicus*）等蚓螈型的种类外形似蚯蚓，四肢退化，屈曲身体的蜿蜒运动方式，营穴居生活。

大鲵（*Andrias davidianus*）等鲵螈型的种类有头、躯干、尾和四肢。四肢短小，前肢4趾，后肢5趾或4趾。尾部侧扁且相对发达，是鲵螈类的游泳和爬行器官，其运动方式与鱼的游泳姿势相似。终生水栖或繁殖期水生。

蛙蟾型的种类适于陆地爬行或跳跃生活。幼体有尾，成体尾消失，成体分为头、躯干和四肢3部分。具五趾型附肢，前肢短小且 4 趾,趾间一般无蹼,主要用来撑起身体前部,利于观察周围环境;后肢较长且 5 趾,趾间多具蹼,适于游泳和跳跃。雄性前肢的第一、二指内侧局部隆起成婚垫(nuptial pad),垫上富有黏液腺或角质刺,用以加固抱对。树栖蛙类的趾末端膨大成吸盘,能吸附在枝干或叶片上,适于爬高。

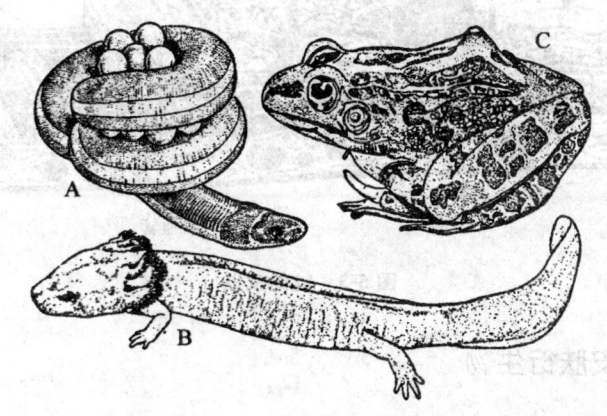

图 5-2 两栖动物的 3 种体形
A.蚓螈型(鱼螈);B.鲵螈型(泥螈);C.蛙蟾型(蛙)

二、皮肤

现生两栖纲皮肤系统的显著特点是皮肤裸露,富于腺体,缺乏角质或骨质的外覆盖物。

(一)皮肤

由表皮和真皮组成。表皮具多层细胞,角质化的程度不深,仍为活细胞,区别于真正陆生脊椎动物高度角质化的死亡细胞(图 5-3)。这种轻微的角质化仅在一定程度上防止体内水分的蒸发,但不够完善。因此,两栖纲只能在潮湿的环境中生活。

表皮下为真皮,厚而致密,其外层为疏松层,由疏松结缔组织构成。

两栖纲的皮肤仅固着于一定区域,各固着区之间存在大的淋巴囊(lymphatic saccus),因而皮肤易于剥离。

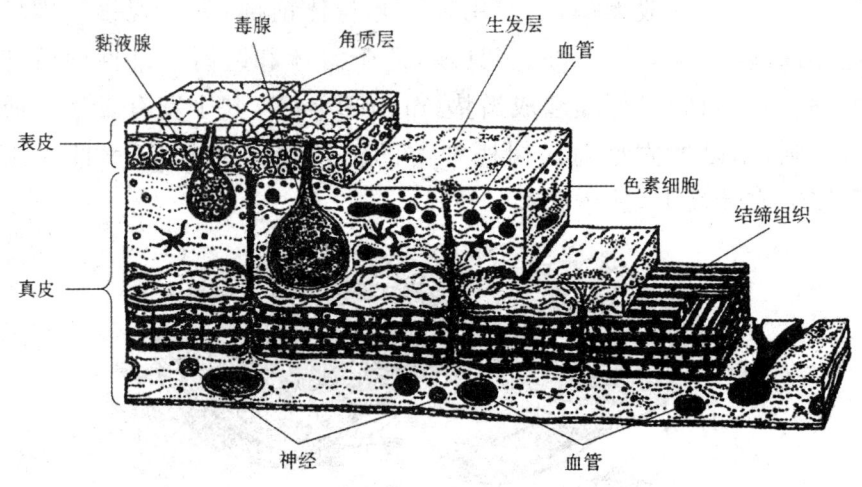

图 5-3　蛙的皮肤

（二）皮肤衍生物

皮肤衍生物包括多细胞腺体和色素细胞。多细胞腺包括黏液腺和由其转化而成的毒腺。黏液腺非常丰富，所分泌的黏液用以保持体表的湿润黏滑和空气、水的可透性，再加上真皮内分布有大量的微细血管，有利于皮肤进行呼吸和调节体温。毒腺只存在于某些种类，所分泌的毒液含有的许多有毒成分，对食肉动物的舌和口腔黏膜具有强烈的刺激作用，因此可以用来防御、避免遭遇被捕食的威胁。

色素细胞在表皮和真皮内均有分布。各种色素细胞互相配合，可产生各种体色。体色能随温度的变化而发生快速改变，即当温度升高时，颜色变浅；反之变深。因此，体色的改变有利于两栖类吸收热量和形成保护色。

裸露、湿润的体表及皮肤中大量的微血管，有利于两栖类皮肤呼吸，但不利于保持体内的水分，所以上陆生活所面临的体内水分蒸发的问题并没有得到很好的解决，这是两栖类不能远离水环境、分布受限的原因之一。

三、骨骼系统

作为最早登陆的脊椎动物,两栖动物的骨骼发生了巨大变化,获得了较鱼类更大的坚韧性、活动性以及对身体和四肢的支持作用(图 5-4)。

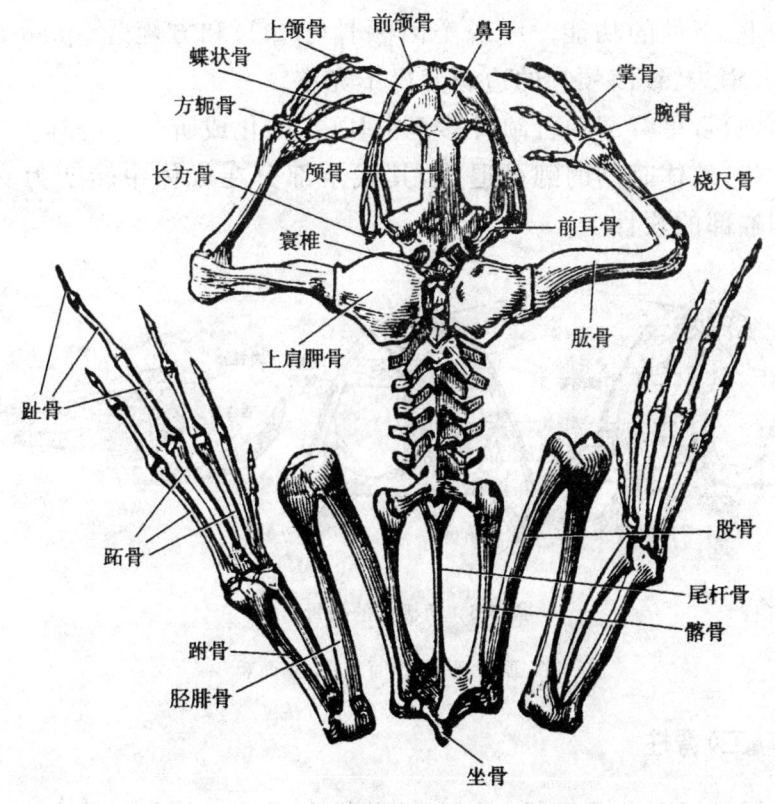

图 5-4 蛙的骨骼系统

(一)头骨

两栖动物的头骨极为特化(图 5-5),具有下列几个特点。

(1)宽而扁,脑腔狭小,无眶间隔,属于平底型(platybasic type),枕髁 2 个,由侧枕骨所形成。

(2)骨化程度不高,骨块数目也很少,软骨性硬骨有侧枕骨、眶蝶骨(或单块筛蝶骨)和前耳骨(protic)各 1 对,而膜性硬骨也只有颅骨背面的鼻骨、额骨、顶骨[或愈合成额顶骨（frontoparietal）]各 1 对。颅侧有 1 块鳞骨（squamosal），颅底由单块副蝶骨（parasphenoid）和 1 对犁骨构成。

（3）颅骨通过方骨（quadrate）与下颌连接，为自接型（autostylic）连接方式。初生颌（腭方软骨和麦氏软骨）趋于退化，由其外包的膜性硬骨（前颌骨、上颌骨和齿骨等）组成的次生颌，代为行使上、下颌的功能。鲵螈类因颧骨（jugal）和方轭骨（quadratojugal）消失，致使颅骨的边缘变得不完整。

（4）舌弓背部的舌颌骨移至中耳内，转化成听骨——耳柱骨。

（5）幼体时期的鳃弓退化，其残余部分在成体中转变为支持舌和喉部的软骨。

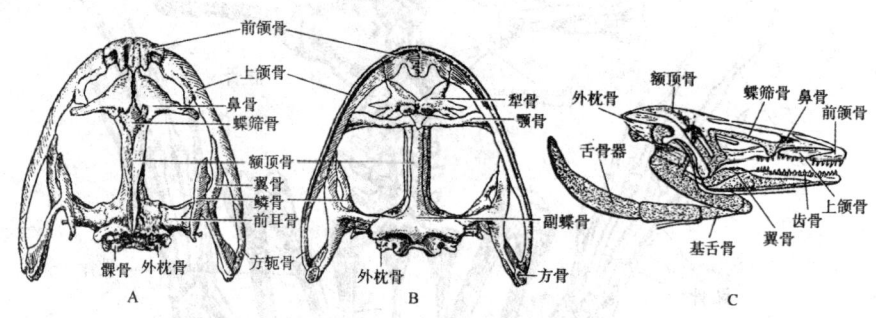

图 5-5　两栖类的头骨结构

A. 顶面观；B. 腹面观；C. 侧面观

（二）脊柱

脊柱已分化为颈椎、躯干椎、荐椎和尾椎 4 部分。首次出现 1 枚颈椎和 1 枚荐椎。颈椎前端的 1 对关节窝与颅骨后缘的 2 个枕髁构成可动关节，使头部能上下活动。荐椎的横突发达，无尾两栖类尤为明显，外端与腰带的髂骨连接，使后肢获得较为稳固的支持。但与真正陆栖脊椎动物的运动及支持功能相比，仍处于不完善的初级阶段。

两栖类的椎体类型与数目因种而异，是分类的重要依据之一。

两栖类首次出现胸骨,位于胸部中央,但因多数成体的肋骨发育不良或融合在椎体的横突上,致使胸骨与躯干椎的横突或肋骨互不相连,故未能形成胸廓。

(三) 带骨及肢骨

两栖类肩带不连头骨,腰带借荐椎与脊柱联结,这是四足动物与硬骨鱼类的重要区别。

肩带借肌肉和韧带与头骨及脊柱相连,使前肢的活动范围大为扩大,并能缓冲在陆地运动时对脑的剧烈震动。现代两栖类肩带主要由肩胛骨、乌喙骨、前乌喙骨和锁骨构成,并与腹中央的胸骨(sternum)相连。胸骨在四足动物中是通过肋骨与脊柱相连构成胸廓,以保护内脏。现代两栖类的肋骨退化,是一种特化现象(图5-6)。腰带由髂骨、坐骨及耻骨构成骨盆,但耻骨大多并未骨化。蛙类适应于跳跃生活,腰带有很大变形:髂骨极度前伸,左右耻骨、坐骨在中央相互贴合,"骨盆"消失。

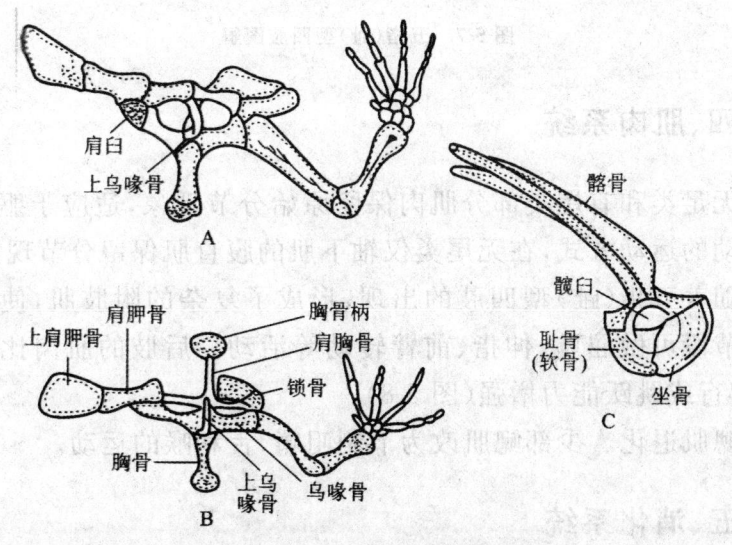

图 5-6 无尾类的带骨

A. 弧胸型肩带;B. 固胸型肩带;C. 腰带(侧面观)

典型四足动物的四肢骨包括上臂(股)、前臂(胫)和手(足)3部分,软骨性骨肩带与腰带、前肢与后肢的结构成分是同源的(图

5-7)。青蛙的前肢骨由肱骨(humerus)、桡尺骨(radioulna)、腕骨(carpus)、掌骨(metacarpus)和指骨(phalanx)组成。第 1 指骨隐于皮下,外表只能见 4 个指骨。后肢骨包括股骨(femur)、胫腓骨(astragalus)及腓跗骨(calcareum)、跗骨(tarsus)、跖骨(metatarsus)及趾骨(phalanx)。此外,拇趾内侧尚有一个距(calar)。肢骨的延长、愈合和变形,与跳跃的生活方式有关。

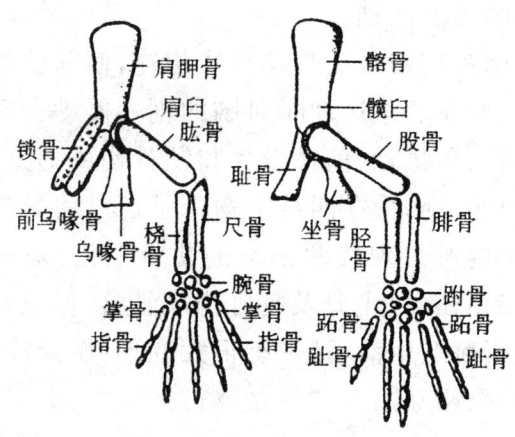

图 5-7　五指(趾)型四肢图解

四、肌肉系统

无足类和有尾类部分肌肉保留原始分节现象,适应于躯体收缩摆动的运动方式,在无尾类仅轴下肌的腹直肌保留分节现象。

随着五指(趾)型四肢的出现,形成了复杂的附肢肌,使得附肢各节段可做屈腕、伸指、前臂转动等活动。后肢的肌肉比较发达,爬行或跳跃能力增强(图 5-8)。

鳃肌退化。少部鳃肌改为节制咀嚼、舌和喉的运动。

五、消化系统

消化系统由消化道和消化腺构成(图 5-9)。消化道包括口咽腔、食道、胃、小肠、大肠和泄殖腔。消化腺包括肝脏、胰脏、口腔腺、胃腺和肠腺。

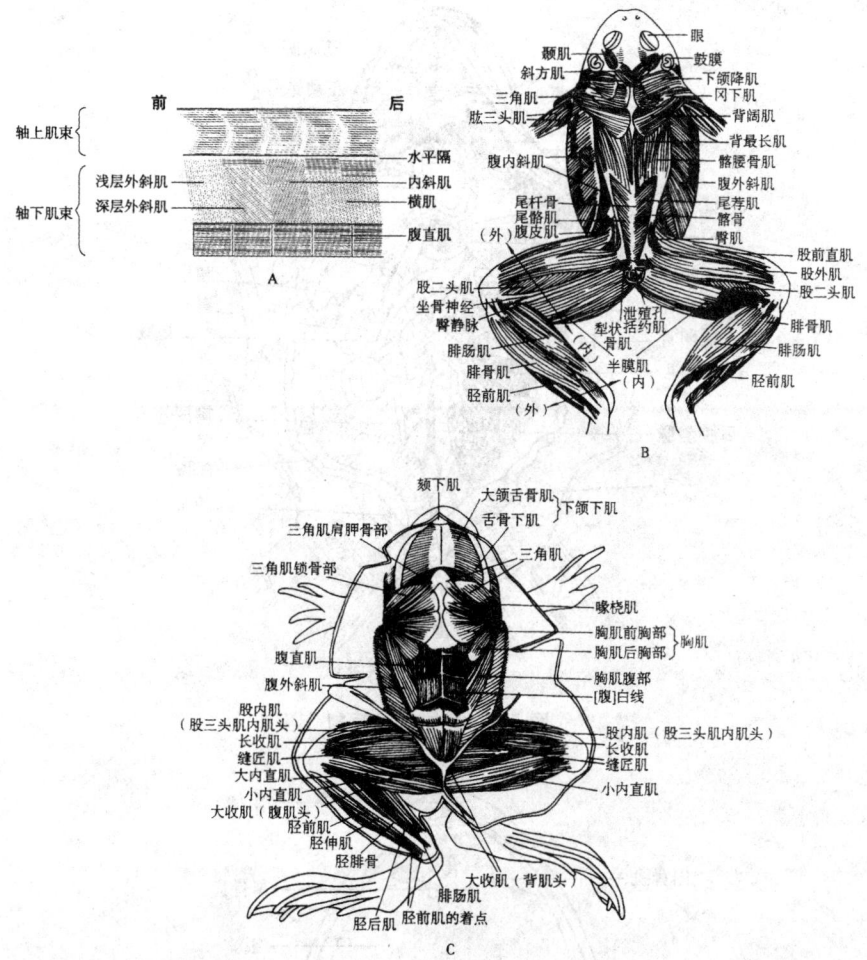

图 5-8 两栖类的肌肉系统

A. 蝾螈体壁肌肉侧面模式图；B. 蛙肌肉系统背面；C. 蛙肌肉系统腹面

口咽腔内具牙齿和舌，还有内鼻孔(internal naris)、耳咽管孔(auditory tube)、喉门和食管等开口，分别与体外、中耳、气管和消化管相通(图 5-10)。牙齿仅能咬住食物，防止食物从口中滑脱，无咀嚼功能。多数无尾类的口腔底部有一能动的肌肉质舌，舌根固着在下颌前端，舌尖大多分叉(蟾蜍不分叉)，能突然翻出口外黏捕食物。食物靠眼球下陷推进食道入胃，经小肠消化吸收后入大肠至泄殖腔。肠的长度与食性相关。

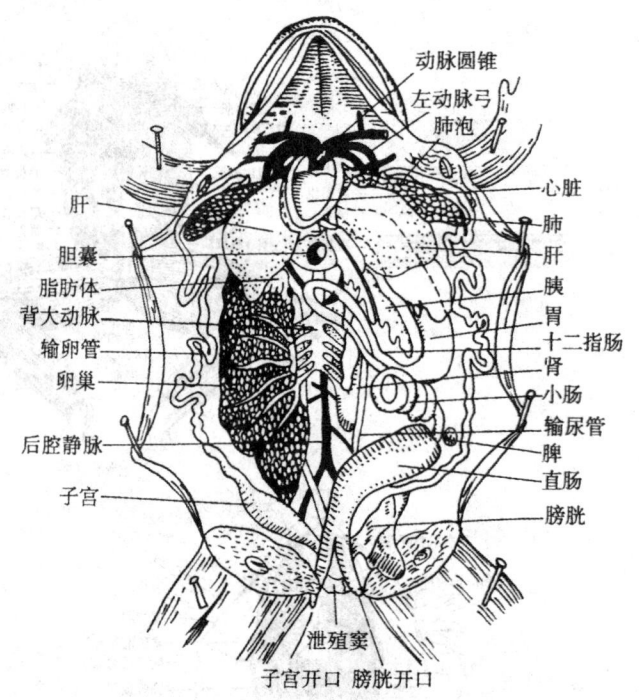

图 5-9 蛙的内脏解剖

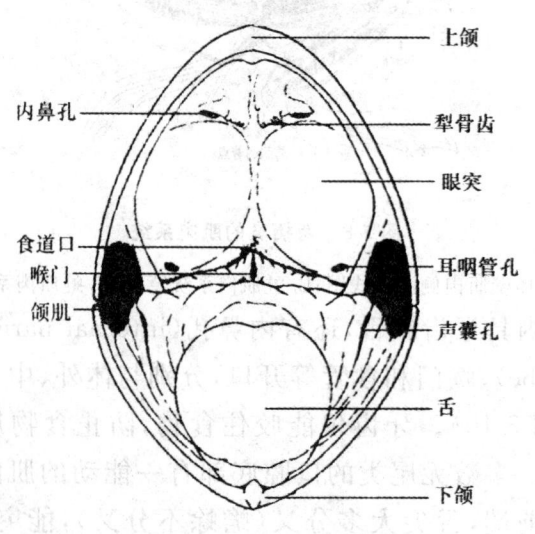

图 5-10 蛙蟾类的口咽腔

两栖类首次出现分泌黏液的唾液腺(颌间腺),位于前颌骨和鼻囊之间，其黏液不含消化酶，仅能湿润和辅助吞咽食物。肝脏位于体腔前部，分左右2大叶和中间1小叶。2大叶间有1绿色圆形、贮存胆汁的胆囊。胰脏位于胃和十二指肠间的系膜上，呈淡黄色的不规则分枝状，无直接入肠的独立导管。胰液经短胰管入胆总管后，再入十二指肠。胃壁黏膜上有胃腺，能分泌胃蛋白酶原和盐酸。小肠黏膜下有能分泌消化酶的肠腺，食物在此分解吸收。

六、呼吸系统

两栖动物具有多种类型的呼吸器官和呼吸方式，体现了两栖类从水生过渡到陆生的特点。

（一）肺呼吸

肺是两栖动物成体的主要呼吸器官，位于胸腹腔，心脏和肝脏的背侧，为一对结构简单的中空、薄壁而有弹性的囊状结构，内表面呈蜂窝状，增大了与空气的接触面积，壁上布满微血管，便于顺利进行气体交换。气管极短，仅为一短的喉头气管室，由一块环状软骨和一对杓状软骨支持，无支气管，直接通入肺，上端为喉门开口于咽部，喉门两侧具声带（褶膜）。雄蛙的声带发达，而且口角两侧或底部有一对或单个声囊（相当于共鸣箱），因而叫声较大，而蟾蜍无声囊。

两栖类无胸廓，肺呼吸是借助口咽腔底部的上下运动来完成的，称为咽式呼吸，可分解为四个过程。

（二）皮肤呼吸

两栖类肺的表面积不大，肺呼吸不完善，而皮肤由于表面的湿润、布满微血管，则成为重要的辅助呼吸器官。冬眠时，皮肤呼吸则成了唯一的呼吸器官。有尾类肺更不完善，有的种类30%～90%的气体交换是经皮肤进行的，如大鲵、小鲵等；有的种类肺消失，完全靠皮肤呼吸，如北美和欧洲的多齿螈科。

(三)口咽腔呼吸

多数两栖类口咽腔黏膜上也富含毛细血管,也是辅助呼吸器官。

两栖类尚未形成胸廓,故不能进行胸腹式呼吸,以特有的咽式呼吸来完成肺呼吸过程。吸气时,口和喉门关闭,鼻孔张开,口底下降,空气进入口咽腔,在其黏膜处完成气体交换;鼻孔关闭,喉门开启,口底上升,将口咽腔内的空气压入肺内,在肺内完成气体交换;口底下降,借助肺的弹性回缩和腹壁肌的收缩,废气被压回口咽腔,该过程可以反复多次,能充分利用吸入的氧气并减少失水;最后,鼻孔张开,口底上升,将废气排出体外(图5-11)。

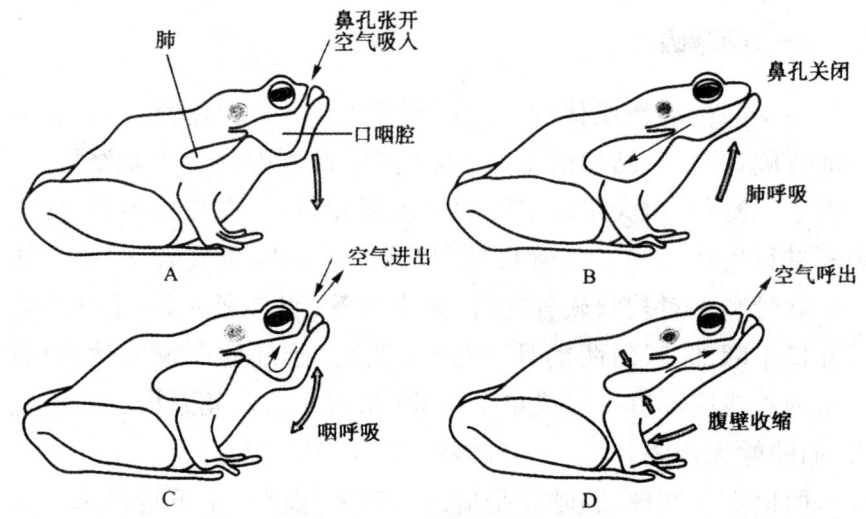

图 5-11 蛙的呼吸运动

A.吸气(口底下降);B.空气入肺(口底上升);
C.空气回咽(口底下降);D.呼气(口底上升)

两栖类首次出现发声器官——声带(vocal cord)。声带是长在喉门的杓状软骨内侧的弹性纤维带,靠肺内气体冲出而发声。蛙类口咽腔的两侧或底部有1对或1个声囊(vocal sac)开口,声囊是发声的共鸣器。

(四)鳃呼吸

鳃是两栖类幼体(蝌蚪)的主要呼吸器官。鳃裂间有软骨质的棒状结构以支持鳃。幼体经过变态,鳃被吸收,鳃裂愈合,肺开始形成。某些有尾类不仅有内鳃,还终生保持全部或部分外鳃,如泥螈,成体具有 3 对外鳃;中国大鲵幼体除具内鳃外,还具 3 对外鳃,反映了两栖类的低等类群的状态。

七、循环系统

(一)心脏

幼体的心脏是一心房一心室。成体的心脏位于围心腔内,由静脉窦、左右心房、心室、动脉圆锥组成(图 5-12)。静脉窦呈三角形,位于心脏的背面,前面两角分别连接左、右前大静脉,后面连接后大静脉。左心房接受由肺静脉返回的多氧血,右心房以窦房孔与静脉窦相通接受由体静脉运回的少氧血。心室具有肌肉质的厚壁,壁上有肌肉质柱状皱褶。动脉圆锥位于心室腹面右侧,有 3 个半月瓣(valvula semilunaris)与心室相接,防止血液回流,动脉圆锥内有一纵行的螺旋瓣,由动脉圆锥发出 2 条动脉干。

(二)动脉

肺循环出现和鳃循环的废弃(水生两栖类有些尚保留鳃血管),使原有的鳃动脉弓发生重大变革,相当于原始鱼类的第 1、2、5 对动脉弓消失。第 3 对动脉弓构成颈动脉,供应头部血液。第 4 对动脉弓构成体动脉,供应全身血液。第 6 对动脉弓构成肺皮动脉,供应肺及皮肤血液。从而出现了肺循环与体循环,通称双循环。这种模式奠定了四足动物循环系统的基本原型。然而,两栖类尚不能完全避免动、静脉血液在心脏内的混合,这是其代谢水平较低的一个因素(图 5-13)。

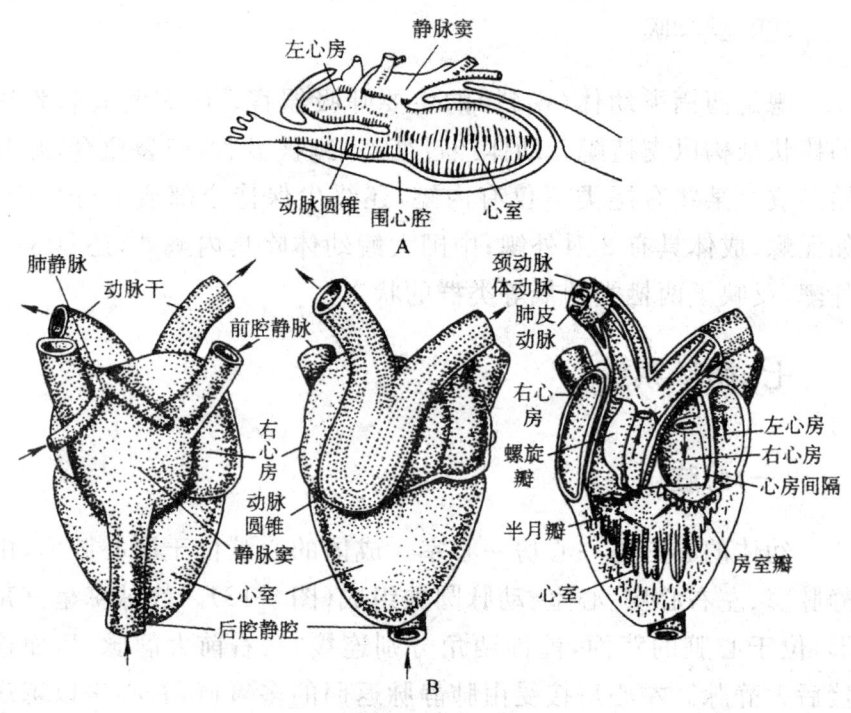

图 5-12 蛙的心脏

A.侧面；B.蛙心构造（背、腹及腹剖面）

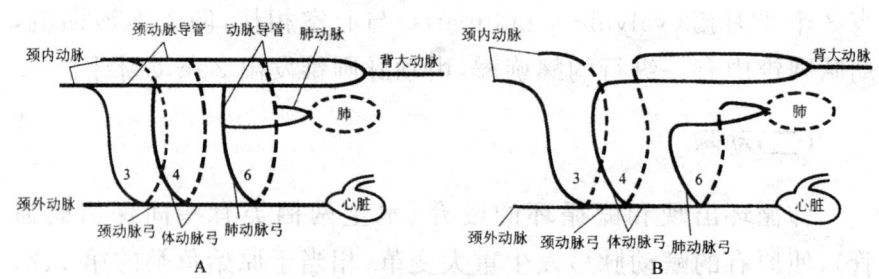

图 5-13 两栖类的动脉弓模式图

A.有尾类；B.无尾类

（三）静脉

身体后部和后肢的静脉血液，通过臀静脉和股静脉汇入肾门静脉和腹静脉。肾门静脉的血经肾脏后由肾静脉汇至后腔静脉。肝门静脉收集胃、肠、胰、脾的血液与腹静脉合并后通至肝脏，再由肝静脉汇至后腔静脉。身体前部和前肢的静脉血由颈外静脉、无名静脉和锁骨下静脉汇入1对前腔静脉。前腔静脉和后腔静脉通至静脉窦。肺静脉1对,汇集由肺返回的血液,左右肺静脉在入心脏之前,合二为一,通入左心房(图5-14)。

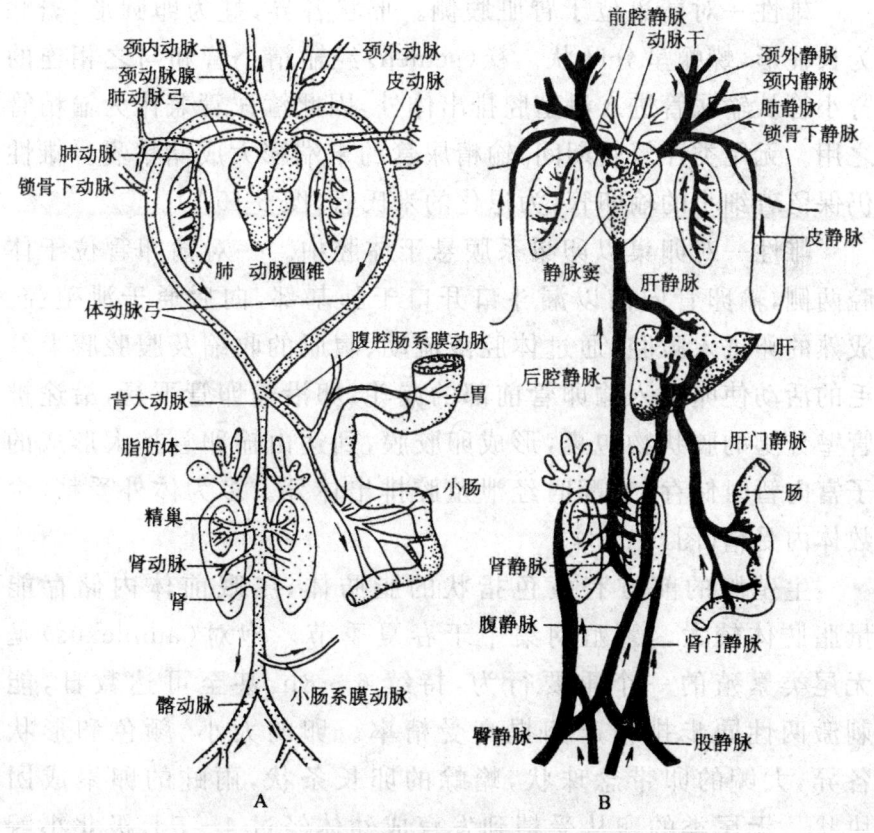

图 5-14 两栖类血液循环路径模式图

A.动脉系统;B.静脉系统

(四)淋巴

淋巴循环,是以无色的淋巴液将养料运至组织细胞间,供其利用,又将组织中产生的废物,以及由血管内渗出的白细胞运回静脉,为血液循环的重要辅助循环系统。蛙类具有发达的淋巴系统,包括淋巴管、皮下淋巴囊、淋巴心及脾脏,但无淋巴结。淋巴心为淋巴管在静脉的开口处扩大而形成的可搏动的囊状物,蛙具两对淋巴心,分别开口于颈内静脉和髂静脉。脾脏是制造淋巴细胞的器官,呈圆形暗红色,附着在肠系膜上。

八、泌尿生殖系统

雄性一对精巢位于肾脏腹侧。形状各异,蛙为卵圆形,蟾蜍为长柱形,蝾螈呈分叶状。糕(semen)经输精小管和与之相连的肾小管从输尿管进入泄殖腔排出体外,因此输尿管兼作为输精管之用。无尾类在繁殖期间,输精尿管的末端膨大成储精囊。雄性仍保留着细小的输卵管,为退化的米氏管(图5-15A)。

雌性一对卵巢以卵巢系膜悬于体腔中。一对输卵管位于体腔两侧,输卵管向前以漏斗口开口于肺基部,向后通于泄殖腔。成熟的卵进入腹腔,通过体腔液流动、腹肌的收缩及腹腔膜上纤毛的活动使卵进入输卵管前部的漏斗,卵沿输卵管下行,沿途被管壁分泌的胶状物包裹,形成卵胶膜,到达由输卵管扩大形成的子宫内暂时储存,交配时经泄殖腔排出体外。多为体外受精,少数体内受精(图5-15B)。

生殖腺的前方有黄色指状的脂肪体,冬眠前体内储存能量脂肪体较大。繁殖期集中于春夏季节。抱对(amplexus)是无尾类繁殖的一个重要行为,持续6~8h,甚至可达数日,能刺激两性同步排精产卵提高受精率。卵的大小、颜色和形状各异,大鲵的卵带念珠状,蟾蜍的卵长条状,雨蛙的卵聚成团块状。无尾类的卵从受精到发育成幼体经过4~5d,极北小鲵需要17~19d。

雌性生殖系统的基本结构与鲨鱼以及高等脊椎动物没有本质区别。成对的卵巢在繁殖季节充满黑色的卵,成熟卵突破卵巢壁进入体腔,再经腹腔膜纤毛摆动以及腹肌收缩而进入输卵管的喇叭口,在输卵管内下行时包被以胶质膜,储存于子宫内。待交配时排入水中,与雄性排出的精子相遇,完成受精。

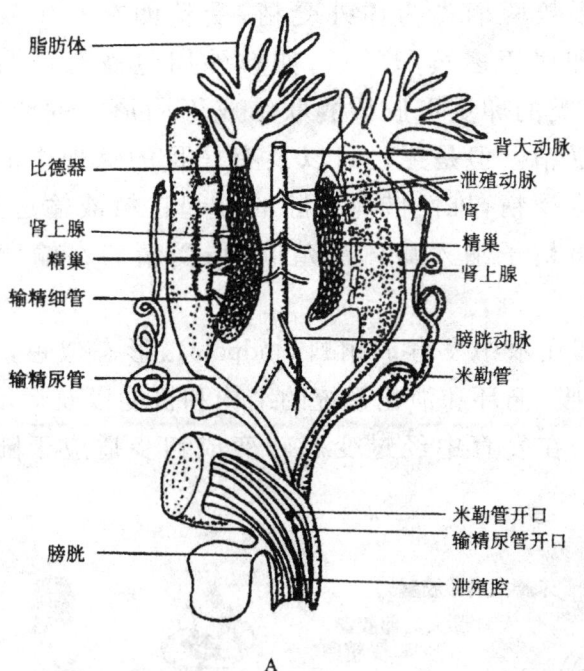

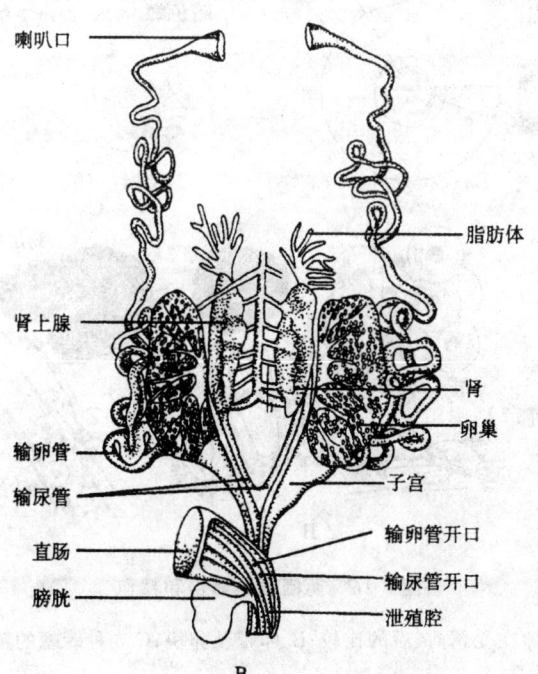

图 5-15 蟾蜍的泌尿生殖系统

A. 雄性；B. 雌性

绝大多数两栖类为体外受精，受精卵在水中发育。两栖类动物的卵属于多黄卵类型，卵粒外周包被有透明的胶原卵膜，许多种类的卵更以胶质囊联结成不同形式的卵带或卵团；卵在水中受精。但是无足目以及有尾目的蝾螈中的绝大多数种类为体内受精，雄性借泄殖腔的突起将精液输送到雌体内，或以精包将精子纳入雌体泄殖腔内；受精卵在输卵管内发育（图5-16）。

受精卵在水中发育成蝌蚪（tadpole），形态似鱼，具有外鳃、尾鳍，其呼吸、循环和消化系统的结构和机能以及运动方式均与成体不同。在发育中经过变态转变成初步适应于陆生的成体（图5-17）。

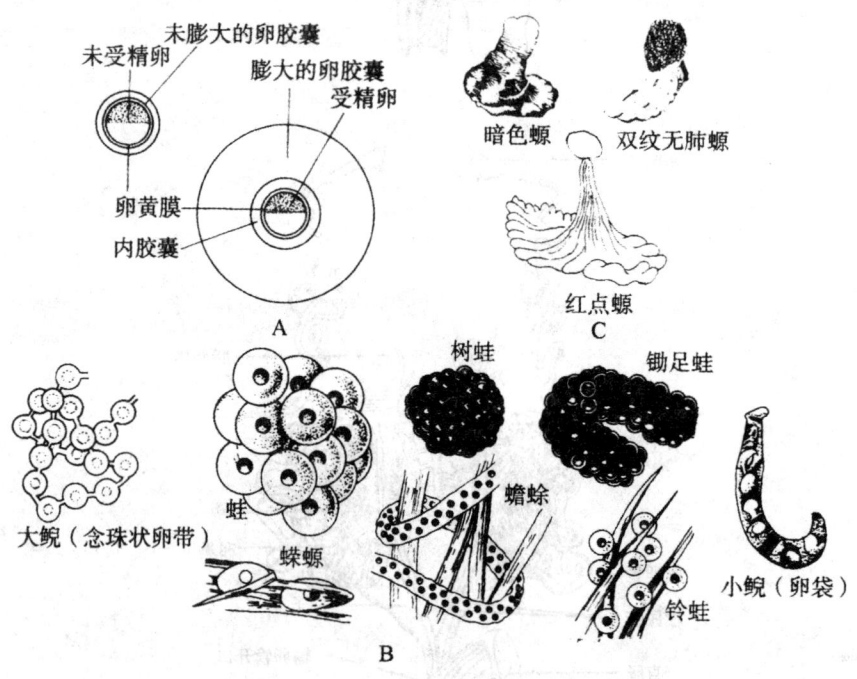

图5-16 两栖类的卵带和精包

A.卵在受精前、后的比较；B.卵带及卵块；C.3种蝾螈的精包

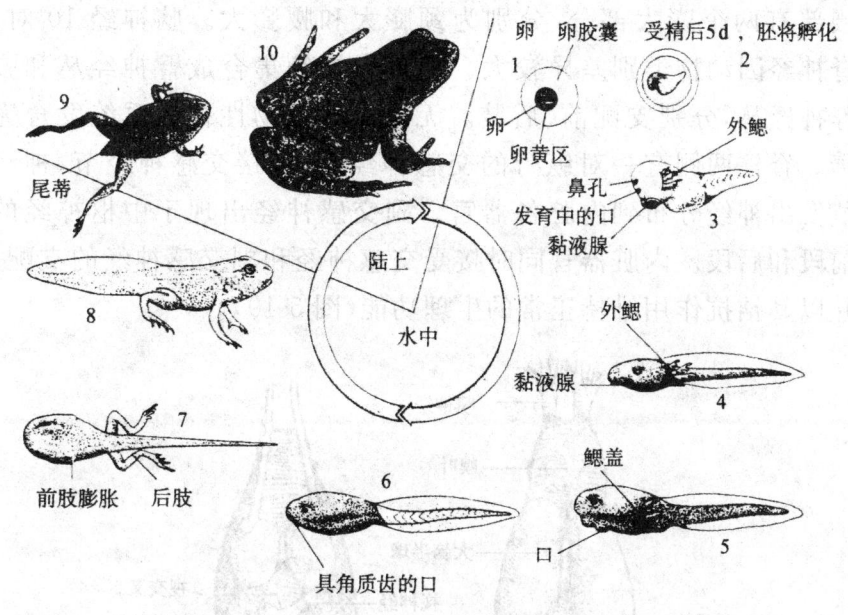

图 5-17 蛙的变态和生活史

九、神经系统

两栖类的脑分为大脑、间脑、中脑、小脑和延脑 5 部分，分化程度不高，仍位于同一平面上，处于陆生脊椎动物的较低级水平。大脑向前延伸成两个嗅叶，两个嗅叶在正中线处左右相连。大脑具左、右两半球，半球之间以矢状裂相隔。左、右侧脑室已完全分开（以室间孔相通），侧脑室向前一直伸展到嗅叶中，向后与间脑内的第三脑室相通。大脑半球腹部和侧面保留着古脑皮，有零星的神经细胞位于顶部，称原脑皮，主要作用是司嗅觉。间脑顶部为薄膜状，有不发达的松果体，松果体的内腔与第三脑室相通。间脑侧壁加厚，称视丘或丘脑（thalamus）。由视交叉、脑漏斗及脑垂体组成的丘脑下部（hypothalamus）位于视丘的前下方。中脑顶部为一对圆形的视叶，是视觉中心和神经系统的高级中枢，腹面有增厚称大脑脚（cercbral peduncle）（图 5-18）。小脑不发达，延脑有三角形的第四脑室。延脑与脊髓相连。脊髓除有背正中沟外，还首次出现了脊椎动物特有的腹正中裂。脊髓在颈部和腰部有两个膨大部分,分别为颈膨大和腰膨大。脑神经 10 对。脊神经因动物类别差异较大。部分脊神经集合成臂神经丛和腰荐神经丛,分别支配前、后肢。无尾类的植物性神经系统发育完善。脊柱两侧有一对纵行的交感神经干,连接交感神经节,神经节发出神经分布到内脏各器官。副交感神经出现于中枢神经的前段和后段。内脏器官同时接受交感神经和副交感神经的支配,并以其拮抗作用维持正常的生理功能(图 5-19)。

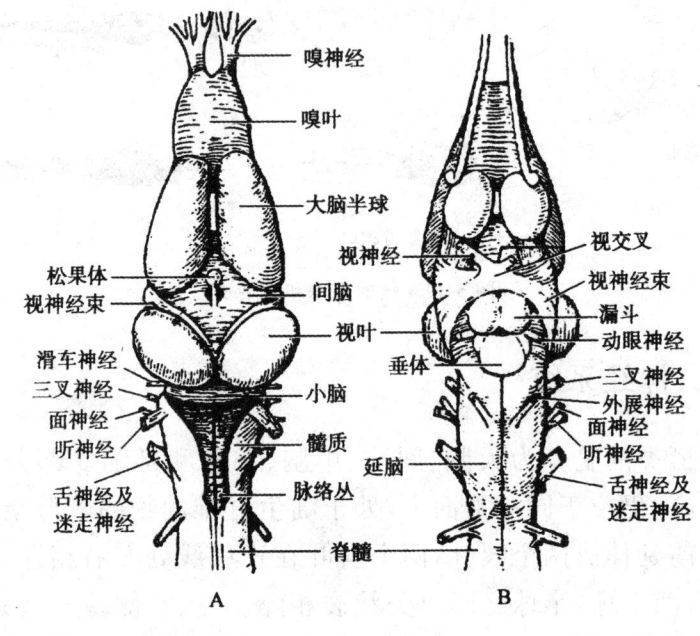

图 5-18 蛙的脑
A. 背侧;B. 腹侧(仿 Gaupp)

十、感觉器官

(一)侧线器官

两栖动物的幼体都具有侧线。侧线由许多感觉细胞形成的神经丘组成,用作感知水压的变化。幼体变态后侧线消失殆尽,但在水栖鲵螈类的头躯部始终保留着侧线器官和侧线神经,其构造与鱼类的极为相似。

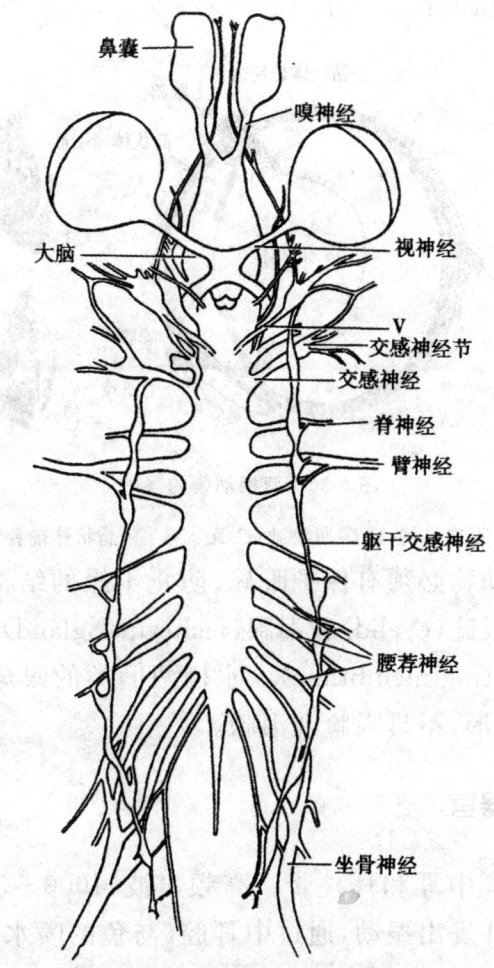

图 5-19 两栖动物的脊神经及植物性神经系统

(二)视觉

两栖类适应于陆生的特征表现在眼球角膜呈凸形,晶状体在陆生类型(如蛙)已略呈扁圆形,有助于把较远的物体聚焦。虹膜具环肌及辐射肌来调节瞳孔的大小,节制眼球内的进光程度。具有晶状体牵引肌(lens protractor muscles),能将晶体前拉聚焦。此外,在眼的脉络膜与晶状体之间尚有一些辐射排列的肌肉,可协助晶状体牵引肌调节,这种肌肉可能相当于高等四足类的睫状肌(ciliarv muscle)(图5-20)。

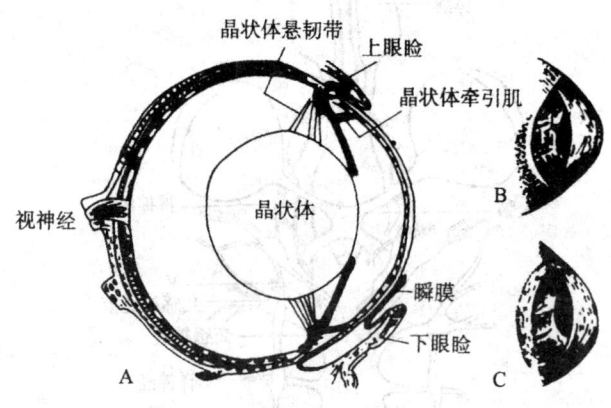

图 5-20　两栖动物的眼

A.眼球纵切;B.眼肌松弛;C.眼肌收缩,晶状体前移

陆生脊椎动物必须有保护眼球、防止干燥的结构。青蛙已经具有可动的下眼睑(eyelid)和泪腺(lachrymal gland),并具有半透明的瞬膜(nictating membrane)。水栖两栖类的眼球与鱼类的相似,晶状体为圆形,不具眼睑及泪腺。

(三)听觉器官

首次出现了中耳和耳柱骨。高频声波(1000～5000Hz)由中耳的鼓膜接受并发出振动,通过中耳腔(与鱼的喷水孔同源)内的耳柱骨(听小骨),传导到内耳;而低频声波(100～1000Hz)则是由前肢和肩带通过盖骨传到内耳。最后经听神经传入脑的听中枢而产生听觉。这种对高低频声音的选择是由连接在盖骨和耳柱骨上的肌肉控制的。

两栖类鼓膜直接暴露于体表;中耳腔通过一对耳咽管与口腔相通,使鼓膜内、外压平衡,防止鼓膜因受剧烈的声波冲击而造成震裂。

鲵螈类和蚓螈类无中耳腔和鼓膜,但有发达的耳柱骨,通过头骨将声波的振动传导到内耳(图5-21)。

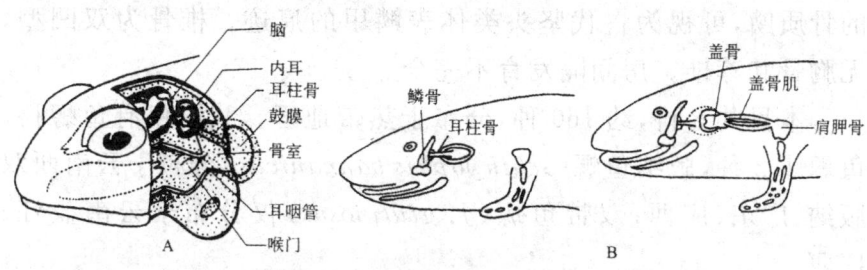

图 5-21 两栖动物的听觉器官

A. 蛙；B. 鲵螈类

(四)嗅觉器官

两栖动物鼻腔内壁衬有褶襞状的嗅黏膜,分布在嗅黏膜上的嗅神经往后通至嗅叶、司嗅觉,因此鼻腔开始兼有嗅觉和呼吸的双重机能。

第三节 两栖纲的分类

两栖纲有 3 目、40 科、400 余属、5700 多种。我国共有两栖纲 3 目、11 科、51 属、320 多种。

一、无足目(Apoda 或 Gymnophiona)

为两栖类中极端特化的原始种类,长圆柱状体形,无四肢,尾极短。体表有环溢纹,形似蚯蚓。穴居生活,富黏液腺,黏液在运动过程中起润滑作用。眼退化,无眼睑。在眼和外鼻孔之间的特殊凹陷中有能收缩的触角,感觉灵敏,有助于钻穴活动。听觉器官中无鼓膜,听神经退化,嗅觉发达。头骨骨片大而少,有残留脊索。肋骨发达,无胸骨。体内受精,雄性的泄殖腔能向外突出,起交配器的作用,将精液输入雌体内。幼体有鳃,成体有肺,以皮肤呼吸为主。

除具特化性特征外,还有一系列原始性特征。真皮中有退化的骨质鳞,可视为古代坚头类体表鳞甲的痕迹。椎骨为双凹型,无胸骨和荐椎。房间隔发育不完全。

本目共6科,约160种,分布于热带地区。我国仅有鱼螈科,鱼螈属2种,版纳鱼螈(*Ichthyophis bannanicus*)分布于云南西双版纳、广东、广西;双带鱼螈(*J. glutinosus*)仅分布于云南盈江、广西。

二、有尾目(Urodela)

多数终生水生,具长尾和等同发展的四肢,少数无后肢,一般无鼓膜和鼓室,不具眼睑或具不活动的眼睑,多数体外受精。共9科约500种,中国有3科42种(图5-22)。

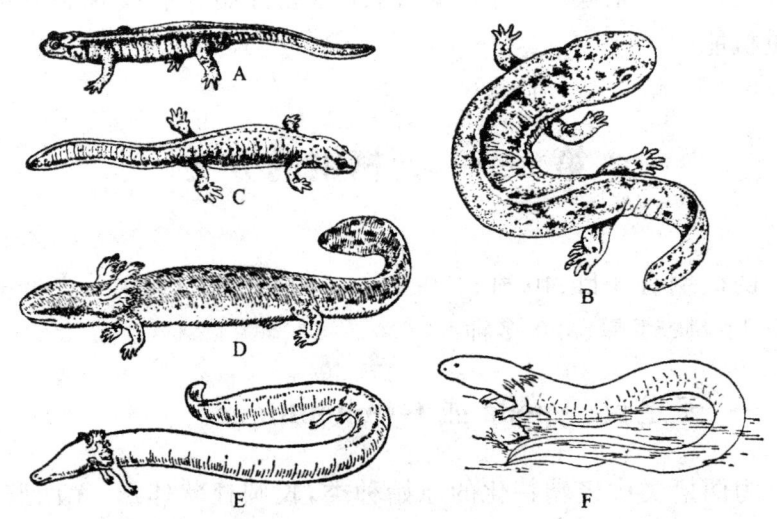

图5-22 有尾目代表动物

A. 极北小鲵;B. 大鲵;C. 肥螈;D. 泥螈;E. 洞螈;F. 鳗螈

(一)小鲵科(Hynobiidae)

小鲵科具眼睑,成体不具外鳃,体外受精。代表种极北小鲵(*Hynobius keyserlingii*),体长9~13cm,体光滑,体侧有肋骨沟13~14条,4指(趾),无蹼;上下颌有细齿。夜行性,以昆虫、蚯蚓、软体动物为食,常生活于林间湿地或沼泽地带,多隐伏在草丛下或泥土洞穴中,4月中旬于静水中产卵,一个月后卵出蝌蚪。我国分布于东北、西北及新疆。

(二) 隐鳃鲵科 (Cryptobranchidae)

隐鳃鲵科是世界上现存两栖类中体形最大的种类,一般成体50～200cm,不具外鳃,有肺,不具眼睑,体外受精,终生水栖。本科共3种,分布于亚洲和北美洲。代表种为中国特有种大鲵(娃娃鱼)(*Megalobatrachus davidianus*),产于我国华南、华北、华中、西北及西南山地溪流间,大者可达200cm以上,体重60kg左右,每年7～8月间产卵,每尾300枚以上,雄鲵将卵带绕在背上,2～3周后孵化,5年性成熟,为国家二级保护动物。

(三) 蝾螈科 (Salamandridae)

蝾螈科体小,成体无鳃,具肺,多为水栖,有活动眼睑,雌性有一受精器,体内受精,卵生。本科约60种,广泛分布于北半球温带地区,中国有18种,分布于秦岭以南地区,代表种有东方蝾螈(*Cynops orientalis*)、黑斑肥螈(*Pachytriton brevipes*)。

此外,还有钝口螈科(Ambystomidae)的虎螈(*Proteus anguinus*),洞螈科(Proteidae)的泥螈(*Necturus*)和洞螈(*Proteus*),鳗螈科(Sirenidae)的鳗螈(*Siren lacertina*),无肺螈科(Pleghodontidae)的红蝾螈(*Pseudotriton ruber*)和两栖鲵科(Amphiumidae)的双趾两栖鲵(*Pseudotriton ruber*)等。

三、无尾目 (Anura)

无尾类是现存两栖纲动物中结构最高等、种类繁多及分布最广的类群。体形短宽,四肢强健,适于跳跃和游泳。体短宽,有较长的四肢。幼体有尾,成体无尾,跳跃型活动,皮肤裸露,内含丰富的黏液腺,有些种类在不同部位集中形成毒腺、腺褶、疣粒等。有活动性眼睑和瞬膜。多数种类具鼓膜。幼体为蝌蚪,从蝌蚪到成体的发育中需经变态过程。成体用肺呼吸,营水陆两栖生活。本目现有5亚目的20科,遍布热带、亚热带地区,极少数种分布在北极圈内(图5-23)。

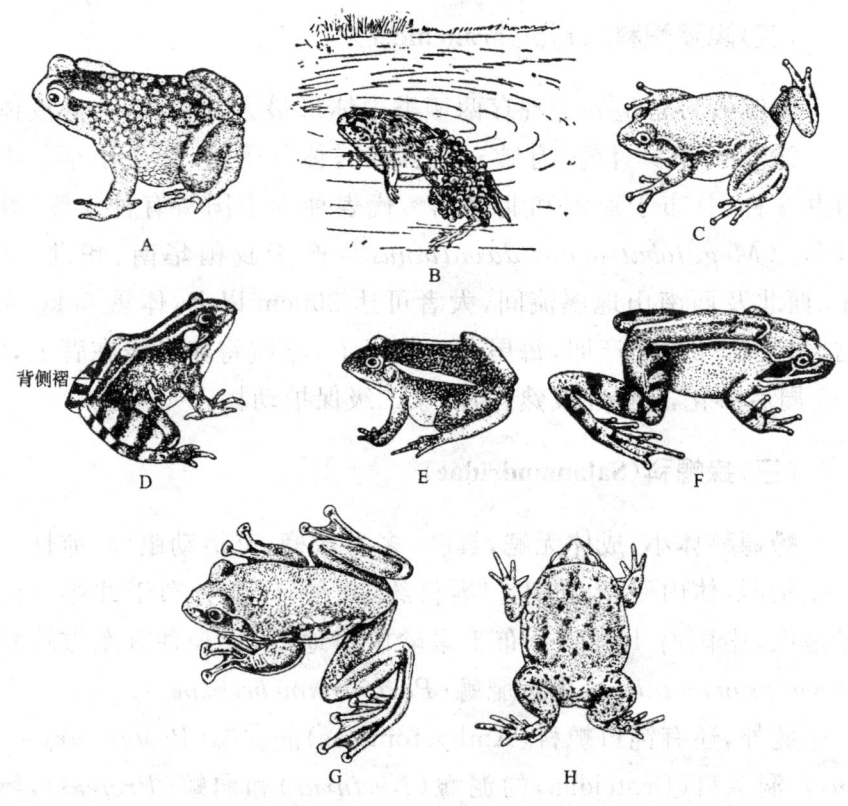

图5-23 无尾目代表动物
A.大蟾蜍;B.产婆蛙;C.无斑雨蛙;D.黑斑蛙;E.金线蛙;
F.中国林蛙;G.大树蛙;H.狭口蛙

(一)盘舌蟾科(Discogossidae)

舌为圆盘状而不能伸出。仅具上颌齿。雄体无声囊。椎体后凹型。蝌蚪有角质颌和唇齿,出水孔位于腹部中央,属于有唇齿腹孔型。半水栖,如东方铃蟾(*Bombina Drientalis*)。

(二)锄足蟾科(Pelobatidae)

荐椎横突特别宽而长大,荐椎前几枚躯椎大多细弱并向前倾斜成锐角,荐椎与尾杆骨愈合或仅有单一骨髁。舌器不具前角或呈游离状,舌喉器的环状软骨在背侧不相连。卵和蝌蚪在水域存活,蝌蚪为左出水孔型。口部形态除角蟾和拟角蟾2属呈漏斗式外,其余属种口周有唇乳突,上下唇最外排唇齿都是一短行,左右唇齿2～8行不等,角质颌强,适于刮取藻类,甚至能咬食小蝌蚪。如峨眉角蟾(*Megophrys omeimonlis*)和崇安髭蟾(*Vibrissaphora liui*)。

(三) 蟾蜍科(Bufonidae)

体形短粗,背面皮肤上具有稀疏而大小不相等的瘰粒。头部有骨质棱嵴。耳旁腺大,其分泌物的干制品即著名的重要蟾酥。鼓膜大多明显。瞳孔水平形。舌端游离,无缺刻。无颌齿和犁骨齿。后肢较短。椎体前凹型,无肋骨。肩带弧胸型。多陆生性强,昼伏夜出,产卵于长条形的胶质卵带内,蝌蚪有唇齿左孔型。如花背蟾蜍(*Bufo raddei*)和黑眶蟾蜍(*R. melanostictus*)。

(四) 雨蛙科(Hylidae)

小型蛙类。体细瘦,皮肤光滑。有上颌齿和犁骨齿。椎体前凹型,无肋骨。肩带弧胸型。最末2节指骨和趾骨之间各有一间介软骨,指、趾末端膨大成吸盘,并有马蹄形横沟。如中国雨蛙(*Hyla chinensis*)。

(五) 蛙科(Ranidae)

体形短且粗壮,后肢发达,善于跳跃。鼓膜明显或隐于皮下。舌端游离,多具缺刻。具上颌齿。配对时抱握腋部。分布于除大洋洲和南极洲以外的各大洲。我国常见种类有中国林蛙(*Rana chensinensis*)和黑斑侧褶蛙(*Pelophylax nigromaculatus*)等。

中国林蛙俗称哈士蟆,是我国华中、华北山地的常见种。体长5～8cm。鼓膜区有三角形黑斑。雄蛙有1对咽侧下内声囊。背侧褶在鼓膜上方呈曲折状。后肢前伸,贴体时胫跗关节超过眼或鼻孔。通常 4 月下旬至 9 月下旬生活于阴湿的山坡树丛中，9 月底至次年 3 月营水栖生活，冬季群集河水深处的石块下冬眠。3~4 月前后开始产卵，卵黏成团状，每团含卵 175~2036 枚不等。其输卵管干制品即为中药滋补品"哈士蟆油"。

黑斑侧褶蛙也叫青蛙、田鸡，分布极为广泛，常栖息于河流、池塘、稻田的水中及岸边草丛中，是消灭农业害虫的能手。体长 7~8cm。背面一般褐色或绿色，腹面白色。背部有两条纵行的细皮肤褶，中央有 1 纵行的白色条纹。在身体两侧和后肢上有很多黑色斑纹。

（六）树蛙科（Rhacophoridae）

外形及生活习性与雨蛙相似，但亲缘关系甚远。末端两指、趾之间有间介软骨，指、趾端明显膨大成吸盘，并有马蹄形横沟。树栖，多有筑泡沫卵巢的习性，蝌蚪生活于静水水域内。如大泛树蛙（*Polyedates dennysi*）。

（七）姬蛙科（Microhylidae）

中小型陆栖蛙类。头狭而短，口小，大多数种类无上颌齿和犁骨齿。舌端不分叉。无蹼。在静水水域内产卵，卵分散于水面，蝌蚪口位于吻端，常缺乏角质颌和齿唇。如北方狭口蛙（*Kaloula borealis*）。

第四节　海蛙的生态

海陆蛙[*Fejervarya cancrivora*（Cravenhorst）]是我国唯一生活于近海边的咸水或半咸水地区的两栖动物。其主要形态鉴别特征如下：鼻骨大，两内缘相接，与额顶骨相触或略分离，肩胸骨基部深度分叉，呈"人"形，吻端钝尖，鼓膜明显。背部两侧各有 1 纵行不连续的腹棱，长短不一，4~8 条，腹棱上有小白刺粒。胫跗关节前达眼后或鼓膜;指末端钝圆,趾末端钝尖;趾间近全蹼,第5趾外侧缘膜发达,无外蹠突。背面黄褐色有黑色斑纹,上下唇缘有深色纵纹。雄性有,对咽侧下外声囊,有雄性线。卵巢内卵动物极黑褐色。蝌蚪尾末端尖;唇齿式为Ⅰ:1～1/Ⅲ,下唇中央缺乳突。成蛙常栖息于海潮能够波及的海岸区,以红树林区较为常见。白天多隐蔽在红树林等植物根部或洞穴内,傍晚出外到海滩上觅食,以蟹、虾、螺和小鱼及昆虫类为食。蝌蚪生活于半咸水水塘中,底栖。分布于我国台湾、广东(澳门)、海南(海口、文昌)、广西(北海市、防城、合浦)(图5-24)。

图 5-24 海蛙

第五节 两栖动物与人类的关系

一、两栖类资源的利用

(一)珍稀种类

我国现有国家Ⅱ级重点保护两栖动物7种,即大鲵、镇海棘螈（*Echinotriton chinhaiensis*）、细痣疣螈、贵州疣螈（*Tylototriton kweichowensis*）、大凉疣螈（*T. taliangensis*）、红瘰疣螈（*T. verrucosus*）、虎纹蛙，占我国两栖动物总数的 2.2%。大鲵是较为原始的两栖动物，分布于长江、黄河、珠江上游支流的山间溪流中。镇海棘螈为我国特有种，仅见于浙江，分布面积不足 10km^2。疣螈类分布于云南和广西、海南。虎纹蛙主要分布于四川、云南、海南等地。中国物种红色名录对两栖动物的生存现状评估指出绝灭 1 种，即滇池蝾螈（*Cynops wolterstorffi*），占我国两栖动物总数的 0.31%；受威胁物种 128 种，包括极危 11 种、濒危 23 种、易危 94 种，占我国两栖动物总数的 39.9%。我国特有的两栖动物有 190 多种，如川北齿蟾（*Oreolalax chuanbeiensis*）、峨眉髭蟾（*Vibrissaphora boringii*）、六盘齿突蟾（*Scutiger liupanensis*）等，约占我国两栖类总种数的 66.7%，这些动物资源在研究两栖动物区系演化、进化和地理变迁的关系方面具有重要价值。

（二）生态环境资源

无尾两栖类在消灭农林害虫方面具有重要作用。它们栖居于农田、耕地、果园、森林和草地上，捕食多种昆虫，其中多数是严重危害农林业的害虫，如蝗虫、黏虫、松毛虫、天牛、白蚁等。狭口蛙善于挖土钻穴，能捕食白蚁及其他地下害虫。中华蟾蜍的捕食量是蛙类的 2 倍以上，在夏季 3 个月就能捕食 10 000 多只害虫，可谓是捕虫能手。特别是两栖类捕食的昆虫常是许多食虫鸟类在白天无法啄食的害虫或不食的毒蛾等，故两栖类是害虫的主要天敌之一。此外，两栖类在食物链中还是一些重要的毛皮动物（鼬、狐、貉）和蛇类的食物。这些动物的丰歉，与两栖类的种群数量也有着密切的关系。

近年来，利用生物防治害虫日益受到重视。我国一些地区开展的护蛙治虫、养蛙治虫的试验，效果良好，不仅降低生产成本，而且防止了农药对环境的污染。其中，福建、浙江、广东、江西、河南等省的部分地区，利用蛙类和蟾蜍消灭害虫取得了可喜的成效。

(三)药用资源

我国利用两栖动物防病治病的历史较早,在《本草纲目》中就有记载。据不完全统计,已有文献记载的药用两栖类达 30 余种,许多传统中药材如蟾酥、蛤士蟆油、羌活鱼等在国内外享有盛誉。

蟾酥是蟾蜍属动物皮肤腺(主要是耳后腺)分泌物的干制品,具有解毒、消肿、止痛、强心等作用。用蟾酥配制的中成药可治疗多种疾病,如六神丸、喉症丸、安宫牛黄丸、蟾酥丸、蟾力苏、梅花点舌丹等都是常用的中成药,远销海外。此外,蟾蜍自然蜕下的蟾衣,能治疗肝癌、肉瘤、肺癌及腹水等多种疑难杂症。

东北林蛙是药、肉兼用的动物资源。蛤士蟆油是东北林蛙雌性的输卵管,含有蛋白质、脂肪、糖、维生素和激素,具有补肾益精、润肺养阴的功效,是我国名贵的强身健体滋补品,也能治疗大病或产后的体虚弱、肺癌、咳嗽等病症。蛙肉也是美食佳肴。

羌活鱼是山溪鲵、西藏山溪鲵等的干制品,用于跌打损伤、骨折、肝胃气痛、血虚脾弱等症。亦可食用,以滋补虚弱身体。

此外,大鲵肉质细白,味清淡而鲜美,营养丰富,具滋补强身、补气之效。东方蝾螈全体可供药用,主治皮肤痒疹、烫伤烧伤等病症,微火烘干或鲜用均可。

我国开发利用药用两栖动物资源很不均衡。有些种类未充分利用,如蟾蜍资源十分丰富,全国各地均有分布,虽种类不同,但产品化学成分及药效基本一致。取蟾酥的方法简单,取酥后的蟾蜍可放回自然环境生活,每年可多次取酥,其利用潜力非常大。若充分开发利用,能取得巨大的经济效益。有些种类已过度开发利用,造成资源枯竭,如黑龙江省的蛤士蟆,由于过度捕捉、砍伐森林严重破坏其栖息环境,其产量逐年下降。

(四)食用资源

两栖动物肌肉的蛋白质含量较高,有多种人体必需的氨基酸和微量元素,营养丰富,经过烹调其味之鲜美胜过一般禽畜肉,并有药效功能,为人们非常喜欢食用的肉类之一。

据统计,我国民间作为食用的两栖动物有40种左右,主要有黑斑侧褶蛙、虎纹蛙、大鲵、多种棘蛙、山溪鲵、巫山北鲵、商城肥鲵、各种髭蟾等。我国南方各省,人们常捕食稻田中的虎纹蛙和山涧的棘胸蛙、棘腹蛙,北方各省则捕食黑斑侧褶蛙。大鲵肉味最美,并可做补品,故严重捕杀和贩卖大鲵的情况屡禁不止。由于过度捕捉,致使多数可食用资源在一些地区已经枯竭,因此应加强保护,严禁大量捕食两栖动物。

(五)教学科研材料

在普通生物学、动物学、生理学、胚胎学、药理学等教学实践中,广泛使用蛙蟾类作为实验材料。蛙类的腓肠肌和坐骨神经传统地用于观察神经传导和肌肉收缩,药物对周围神经、横纹肌或神经肌肉接头的作用。据报道,我国每年用于实验的两栖动物有10万只左右。

两栖动物在科研方面也有重要作用。大鲵等我国特有种类在研究两栖动物区系演化与形成,动物进化与地理变迁的关系等方面具有非常重要的价值。作为模式动物,非洲爪蟾(*Xenopus laevis*)在实验室条件下可常年产卵,只要注射激素,雌体第1天就可产卵,且产卵量很大,能通过人工授精获得受精卵。卵子和胚胎个体较大,很方便进行实验胚胎学研究,如显微注射、胚胎切割和移植等。克隆动物也最早在非洲爪蟾中获得成功,由此开创了动物克隆的新时代。但非洲爪蟾生命周期长,幼体需1~2年才能性成熟,且是假四倍体,很难进行遗传突变实验。近年来,非洲爪蟾的研究者已引进一种新的模式动物 *Xenopus tropicalis*。*X. tropicalis* 是非洲爪蟾的近亲,外形与非洲爪蟾类似,但体形较小,且发育周期只需半年。最重要的是,其基因特性与其他模式动物一样为双倍体。而新的研究也证明几乎所有使用在非洲爪蟾上的研究技术,都可轻易地应用于 *X. tropicalis*。在未来数年,以 *X. tropicalis* 作为发育生物学研究的重要模式动物将独领风骚。

(六)其他用途

蛙皮可用来制胶,大张的牛蛙皮还可制成精致的小皮包等。两栖动物也有一定的观赏价值,不仅动物园和博物馆饲养两栖动物或制成标本供人们观赏和普及科学知识,有些家庭还将白化的非洲爪蟾和蝾螈等饲养在水族缸中作为观赏动物。

在临床检验工作中,雄蟾蜍曾被广泛地用于妊娠诊断实验。因为孕妇尿中含有绒毛膜促性腺激素,如将孕妇尿注射到雄蟾蜍皮下,则尿中所含的激素能够引起蟾蜍的排精反应。

二、两栖类资源的保护

两栖动物资源虽然比较丰富,但其生存依然面临威胁。保护两栖动物的关键是保护其栖息环境。为避免野生资源受到威胁,开展人工养殖是保护两栖动物的有效途径之一。目前,人工养殖技术比较成熟的两栖动物有黑龙江林蛙、东北林蛙、牛蛙、蟾蜍和大鲵等。

第六章 爬行纲

爬行纲(Reptilia)是体被甲或角质鳞,陆地繁殖的变温羊膜动物,从石炭纪末期古坚头类进化而来,演化为真正的陆生脊椎动物。大多生活在陆地,成功登陆。少数喜水,仍有少数种类生活于海中。据现有资料统计,我国爬行类除缺喙头蜥外,龟鳖目、蜥蜴、蛇目和鳄目都有,共计387种。其中,海洋爬行类动物只有29种。

第一节 爬行纲的主要特征

爬行类彻底摆脱了水的束缚,无论是形态结构还是生理机能都表现出对陆地生活的适应,主要特征有以下几个方面。

(1)皮肤干燥,缺少腺体。皮肤角质化程度加深,而且外被角质盾片或角质鳞,能防止体内水分的蒸发。

(2)五趾型附肢及带骨进一步发达和完善,适于在陆地爬行。

(3)骨骼骨化程度较高,比较坚硬,硬骨的比例增大。

(4)头骨具单一枕髁,有颞窝形成。脊柱分化明显。

(5)肺呼吸进一步完善,皮肤和鳃均失去呼吸功能。

(6)心脏二心房一心室,心室中出现了不完全的隔膜(鳄类完整)。循环方式仍为不完全双循环,但多氧血与少氧血在心室的混合难度减少。

(7)成体以后肾执行泌尿机能,代谢废物以尿酸为主。

(8)在陆地上繁殖,产羊膜卵,在胚胎发育过程中能够形成胚膜(绒毛膜、羊膜、尿囊)。体内受精,发育无变态,但和无羊膜动物一样,仍为变温动物。

第二节 爬行纲的形态结构与功能

一、外形

外形具陆栖四足动物的基本形态,身体一般都可分为头、颈、躯干、尾和四肢5部分,适应陆地生活。因其生活方式和栖息环境各不相同,外形差别较大,一般可分为3种类型:蜥蜴型,身体长圆柱形,尾部发达,四肢发达或不发达,尾易自断,能再生,如蜥蜴等;蛇型,身体细长圆筒形,四肢退化,能蜿蜒运动,如乌梢蛇等;龟鳖型,身体扁圆形,背腹具甲,头、颈和四肢均能不同程度地缩入甲内,如乌龟等。

二、皮肤

爬行类皮肤的特点是表皮角质化程度深,角质层增厚,表皮内沉积着大量的极难溶解的角蛋白,故有极好的防水性。皮肤外被角质鳞,是表皮细胞角质化的产物。皮肤干燥,缺乏腺体(图6-1)。鳞片之间有薄的角质膜相连,形成完整的鳞被。其中龟类具有由表皮形成的角质盾片及真皮来源的骨板;鳖类只有真皮来源的骨板,外被皮肤;鳄类在背部角质鳞下面有真皮骨板。爬行类的爪也由表皮角质层演变而来。

爬行类透过皮肤的水分蒸发率大致与哺乳类相等,但它比哺乳类更适应于在干旱地区生活,这主要是它的新陈代谢率低,经由呼吸所丢失的水分甚少的缘故。新陈代谢的废物以半固态的尿酸排出体外以及某些种类借特殊的皮肤腺——盐腺排出盐分等,都减少了体内水分的丢失。爬行类的皮肤腺退化,与减少失水有密切关系。蜥蜴类有些在大腿内侧或泄殖孔前有股腺(fomoral gland)或臀腺(preanal gland)的开口,在繁殖期分泌物在孔外堆积风干,可吸引异性并有利于交配时防止滑脱(图 6-2)。蜥蜴和蛇的角质鳞定期更换,称为蜕皮(ecdysis)。蜕皮次数与生长速度有关,快速生长的蛇每两个月可蜕皮一次。龟及鳄的真皮内生有骨板,紧贴于角质鳞下面;鳄不具角质鳞而代以革质皮。龟鳖与鳄的各个鳞板依同心圆式增长,没有蜕皮现象。

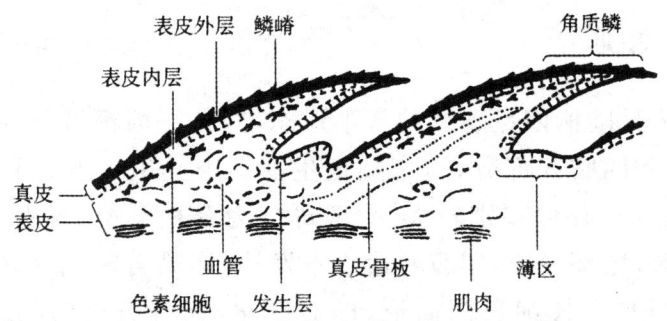

图 6-1　爬行动物的皮肤结构(仿杨安峰)

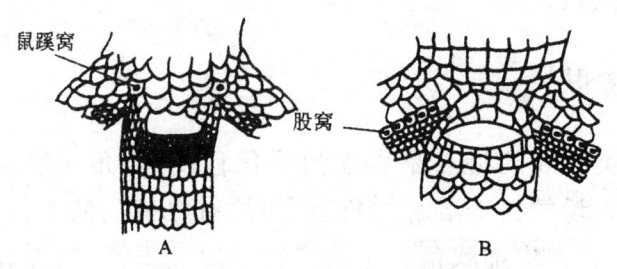

图 6-2　蜥蜴的股腺和臀腺

A. 草蜥;B. 麻蜥(仿 TepeHTbeB)

尽管爬行类的真皮比较薄,但含有发达而丰富的色素细胞,由此组成色彩鲜艳的斑纹图案(图 6-3)。许多蜥蜴(草蜥、捷蜥、石龙子、沙蜥等)的色素细胞在植物性神经或脑垂体等内分泌腺的调节下,可控制其扩展和收缩,从而引起体色变化。特别是避役类因其善于快速变色而素有"变色龙"之称。蜥蜴的变色除了起到使身体与环境融为一色的保护作用外,还具有吸收地表辐射热及调温的功能。

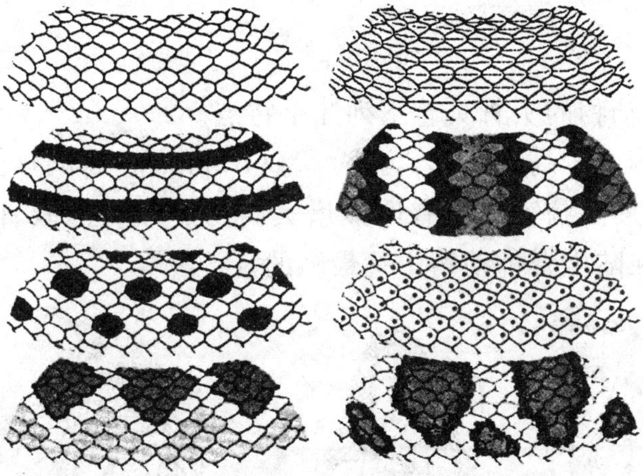

图 6-3 爬行动物各种表面斑纹图案

三、骨骼系统

爬行动物的骨骼系统包括中轴骨(头骨和脊柱、肋骨和胸骨)和附肢骨(图 6-4A),大多由硬骨构成。骨骼的骨化程度高,很少保留软骨部分。

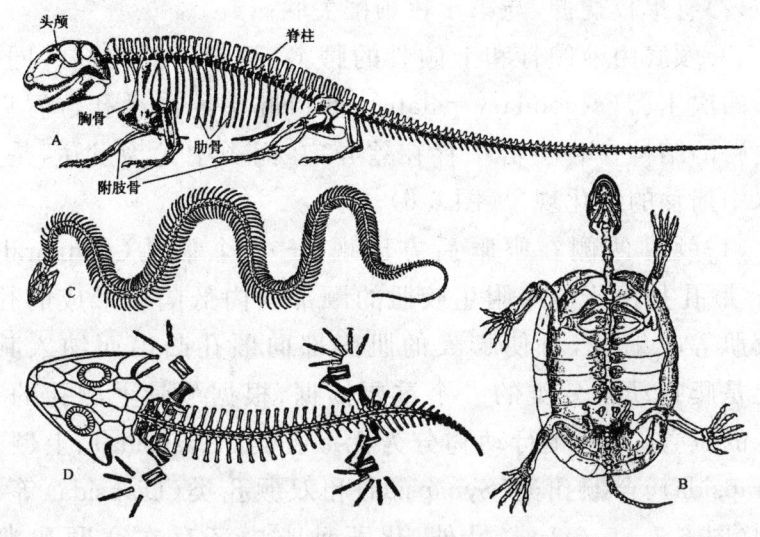

图 6-4 爬行动物的骨骼系统

A.爬行动物的模式骨骼结构;B.龟鳖类的骨骼系统;
C.蛇的骨骼系统;D.鳄鱼的骨骼系统

(一) 头骨

爬行动物的头骨具有下列几个特点。

(1) 颅骨较高而隆起,为高颅型(tropibasic type)(图 6-5),表明颅腔扩展及脑容量已有明显增大。构成颅骨的软骨化骨和膜骨数目,在陆生脊椎动物中是最多的。

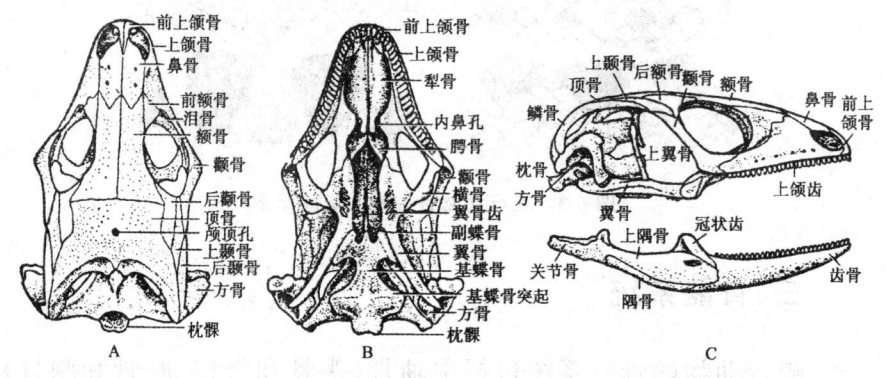

图 6-5 石龙子的头骨

A.背面观;B.腹面观;C.侧面观(仿杨安峰)

(2) 有单枚枕髁,与第 1 枚颈椎关联。

(3) 颅底由前颌骨和上颌骨的腭突、腭骨等的突起共同合成雏形的次生腭(secondary palate),使口腔中的内鼻孔位置后移。次生腭的结构在各类群中存在差异,在鳄类中尤为发达,是适应于水中捕食的特化现象(图 6-6)。

(4) 颅骨两侧在眼眶后方出现 1～2 个颞孔(temporal fossa)。颞孔是由于原来附生咬肌的颞部向内低陷所形成的孔洞,当咬肌等收缩时,可使膨大的肌腹部向颞孔凸出而纳入其间。颞孔是爬行动物分类的一个重要依据,根据颅骨上颞孔的有无及孔的位置,可将爬行动物分为无颞孔类(Anapsida)、上颞孔类(Parapsida)、合颞孔类(Synapsida)和双颞孔类(Diapsida)等 4 个类型(图 6-7、表 6-1)。另外,化石种类中还存在宽颞孔类(图 6-7C)。

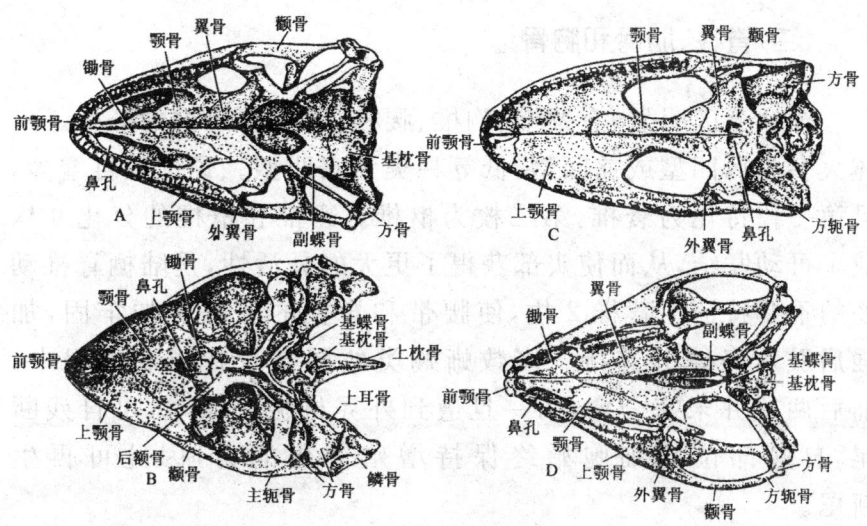

图 6-6 不同类群爬行动物的次生腭比较

A. 蜥蜴类；B. 海龟；C. 鳄鱼；D. 楔齿类（仿 Romer）

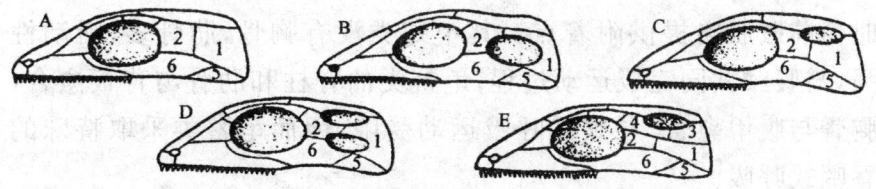

图 6-7 爬行动物的颅骨类型和演化

A. 无颞孔类；B. 合颞孔类；C. 宽颞孔类；D. 双颞孔类；E. 上颞孔类

1.鳞骨；2.眶后骨；3.上颞骨；4.后额骨；5.方颧骨；6.颧骨（仿 Romer）

表 6-1 爬行动物颅骨类型及特征

颅骨类型	颅骨的特征	代表类群
无颞孔类	颅骨无颞孔及颞弓	古爬行动物、海龟类
上颞孔类	颅骨只有单个上颞孔，上颞弓由眶后骨和鳞骨组成	鱼龙类
合颞孔类	颅骨一侧各有单个颞孔，被眶后骨、鳞骨和颧骨所围，由眶后骨和鳞骨构成上颞弓	兽齿类
双颞孔类	颅骨两侧具有上、下两个颞孔	现存的鳄、蜥蜴、蛇等

(二)脊柱、肋骨和胸骨

脊柱分区明显,有颈椎、胸椎、腰椎、荐椎和尾椎的分化。椎体大多为后凹型或前凹型,低等种类为双凹型。颈椎数目增多,且第一枚特化为寰椎,第二枚为枢椎。寰椎和枢椎的分化并构成了可动联结,从而使头部获得了更大的灵活性,是陆栖脊椎动物的重要特征。荐椎2枚,使腰带和脊柱的关联更加牢固,加强后肢对身体的支持。多数蜥蜴类的尾椎骨在形成过程中,前后两段并未完全愈合,一旦遭到外界机械刺激时,可自残断尾,自残部位的细胞始终保持增殖分化能力,因此可再生新尾。

爬行类动物的躯干椎两侧附生有发达的肋骨,腹面具胸骨,躯干椎、肋骨与胸骨共同组成一个坚固的支架,即为胸廓。胸廓为羊膜动物特有,具有保护内脏器官和加强呼吸作用的功能,同时为前肢肌肉提供附着点。其中蛇类没有胸骨,肋骨多,活动性强,与腹鳞共同完成运动过程;龟鳖类的脊柱和肋骨与背板愈合,胸骨与腹甲愈合,导致其呼吸运动受限,因而龟鳖类采取特殊的吞咽式呼吸。

(三)带骨及肢骨

爬行类的带骨及肢骨均较发达。肩带的膜性硬骨和软骨性硬骨骨化良好,骨块数目较多。左右肩带在腹中线与胸骨联结,使前肢获得稳固的支持。腰带的髂骨与荐椎联结,左右坐、耻骨在腹中线联合,构成后肢的坚强支架。前、后肢骨的基本结构与两栖类相似,但支持及运动功能显著提高(图6-8)。前后肢均具5指(趾),指(趾)端具爪,是对陆栖爬行运动的适应。蛇以及某些蜥蜴适应于钻穴生活,带骨及肢骨均有不同程度的退化和消失。

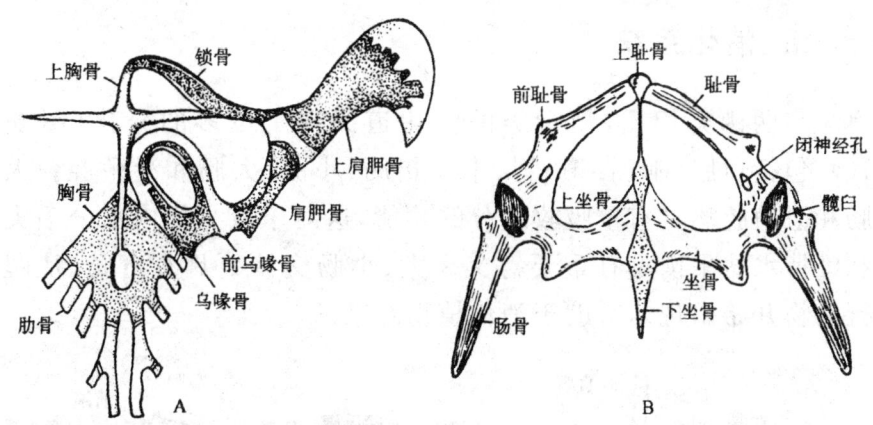

图 6-8　蜥蜴的肩带（A）和腰带（B）骨骼（腹面观）

四、肌肉系统

爬行类与陆地爬行相适应，其躯干肌和四肢肌均比两栖类复杂，特别是出现了陆栖动物所特有的肋间肌和皮肤肌（图 6-9）。皮肤机能调节角质鳞的活动，蛇尤为发达，从而完成特殊的蜿蜒运动。肋间肌位于肋骨之间，能调节肋骨的升降，协同腹壁肌完成呼吸运动。咬肌发达，由互相颉颃的闭、开口肌组成。咬肌收缩时肌腹可突入颞窝内，使咬啮机能加强。

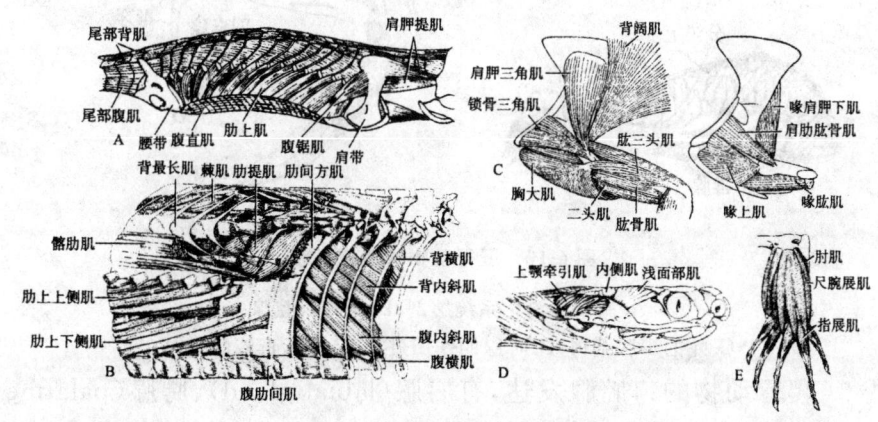

图 6-9　爬行动物的肌肉系统

A. 楔齿蜥浅层躯干肌；B. 蛇躯干肌（示肋间肌）；C. 蜥蜴附肢肌（前肢）；
D. 蛇的头部肌肉；E. 蜥蜴前足的肌肉

五、消化系统

与两栖类相比,爬行类的消化道出现了更多的分化(图 6-10),包括口腔、咽、食道、胃、十二指肠、小肠、大肠和泄殖腔。大肠和泄殖腔均具有重吸收水分的功能,这对于减少体内水分丢失和维持水盐平衡具有重要意义。大、小肠交接处具有盲肠(从爬行动物开始出现),有助于消化植物纤维。

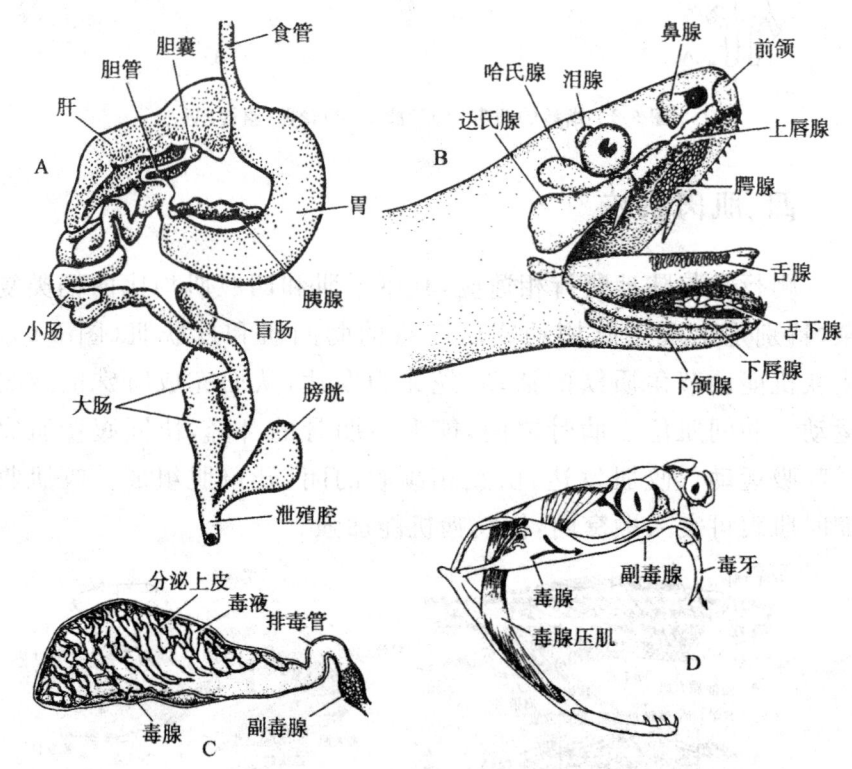

图 6-10 爬行动物的消化系统

A.蜥蜴的消化系统解剖;B.蛇的口腔腺;
C.蛇的毒腺结构;D.毒腺的作用过程(箭头示毒液的流向)

爬行动物的口腔腺发达,有唇腺(labial gland)、腭腺(palatine gland)、舌腺(lingual gland)和舌下腺(sublingual gland),具有湿润食物、辅助吞咽的作用,是陆生动物对吞咽干燥食物的一种适应。其中,毒蛇的唇腺和毒蜥的舌下腺均特化成了毒腺(poison gland),通过腺导管连于毒牙的沟或管中,借助肌肉运动压迫毒腺,可将毒液注入捕获的猎物体内。

爬行类的口腔底部具有发达的肌肉质舌。除鳄类、龟鳖类的舌不能向外伸出外,其他爬行类的舌活动性很大,并且很多种类的舌除完成吞咽的功能外,还有捕食和感觉的作用。如避役的舌在充血后可由口中弹出,其长度可达体长的 2 倍,舌端膨大,富于腺体,能分泌黏液以黏捕昆虫;蛇的舌尖分叉并具有化学感受器,不停地吞吐,俗称"吐信子",缩回的舌能将外界的化学信息素传送到口腔顶部的犁鼻器(vomeronasal organ),起着特殊的味觉感知功能。

爬行类的牙齿着生于上下颌,是捕食的重要工具。根据其着生位置可分为三种类型:侧生齿,着生在颌骨的内侧,见于大多数有鳞类(多数蛇和蜥蜴);端生齿,着生在颌骨的顶端,见于低等种类(喙头蜥、飞蜥);槽生齿,着生在颌骨的齿槽内,见于鳄类,哺乳类牙齿皆属此种类型(图 6-11)。龟鳖类无齿而代以角质鞘。各种齿脱落后可不断更新。

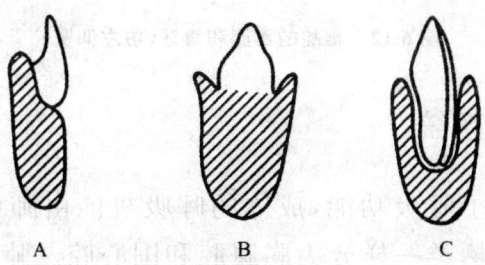

图 6-11 爬行动物的牙齿类型(仿刘凌云和郑光美)

A. 侧生齿;B. 端生齿;C. 槽生齿

毒牙是毒蛇前颌骨和上颌骨上的少数几枚大牙。分为管牙和沟牙。沟牙因着生的位置不同又有前沟牙和后沟牙之分。管牙中间、沟牙后侧凹槽为毒液通道(图 6-12)。蜥蜴及一些蛇类的胚胎,有卵齿着生在上颌的前端,长度超出一般牙齿,为幼仔出壳时划破卵壳之用。幼体孵出后不久卵齿便脱落。

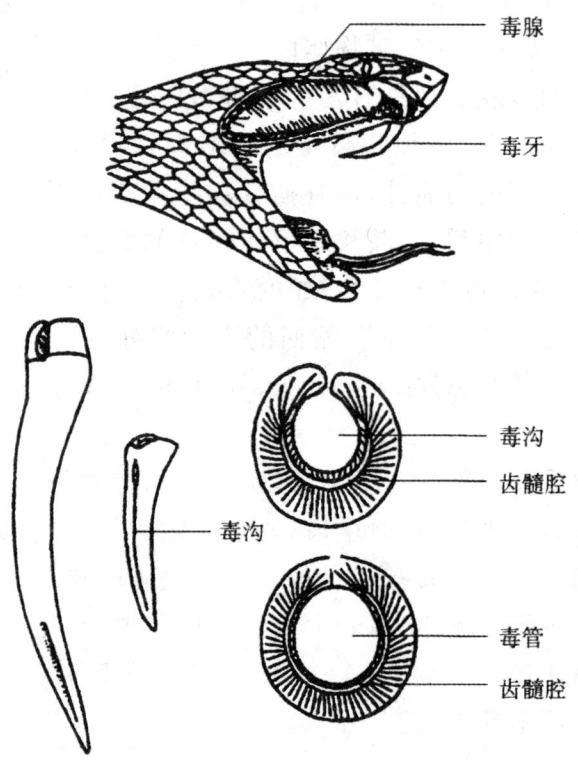

图 6-12　毒蛇的毒腺和毒牙(仿左仰贤)

六、呼吸系统

皮肤丧失了呼吸功能,成体的呼吸机能由肺(图 6-13)来完成。体腔与两栖类一样分为胸腹腔和围心腔。肺为位于胸腹腔前部背面的一对囊状结构,内具复杂间隔形成的蜂窝状肺泡,室壁上分布有丰富的毛细血管;肺泡扩大了肺与气体接触和交换的表面积;高等蜥蜴、龟、鳄的肺由支气管逐级分支形成,肺呈海绵状。肺与生活习性和体形相适应,长体型种类两肺通常不对称,前后排列;有些种类如蛇左肺多不发达或退化;有些种类(如避役)肺前部为呼吸部,后部内壁平滑伸出气囊分布于内脏间,为贮气部,避役的气囊可达腰带处,恐龙的气囊可扩展到脊椎内。

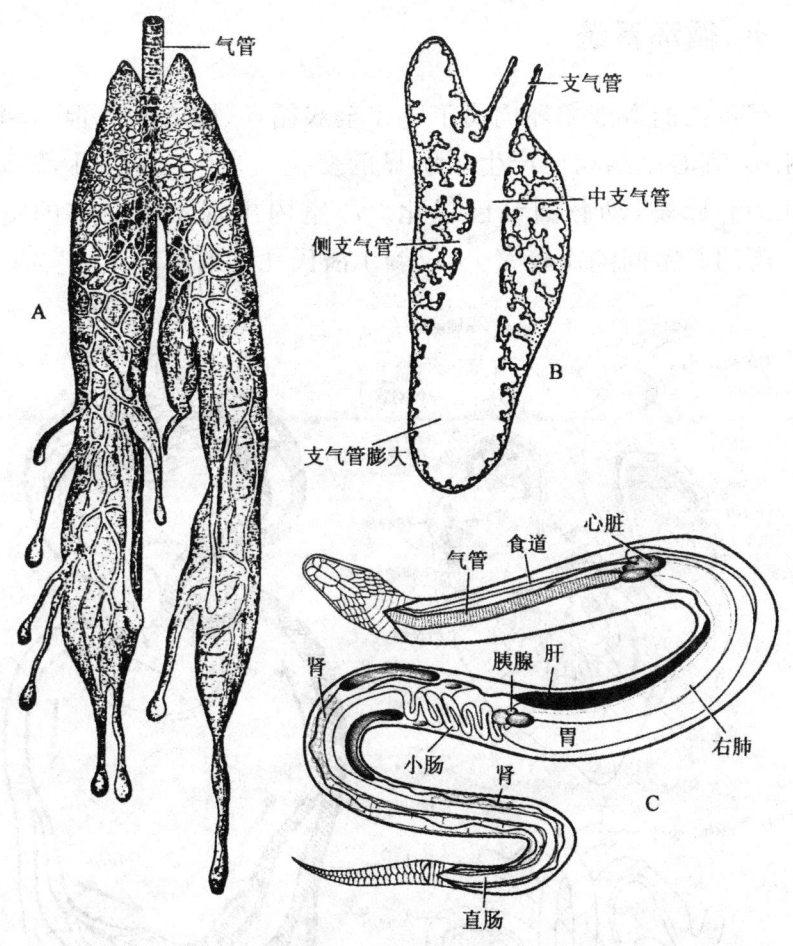

图 6-13 爬行动物的肺

A. 避役的肺；B. 楔齿蜥的肺；C. 蛇的内部器官

气管和支气管分化明显，管壁由软骨环支持，喉头由单个的环状软骨和成对的杓状软骨支持。

爬行动物除了像两栖动物可借助口底运动进行口咽式呼吸外，同时还发展了羊膜动物共有的胸腹式呼吸。

有些淡水龟鳖类还有一对副膀胱（accessory bladder），壁上有丰富的毛细血管，为辅助呼吸器官。

七、循环系统

爬行类的血液循环仍属于不完全双循环(图 6-14),但与两栖类相比,其心脏结构已产生了明显的变化,包括 2 心房、1 心室和退化的静脉窦,动脉圆锥已退化。心室内出现了不完整的室间隔。鳄的心室间隔比较完全,仅剩 1 潘氏孔相通。

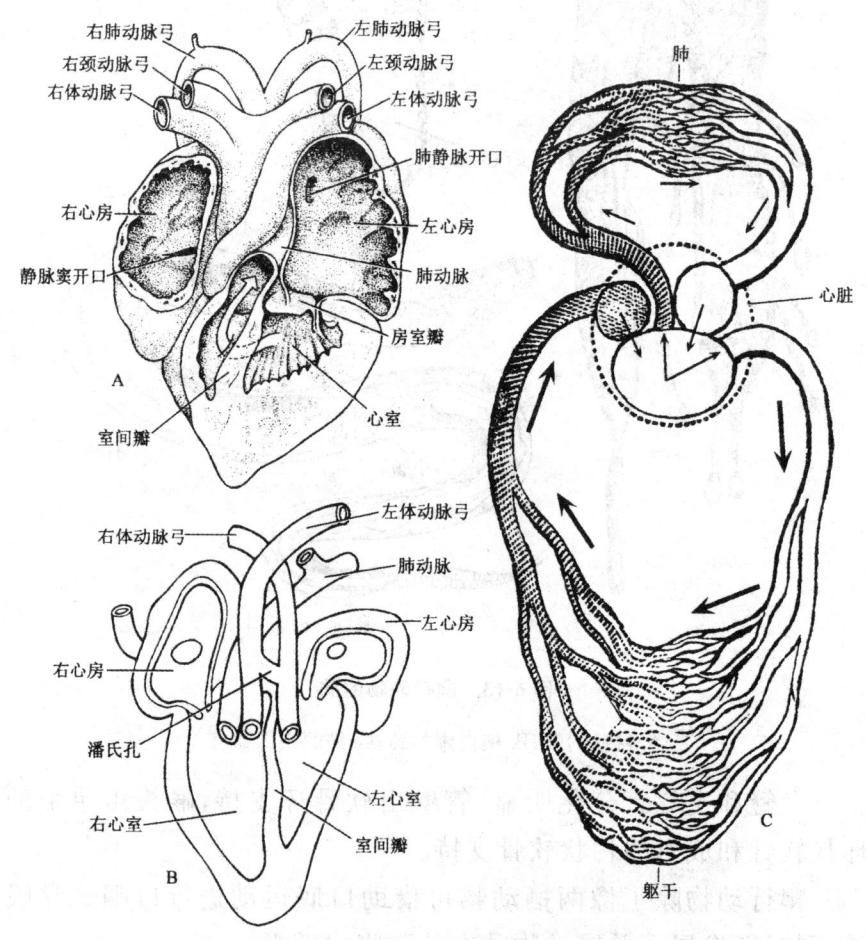

图 6-14 爬行动物的循环系统

A.蜥蜴的心脏;B.鳄鱼的心脏;C.爬行动物的血液循环示意

爬行类由原来的侧腹动脉干与动脉圆锥演化为肺动脉弓和左、右体动脉弓 3 条大动脉。其中,左、右体动脉弓发自室间隔处的肉柱腔,心室左部来的多氧血直接进入该腔,再流入左、右体动脉弓,故左、右体动脉弓的血液全是多氧血。只有由心室右部发出的肺动脉内含有缺氧血。爬行类静脉系统的构成与两栖类基本相似,包括1对前腔静脉、1条后腔静脉、1条肝门静脉和1对肾门静脉。但肾门静脉趋于退化,后腔静脉和肺静脉却有明显的发展。

爬行类不完全的循环方式,使氧气供应不充分,新陈代谢水平依然较低,体温调节机能不完善,故仍属变温动物,在寒冷和炎热季节需要蛰眠。

八、排泄系统

爬行动物的排泄器官包括肾脏、输尿管、膀胱、泄殖腔以及胚胎期的尿囊。其肾脏在系统发生上经历了胚胎前期的前肾和中肾阶段,在胚胎发育后期,位于中肾后方的生肾节细胞聚集,形成一种致密性结构,即后肾(metanephros)。爬行类的后肾位于身体后半部,形状和排列因动物的体形而异,如蛇类的肾脏细长,呈明显的分叶状,左右肾脏为前后排列。由肾脏伸出的后肾导管是专用的输尿管,能将尿液输到泄殖腔(图6-15)。

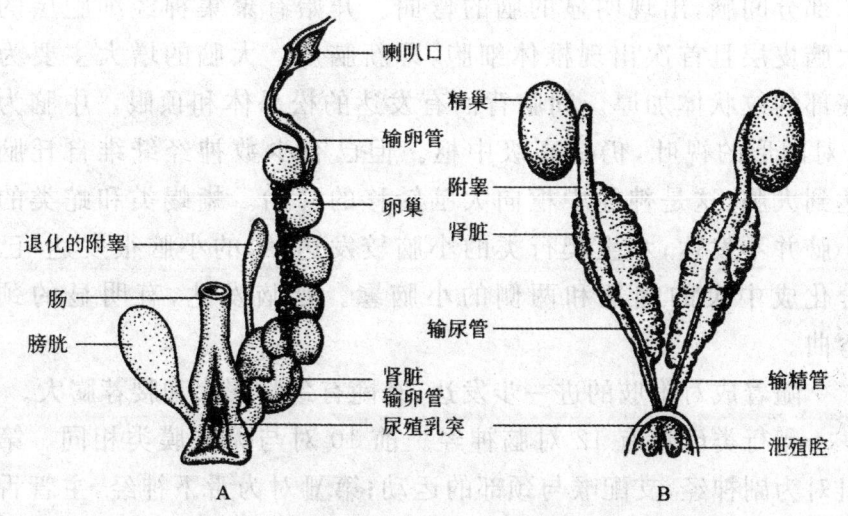

图6-15 爬行动物的泄殖系统(仿温安祥和郭自荣)

A. 雌性;B. 雄性

爬行动物除蛇类和鳄类外，均有由胚胎期的尿囊基部扩大而形成的膀胱，称尿囊膀胱。蜥蜴类和龟鳖类的膀胱开口于泄殖腔腹壁。有一些淡水龟鳖类，除膀胱外还有两个副膀胱，可以作为呼吸的辅助器官。

多数爬行动物的排泄废物主要是尿酸和尿酸盐。尿酸不易溶于水，可沉淀于泄殖腔内，与粪便一起排出体外，使水被重吸收入血液，减少体内水分的丧失。这对于生活在干旱地区的爬行类减少失水具有重要的适应性意义。排泄尿酸也与爬行类产羊膜卵有关，因为在卵壳内发育的胚胎，可以最小限度的失水，以较小的体积容纳代谢废物。

此外，某些爬行类具有的盐腺是一种肾外排泄器官，能分泌高浓度的钠、钾和氮。盐腺处理体内多余盐分时的需水量要比肾脏处理这些盐分的需水量少得多，从而达到高效的体内保水目的。

九、神经系统

爬行动物的脑较两栖类发达。两大脑半球增大，向后盖住了部分间脑，出现明显的脑的弯曲。开始有聚集神经细胞层的大脑皮层且首次出现椎体细胞，即新脑皮。大脑的增大主要为底部的纹状体加厚。间脑背面有发达的松果体和顶眼。中脑为1对圆形的视叶，仍是高级中枢。但已有少数神经纤维自丘脑达到大脑，这是神经中枢向大脑转移的开始。蜥蜴类和蛇类的小脑并不发达；水生爬行类的小脑较发达；鳄的小脑很发达，已分化成中央的蚓部和两侧的小脑鬈。延脑发达，有明显的颈弯曲。

随着成对附肢的进一步发达，脊髓有颈胸膨大和腰荐膨大。

爬行类已具有12对脑神经。前10对与无羊膜类相同。第XI对为副神经，支配喉与颈部的运动；第XII对为舌下神经，主管舌肌运动（图6-16）。

第六章 爬行纲

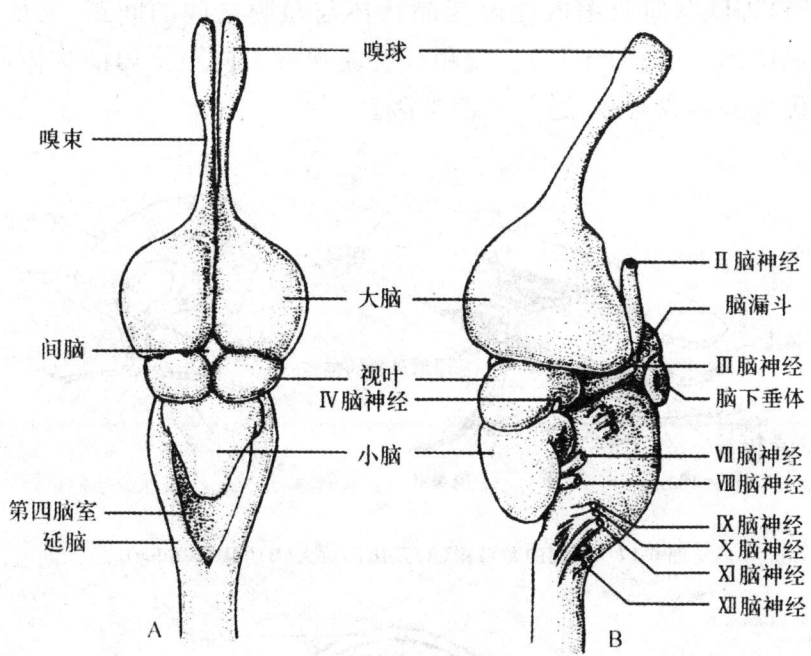

图 6-16　鳄鱼的脑（仿 Romer）

A.背面观；B.腹面观

十、感觉器官

（一）嗅觉器官

次生腭出现使鼻腔延长，内部首次形成鼻甲骨（conchae）供鼻黏膜（olfactory mucous membrane）附着，嗅上皮附着表面积显著增加，嗅觉功能加强。蜥蜴和蛇类还有发达的犁鼻器，是开口于口腔顶部的盲囊，其内壁具嗅黏膜，有犁鼻神经通至嗅球，为重要的嗅觉器官（图 6-17）。

（二）视觉器官

爬行类一般具可动的上下眼睑和瞬膜，但蛇类和穴居蜥蜴眼外面却被以透明而不活动的皮膜。爬行动物首次出现了泪腺（lacrimal gland），其分泌物可润泽眼球和瞬膜。视觉调节为双重调节,即睫状肌收缩既能改变晶状体与角膜之间的间距,又能改变晶状体凸度(图 6-18)。故爬行类能观察不同距离内的物体,较准确地捕食或避敌,适于陆地生活。

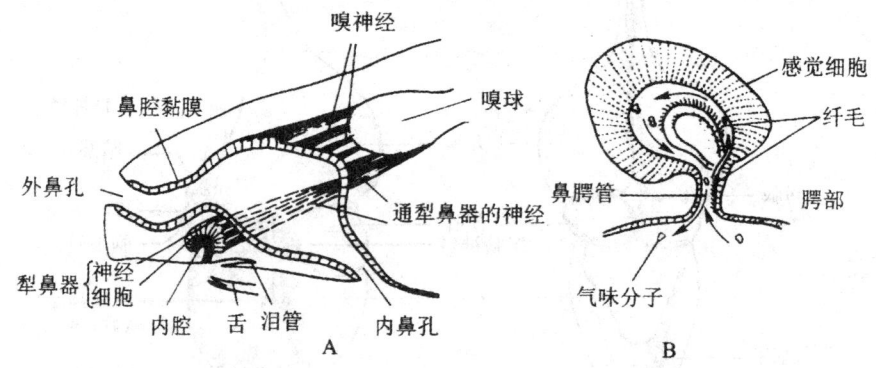

图 6-17　蜥蜴的犁鼻器(A)及局部放大(B)(引 Halliday)

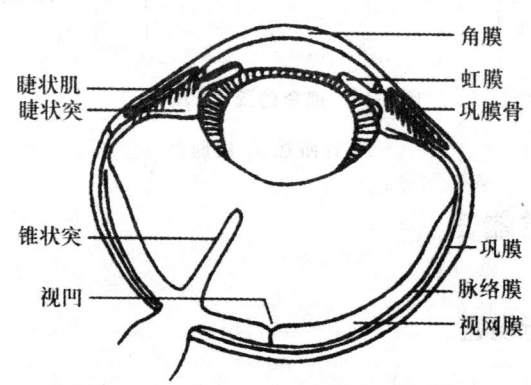

图 6-18　爬行动物眼球的剖面(引 Pearson 和 Ball)

楔齿蜥和一些蜥蜴有发达的顶眼(具角膜、晶状体和视网膜),能感光但不能成像,与动物感觉光照强度、时间以及调节体温和生物节律有关。

(三)听觉器官

大多爬行类不仅具有内耳和中耳,而且鼓膜下陷形成了锥形的外耳道。内耳的球状囊已分化出较明显的司听觉的瓶状囊。鳄的瓶状囊延长卷曲形成锥形(cochlea)。声波经鼓膜、耳柱骨至前庭窗传入内耳。外淋巴与瓶状囊基部的感觉毛细胞,仅隔一层基膜,外淋巴液流动、基膜震动激发感觉毛细胞,兴奋经听神经,传入脑,产生听觉。

穴居生活的蛇类,鼓膜和耳咽管退化,仅留耳柱骨,不能感受空气的声波,却能通过方骨和耳柱骨感受经地面传来的声波。

(四)其他特殊感受器

蝰科(蝮亚科)及蟒科蛇类具有感知环境温度微小变化能力的热能感受器,即红外线感受器(infrared receptor)(图6-19)。蝮亚科蛇类鼻孔与眼睛之间的一个陷窝,窝内有一薄膜,其上密布神经末梢和线粒体,能感知0.001℃的温度变化,此为颊窝(ioreal pit)。还有蟒科蛇类位于唇鳞处的一个凹陷,呈裂缝状,结构与颊窝相似,能感知0.026℃的温度变化,称为唇窝(labial pit)。

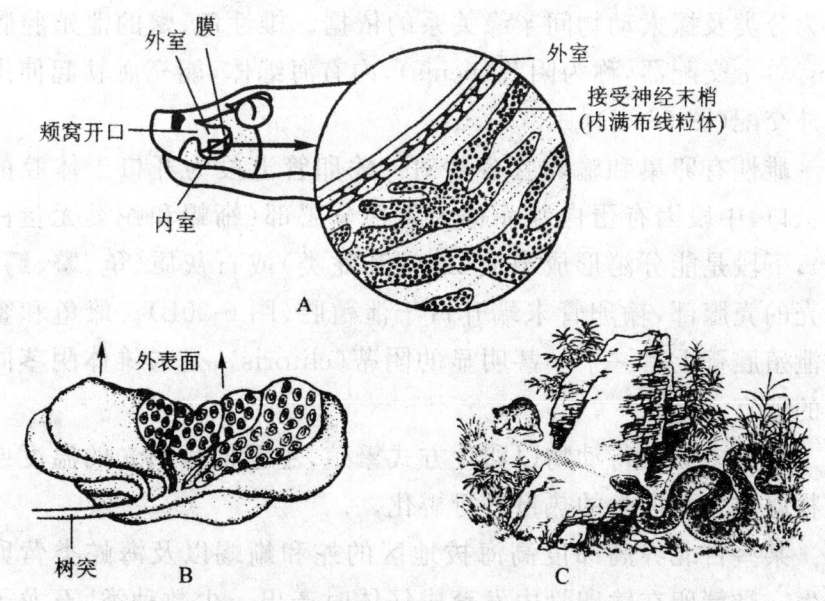

图6-19 蝰科蛇类的红外线感受器

A、B.颊窝的内、外室及膜上三叉神经末梢里的线粒体;
C.借红外线感受器捕食示意图(引丁汉波,Teraushima)

十一、生殖系统与生殖

爬行动物营体内受精。

雄性有精巢 1 对，精子通过输精管到达泄殖腔（图 6-20A）。泄殖腔内具可充血膨大并能伸出泄殖腔的交配器。蛇和蜥蜴的雄性交配器是 1 对半阴茎（hemipenis），平时不显露体外，埋藏在泄殖腔后方而位居尾基腹面的两个肌质的阴茎囊中，故有些种类的雄蜥尾基部常显得比较膨大。阴茎囊由薄层的环肌构成，收缩时能压挤半阴茎而使之翻出泄殖腔外，囊的末端借韧带联结在尾肌上。半阴茎的腹面正中有深凹的精沟，并由其前方分叉至顶端的龟头。交配时，两个半阴茎同时由泄殖腔内翻出（图 6-20C），但是只有一侧的半阴茎插入雌体泄殖腔中，输精管内的精液沿着半阴茎的精沟注入雌性体内。不同种类雄体的半阴茎形态不一，可作为分类及探索动物间亲缘关系的依据。雄性龟、鳖的泄殖腔腹面有单个交配器，称为阴茎（penis），内有海绵体，能充血勃起伸出体外交配（图 6-20D）。

雌性有卵巢和输卵管各 1 对。输卵管上段为开口于体腔的喇叭口，中段因有蛋白腺而称为蛋白分泌部（蜥蜴和蛇类无蛋白腺），下段是能分泌形成革质（蜥蜴和蛇类）或石灰质（龟、鳖、鳄）卵壳的壳腺部，输卵管末端开口于泄殖腔（图 6-20B）。雌龟和鳖在泄殖腔壁上有一个不甚明显的阴蒂（clitoris），是与雄体阴茎同源的器官。

绝大多数爬行动物以卵生方式繁殖，主要依靠阳光的温度或植物腐败发酵产生的热量进行孵化。

某些古北界高纬度高海拔地区的蛇和蜥蜴以及海蛇类营卵胎生。受精卵在输卵管内发育成仔体时产出。少数种类[石龙子（*Eumeces chinensis*）、蓝尾石龙子（*E. elegans*）]的受精卵在母体的输卵管内已初步发育，至产卵前进入器官形成阶段，并出现了脑泡及眼点等，是介于卵生和卵胎生之间的一种过渡类型，可称为亚卵胎生。

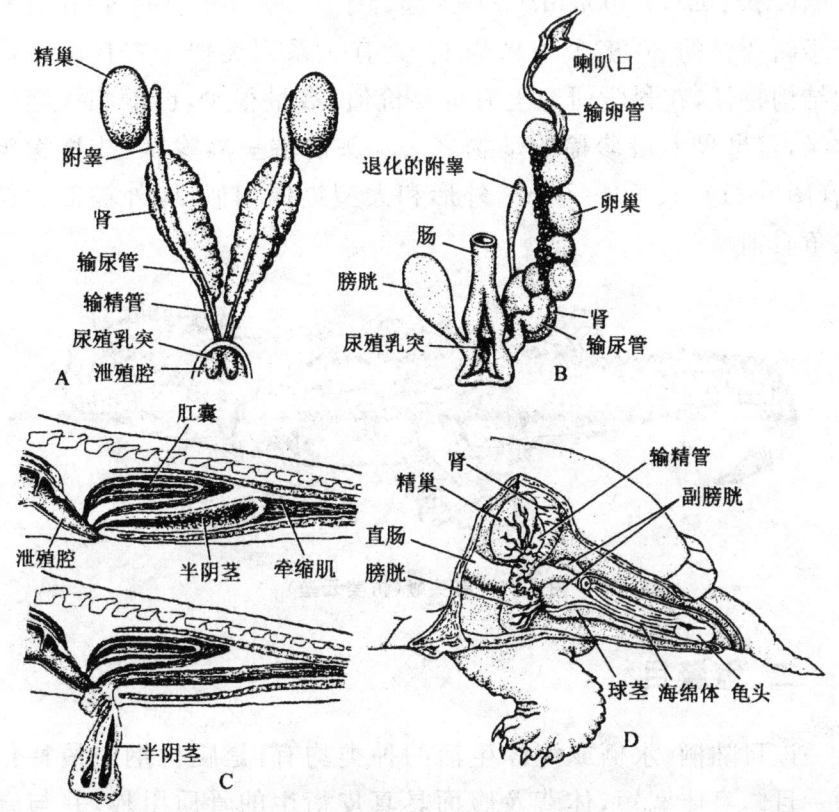

图 6-20 爬行动物的泄殖系统

A.雄性系统解剖；B.雌、雄性系统解剖；C.蛇的半阴茎；D.龟的阴茎结构

第三节 爬行纲的分类

世界现存的爬行类有 7220 余种，分属 4 个目，即喙头目、龟鳖目、有鳞目和鳄目。我国有 380 余种，除喙头目外，其余 3 个目在我国均有分布。

一、喙头目

本目是爬行类中最古老的类群之一。现仅存 1 属 1 种，即楔齿蜥(*Sphenodon punctatim*),为起源于1700万年前的"活化石"。产于新西兰的30多个小岛屿上,具有一系列类似于古代爬行类的结构特征,在科学研究上有重要价值,数量很少,已濒临灭绝的边缘,是世界上最珍稀的动物之一。头前端呈鸟喙状,故称喙头蜥(图6-21),长50~76cm,外形和大型蜥蜴相似,体外被覆颗粒状角质细鳞。

图6-21　喙头蜥(仿姜云垒)

二、龟鳖目

该目陆栖、水栖或海洋生活的种类均有,是爬行纲中最特化的一目。身体宽短,体背及腹面具真皮衍生的骨质甲板,并与脊椎骨和肋骨愈合。甲的表面覆以表皮衍生的角质盾板(龟类)或软皮(鳖类)。胸廓不能活动,颈椎和尾椎是游离的,头和尾可自由伸缩。四肢粗短有的具爪或变成鳍状。上、下颌均无齿,但有角质鞘。舌不能伸出。具眼睑。体内受精,卵生。

世界上现存的龟鳖类270多种,我国产38种,分布于热带及温带地区。如图6-22所示为龟鳖目常见的几种代表动物。

(一)平胸龟科(Platystemidae)

头大,尾长,均不能缩入壳内。颌呈强钩曲状,颞部完全为骨片覆盖。背甲扁平,通过下缘盾以韧带与腹甲相连。四肢发达,指、趾长而具骨髁,具蹼。生活于山区溪流中。本科在我国仅1属1种,即平胸龟(*Platysternon megacephalum*)。该种善于攀缘,可爬树及攀登崖壁,野外已较罕见。分布于中南半岛及我国华南、华东、华中一带。

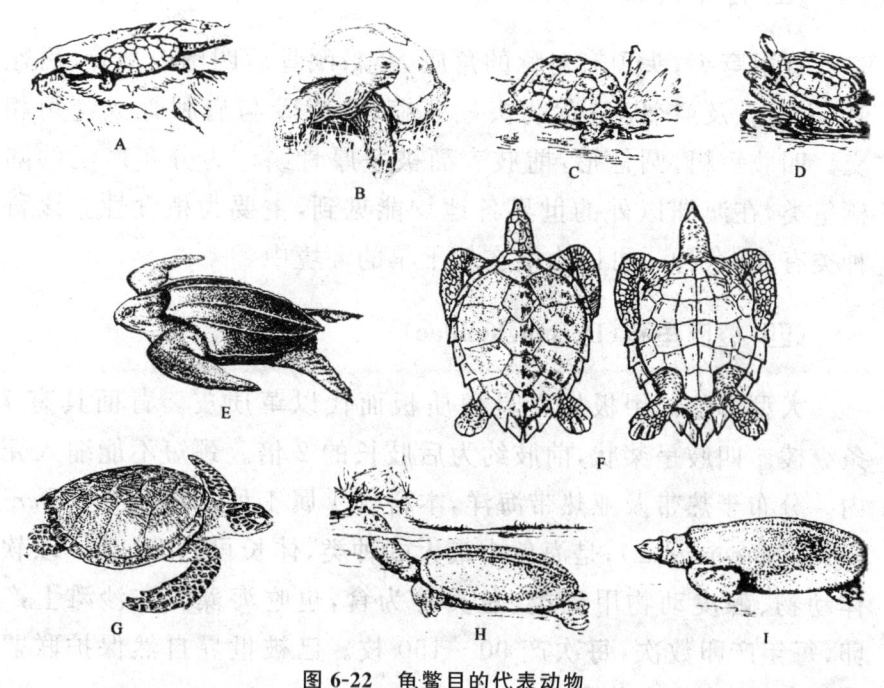

图6-22 龟鳖目的代表动物

A.大头龟;B.象龟;C.四爪陆龟;D.黄缘闭壳龟;E.棱皮龟;F.玳瑁;
G.海龟;H.鳖;I.斑鼋

(二)龟科

龟鳖目中种类最多的一个科,有90余种。水栖(淡水)、半水栖或陆栖。背甲与腹甲直接相连。头较小。颈部、尾部和四肢均可完全缩入甲中。甲板外被以角质盾片。四肢粗壮、不呈桨状,爪钝而强。趾间具蹼。草食或杂食性。

乌龟(*Chinemys reevesii*)又称金龟,是我国最习见的龟类,除东北及青藏高原外,其他各省均有分布。四爪陆龟(*Testudo horsfieldi*)生活在内陆草原地区,我国仅产于新疆霍城县。数量稀少,现被列为国家Ⅰ级重点保护动物。常见的还有黄喉拟水龟、中华花龟、黄缘闭壳龟和巴西彩龟等。

(三)陆龟科(Testudinidae)

背甲穹突,头顶有对称的角质大鳞;颅骨后凹围以顶骨、后额骨、方轭骨及鳞骨等;背肋头端萎缩;乌喙骨与肩胛骨成钝角相交。四肢短粗,圆柱形,前肢表面被坚厚骨鳞。为分布广泛的陆栖龟类,在澳洲以外的世界各地均能见到,主要为植食性。该科种类有40余种。可以生活在较干旱的环境中。

(四)棱皮龟科(Dermochelidae)

大型海龟。甲板外不具角质板而代以革质皮。背面具有7条纵棱。四肢呈桨状,前肢约为后肢长的2倍。颈短不能缩入壳内。分布于热带及亚热带海洋,本科仅1属1种,即棱皮龟(*Dermochelys coriacea*),是海龟中最大的种类,体长可达2.4m。以软体动物、棘皮动物甲壳类、鱼类等为食,也吃海藻。在沙滩上产卵,每年产卵数次,每次产90～150枚。已被世界自然保护联盟(IUCN)列为极危物种。

(五)海龟科(Cheloniidae)

中、大型海龟。甲板外被角质鳞板,背甲上无纵行棱。背腹甲之间由韧带相连。四肢特化为桨状,指(趾)端具1～2爪或无爪。头、颈和四肢不能缩入壳内。分布于热带或亚热带海洋。我国代表种类为玳瑁(*Eretmochelys imbricata*),体长约60cm;背甲共13块,覆瓦状排列;甲的边缘有锯齿状突起;上、下颌角质鞘弯曲呈喙状;以海洋动物为食。产于我国的南海及东海,已被IUCN列为极危物种。

(六)鳖科(Trionychidae)

中、小型淡水龟类。甲板外被革质皮。背甲边缘具裙边。吻长成管状,鼻孔即开于吻的尖端。颈能缩入甲内,但四肢不能,趾间具蹼,内侧3指(趾)具爪。分布于非洲、亚洲南部、澳洲及北美等地。我国常见种类为中华鳖(*Pelodiscus sinensis*),俗称甲鱼、团鱼,几乎遍布全国。栖居于河流、湖泊中,有时上岸,但不能离开水源很远。甲鱼为著名食品及滋补品,已大规模人工养殖。

三、有鳞目(Lacertiformes)

包括两个亚目,身体一般长形,被角质鳞片,一般无骨板;双颞窝,但蜥蜴亚目失去颞下弓,仅保留颞上窝,蛇亚目颞下弓和颞上弓均缺失,因此无颞窝痕迹;椎体低等类群为双凹型,大多数为前凹型;雄性具一对交配器;泄殖腔横裂;犁鼻器发达。

(一)蜥蜴亚目(Lacertilia 或 Sauria)

是爬行动物中最多的一个类群。躯体各部分区明显,有发达的颈部和细长的尾部,多数种类四肢发达,指、趾 5 枚,末端有爪;少数种类四肢退化或缺失,但仍残留有肩带、腰带和胸骨;多数眼睑可动;舌扁平形,能伸缩,但无舌鞘;鼓膜、鼓室及耳咽管一般均存在。陆栖,也有树栖、半水栖或穴居种类。除南极洲外,广布于全球。现存约 5000 种,我国已知约有 160 种(图 6-23)。

1. 壁虎科(Gekkonidae)

椎体双凹型;头顶无大型角质鳞片,皮肤柔软,具颗粒状角质鳞;无活动眼睑,瞳孔垂直状;指(趾)端具吸盘,善于攀缘。如大壁虎(*Gekko gecko*)、无蹼壁虎(*G. swinhonis*)。

2. 鬣蜥科(Agamidae)

椎体双凹型;头顶无大型对称的角质鳞,身体被方形角质鳞,多数呈覆瓦状排列,背鳞具棘;四肢发达,指(趾)端具爪;尾细长不易折断;有些种类身体扁平,体侧具皮膜。如斑飞蜥(*Draco maculatus*)、草原沙蜥(*Phrynocephalus frontalis*)。

图 6-23　蜥蜴亚目的代表动物

A. 多疣壁虎；B. 大壁虎；C. 斑飞蜥；D. 巨蜥；E. 滑蜥；F. 蓝尾石龙子；G. 胎生蜥；
H. 丽斑麻蜥；I. 北草蜥；J. 蛇蜥；K. 鳄蜥；L. 三角避役；M. 短尾毒蜥；N. 草原沙蜥

3. 石龙子科（Scincidae）

身体中小型，头顶具大型对称的角质鳞片，体表被覆瓦状排列的光滑圆鳞，角质鳞下有骨板；四肢发达或退化；具五指（趾）；眼较小，多数具活动眼睑，瞳孔圆形；鼓膜深陷或被鳞；舌尖端分叉，具鳞片状突起；尾较粗，易断，能再生；无股孔或鼠蹊孔。如中国石龙子（*E. chinensis*）、蓝尾石龙子（*E. elegans*）。

4. 蜥蜴科（Lacertidae）

身体中小型，头顶具大型对称的角质鳞片，体背被棱鳞或平滑的颗粒鳞,腹鳞方形或矩形;四肢发达;具发达的活动眼睑,瞳孔圆形;耳孔显露;舌长,前端分叉或具深刻;尾长,易断,再生能力强;具有股孔或鼠蹊孔。如丽斑麻蜥(*Eremias argus*)、北草蜥(*Takydromus septentrionalis*)。

5. 巨蜥科(Varanidae)

为大型种类,头顶无对称排列的大型角质鳞片;身体背面被圆形或卵圆形的鳞片,每一鳞片周围具细粒状鳞,腹鳞四边形;四肢强壮,指(趾)端具爪;尾长,无自截能力。如巨蜥(*Varanus salvator*)。

(二)蛇亚目(**Serpentes** 或 **Ophidia**)

体长 0.1~11 m 的穴居及攀缘爬行动物。附肢退化,不具肩带及胸骨。左右下颌骨在前端以弹性韧带相联结。眼睑不可动。外耳孔消失。舌伸缩性强,末端分叉。除南极洲以外,广布于全球,约 3200 种(图 6-24)。

1. 盲蛇科(Typhlopidae)

体似蚯蚓,满被圆鳞,尾短。眼退化,隐于鳞下。口小,下颌无齿。腰带退化,后肢有痕迹。世界约 50 种,分布于大洋洲、非洲及东南亚。我国产 5 种,以钩盲蛇(*Ramphotyphlops braminus*)最常见,广布于长江以南地区。

2. 蟒科(Boidae)

地栖或树栖性种类,体长从不足 1 m 的沙蟒到可达 11 m 的蟒蛇,是蛇类中较低等的类群。体被较小型鳞片,腰带退化,尚具有退化的股骨痕迹。在泄殖腔两侧有一对角质的爪状物,即退化的后肢残迹。有成对的肺。卵生或卵胎生(沙蟒)。卵生种类中有的具有孵卵行为,母蟒借肌肉节律性收缩能升高体温,有助于卵的孵化。分布于热带及温带的某些地区。

图6-24 蛇亚目的代表种类

A.盲蛇；B.蟒蛇；C.黑眉锦蛇；D.红点锦蛇；E.黄脊游蛇；F.赤练蛇；
G.眼镜蛇；H.银环蛇；I.丽纹蛇；J.长吻海蛇；K.蝮蛇；L.尖吻蝮；M.竹叶青；
N.响尾蛇；O.草原蝰

本科种类不具毒牙，主要是将捕获物缠绕绞杀致死，这种习性与众不同。以热血动物为食，大多数种类发展了与这种食性相适应的热能感受器——唇窝(labral pit)。我国西北荒漠地带分布的沙蟒(*Eryx miliaris*)以及南方林栖的蟒蛇(*Python molurus*)为本科的典型代表。

3. 蝰科(Viperidae)

陆栖、树栖或半水栖。体粗壮,头较大,尾短。上颌骨宽短,且能活动,张口时可以呈直立状态。上颌前端具一对管牙。全为毒蛇,卵胎生。主要以温血动物为食,多以伏击方式毒杀后吞食。根据头部颊窝的有无及顶鳞的大小,可分为蝮亚科(Crotalinae)、蝰亚科(Viperinae)和白头蝰亚科(Azemiopinae)。蝮亚科与蝰亚科之间的主要区别在于前者的眼与鼻孔之间具颊窝,后者无。白头蝰亚科仅1属1种,仅见于中国和越南。

我国常见的种类有各种蝮蛇(*Gloydius*)、尖吻蝮(*Agkistrodon acutus*)和竹叶青(*Trimeresurus stejnegeri*)等。

4. 游蛇科(Colubridae)

陆栖、树栖或水栖。颌骨水平着生并构成上颌的大部分。无沟牙(aglyphous)或后沟牙(opisthoglyphous)。卵生或卵胎生。本科种类繁多(蛇类的9/10属此),分布几遍全球。我国常见种类有赤练蛇(*Dinodon rufozonatum*)、黑眉锦蛇(*Elapl taeniurus*)和中国水蛇(*Enhydis chinensis*)。

5. 眼镜蛇科(Elapidae)

陆栖或树栖。颌骨一般较短,有一对长形前沟牙(proterdglyphous)。尾不侧扁(与海蛇科的主要区别)。分布于美洲、亚洲、非洲和澳洲。我国常见种类有眼镜蛇(*Naja naja*)、金环蛇(*Bungarus fasciatus*)和银环蛇(*Bungarus multicinctus*)均为剧毒蛇类,主要分布于华南一带。

四、鳄目(Crocodiliformes)

鳄目是爬行动物中最高等的类群,心室完全分隔;次生骨质腭完整,内鼻孔后移;槽生齿;外形明显分为头、颈、躯干、尾和四肢,体表被角质鳞,背部和尾的角质鳞下具有真皮骨板;眼较大,具眼睑和瞬膜；耳孔小，外具耳孔瓣；四肢较短，前肢五指，后肢四趾，指（趾）间具蹼，内侧三指（趾）具爪；泄殖孔纵裂；雄性具单个交配器。现存共 23 种，我国现存 1 种，即扬子鳄（鼍）（*Alligator sinensis*）。

第四节 海龟的生态

一、生殖与孵化

（一）海洋龟类的交配与受精

在自然条件下，海龟经过 4～6 年或更长的时间达到性成熟。当繁殖季节雌雄龟洄游到繁殖区，在近海水域交配。交配期的雄龟性情粗暴，常将雌龟抓伤。对交配后何时受精有两种见解：卡尔（Carr,1965）认为海龟在产卵季节的早期交配，变配时母体中的一些卵已形成了卵壳，因而当季交配就不可能使当季的卵受精。弗雷泽（Frazicr,1971）认为延迟受精的理论缺乏证据，对雌性生殖道中保存精子的机制一无所知，并指出第一次性成熟的海龟进行数千千米的生殖洄游就是为了繁殖后代，但交配后要等长时间（2～3 年）再产生受精卵似乎是不适当的。

（二）挖坑产卵

海龟皆到高潮线以上的海滩挖坑产卵。抵达繁殖区的海龟爬上海滩，选好地点后便清理巢址，然后挖坑，将卵产入后再填产卵坑，至此繁殖行为结束，选择归海路线返回海中。

海龟在登陆挖坑过程中易受外界刺激，受惊时则中止活动快速逃向海中，平静后再重新登陆。但自产卵至埋卵填坑阶段则不顾外界干扰和影响，持续其繁殖活动，因此科学工作者的观察、测记、研究及标志放流等工作多在此时进行。

各种海龟的每窝卵子数和卵粒大小相差不大,棱皮龟 92～110 个,卵径平均 53mm;海龟卵有 105～160 个,蠵龟为 100～125 个。

(三)海龟产卵群体的数量统计

对某一产卵场雌龟数量的统计是研究海龟在某一地区种群变动的基础工作。群体数量的估计,一般采用取样调查法,常见的有两种。(1)样方法:在若干样方中计数全部个体,然后将其平均数推广,来估计种群全体。但样方必须具有良好的代表性,不能只选在高数量区或只选在低数量区,而应以随机取样法来保证取样的合理性。(2)标志重捕法(mark recaptu methods):在调查地段中,捕获部分个体进行标志,然后放回,经一定期限后进行重捕。将调查地段全部个体数记作 N,其中标志数为 M,再捕个体数为 n,再捕中标记数为 m,根据总数中标志的比例与重捕样中比例相同的假定,就可以估计出 N,即

$$N : M = n : m, N = M \times \frac{n}{m}$$

(四)孵化

各类海龟的卵皆埋在沙中自然孵化。目前用木箱或塑料盒等容器进行半人工孵化已被广泛应用。20 世纪 60 年代初期中国科学院动物研究所黄祝坚先生从我国南海采回一批海龟卵,放在木箱中自然孵化成一批幼龟。此事说明海龟受精卵孵化条件并不苛刻。但一般认为各种海龟在沙中自然孵化需 50～60d 的时间。

二、食性

据对各种海洋龟类胃含物的分析知,棱皮龟、蠵龟、玳瑁主要是肉食性,海龟基本是草食性的。棱皮龟一般生活于远洋,躯体较大,体重常超过 500kg。其上、下颌边缘具锐利角质,食物主要为海蜇、被囊类、小鱼虾等小型动物及海藻等,实属杂食性。蠵龟

以多种底栖无脊椎动物为食,其中以蟹类为主,亦兼食鱼类。玳瑁栖息于热带岩礁海区,以海绵、被囊类、软体动物、苔藓虫等为食,偶尔亦食海藻或海草;海龟主要以海草为食,亦兼食海藻,在人工饲养条件下并不拒食动物性食物。

三、生长

研究海龟的生长多用标志法,如在夏威夷群岛标志壳长29.5~79.4cm 的海龟 629 只,间隔 2~37 个月后重捕 35 只,确认编号后得知壳长月增长为 0.38~0.52cm。现知海龟生长最快的海区是西佛罗里达,每月增长 0.75~5.26cm。生长速度的快慢与食物资源的多少有直接关系,而温度及其他环境因子影响较次。

在饲养条件下,海龟达性成熟需 4~13 年,据夏威夷群岛研究结果推算,从壳长 35cm 的未成熟个体至 81cm 的成熟个体需 87 年。蠵龟刚孵出时为 4.8cm,饲养 4.5 年为 63cm,年增长为 12.9cm;开始产卵的蠵龟壳长 75~100cm,平均 87.5cm,即需 5.7~7.7 年,平均 6.7 年达到性成熟。

四、冬眠

海龟是变温动物。其体温随水温而变化。当水温下降到 15%时,一些海龟即行冬眠。在加利福尼亚半岛的海龟群聚于水深 8~10m,水温 14℃的海底。但并非种群内所有个体皆冬眠,有些栖居在暖水的个体则仍然正常生活。蠵龟也有类似的情况。

五、洄游与导航

海龟是真正的洄游动物,据其繁殖周期有规律的在取食和繁殖地之间往返游动。研究方法主要靠标志放流和遥控遥测及电子跟踪等,但目前仍以前者为主。标志放流的龟,再据重捕的资料来确定其洄游路线、游泳速度和到达的地点。现在已知大西洋中部的阿森松岛有海龟繁殖地,而其最近食物基地在巴西,两地相距约 2500km。海龟在洄游过程中可能游向途中岛屿近岸取食红藻而暂停数目。

棱皮龟游泳能力较强,在所有龟类中洄游旅程最长,在圭亚那标志者游至西非的加纳,在墨西哥东南部的坎佩切湾等地被重获,游程超过 5000km。

一般认为,玳瑁生活在珊瑚礁海域,并在附近海滩繁殖,仅作短距离洄游。但也有标志重捕记录长达 1600km 的,如所罗门群岛的圣伊贝尔岛标志者在巴布亚新几内亚的莫尔斯比港重捕,行程 1600km。

标志蠵龟的工作较多,在南非通加兰海滩的被标志蠵龟,在马达加斯加、莫桑比克、坦桑尼亚重获,最远地游到坦桑尼亚的桑给巴尔,旅程 2880km。在美国佐治亚州的小昆布兰岛从 1964～1976 年共标志放流 617 只,有回捕记录的仅 18 只。他们曾测定到蠵龟的洄游速度为 63 天游 1770km(由昆士兰至达巴布亚新几内亚的直线距离)。

海洋龟类洄游的导航机制十分复杂,许多问题有待研究解决。诸如由阿森松岛向巴西东部沿海觅食洄游 2250km 以及刚孵出的幼龟能成功游回大海的事实,没有良好的导航能力就无法完成。Koch 等提出海龟是靠嗅觉和视觉来导航的解释尚不能自圆其说。但我们相信通过对海龟器官结构、神经生理活动与内分泌生化机理的深入研究,并结合电子探测技术的应用,不久即可解决这些疑难。

第五节 海蛇的生态

蛇体细长,通身被覆鳞片,分为头、躯干和尾三部分。颈部一般不明显,没有四肢。现今生活的蛇类约有 2500 种,隶属 11 科 400 属。以热带和亚热带分布的数量和种类最多,海蛇全部生活的海水中(大西洋没有),温带次之,寒带最少。水平分布范围,向北达北纬67°,南达南纬40°。垂直分布,海拔1000m之内蛇类最多,2000m较少,最高分布达4880m。其栖息环境多样,有水栖、陆栖、树栖和穴居类等。我国有173种,隶属8科53属。以广东、福建和云南最多,青海和宁夏最少。蛇类以动物为食,其食物对象,常由它昼夜活动时间决定:如食昆虫、鱼、蜥蜴和鸟类的多为白天活动;吃鼠类或泥鳅的多为夜间活动。蛇一般在春末夏初交配繁殖。多数为产卵繁殖,少数种类卵留在雌体子宫(输卵管后段)内,发育到相当时期才产出,卵产出来后不久孵出小蛇;也有在子宫内发育成小蛇,直接产仔。蛇多为1~2年性成熟,高寒地区3~4年成熟。最长寿命30年。

一、青环海蛇

青环海蛇($Hydrophls\ cyanocinuctus$ Daudin)体长,体胁部长,但不细,后部侧扁。体最大直径为颈径的2倍左右。最大雄性可达1755mm,最大雌性可达1967mm。头大小适中,头背黄橄榄色至深橄榄色,眼后及颞部可有黄斑,体背深灰色或铁灰色,腹黄橄榄色、淡黄色。具铁灰色或青黑色完全环纹,雌性46+7—71+7个,雄性47+6—76+9个。环纹在背部宽、色深,腹面窄,体侧最窄、色浅,年老的个体环纹在体侧及腹面隐约可见。腹鳞可有黑色。眶前鳞1,眶后鳞2,偶为1,有的标本右侧3;前颞鳞大多数为2,少数3枚,偶有1枚者;上唇鳞7~8,偶有6或9,2~3(2)~3(4,2)式;下唇鳞8~11,在第2枚或第3枚下唇鳞之后唇缘有一小列小鳞。体鳞颈部雄性27~31行,雌性27~35行,体最粗部雄性34~41行,雌性35~52行,覆瓦状排列,具棱,有时断裂成2~3个小结节,体最粗部略呈圆形;腹鳞雄性311~383,平均343,雌性293~376,平均332,体前段腹鳞宽约为相邻体鳞的2倍,后部稍窄,每片具二平行的短棱,通身清晰;尾下鳞雄性40~60,平均48;雌性38~53,平均42;肛前鳞般4枚,稍大。

上颌:毒牙后有上颌齿5~8枚。幼体淡黄色,整个头部及体前腹部黑色,眼后及鼻后可有黄斑,环纹黑色且完全,腹鳞黑色。头部颜色一般随年龄的增加而逐渐变浅,由黑色变成黄橄榄色。在肛前 24~28—33~38 腹鳞处均见"脐孔",为 4~6 鳞片长。成年雄性体鳞起棱强。本种以食尖吻蛇鳗为主。偶有其他鱼类。有人报道,解剖 7 月中旬采于浙江的雌性标本,右侧卵巢发育的卵 9 枚,左侧 5 枚。解剖 8 月底采于江苏沿海的雌性标本,右侧卵巢有卵 10~13 枚,左侧 8 枚,大者似黄豆,小者似绿豆。输卵管宽大、充血,似刚产完仔。解剖 9 月底捕于长江口外的次雌性标本,右侧卵巢含卵 10 枚,左侧 6 枚,均似拉长的黄豆。每年夏季 8 月后见有刚产完卵的雌体。每次可产仔 3~15 条。

地理分布:我国分布于辽宁、山东、上海、江苏、浙江、福建、台湾、广东、广西和海南岛。国外分布于由波斯湾经印度半岛沿海至日本及印度和澳大利亚海域。

二、平颏海蛇

平颏海蛇[$Hydrophis\ curtus$(Shaw)]一般体长 700mm 左右。头较大,吻突出于下颌;鼻孔位于吻背,左右鼻鳞彼此相切;前额鳞与第二枚上唇鳞相切,少数标本前额鳞一侧或两侧分裂形成一枚假颊鳞;额鳞短于其到吻鳞的距离;眼径与眼下缘至口缘间距相等:眶前鳞 1,个别为 2,眶后鳞 1(2);前颞鳞一般 2,偶有 1 或 3;上唇鳞 7,2-2—3 式,最后 2~3 枚较小;颔片两对,常相切,有的为 1~2 列小鳞所隔,有的标本颔片分化不明显。颈较粗,自径为体最粗部直径的 1/2 以上;颈部体鳞雄性 23~41 行,平均 30 行;雌性 25~37 行,平均 3,1 行。最粗部体鳞雄性 27~43 行,平均 31 行,雌性 27~39 行,平均 37 行;体鳞六角形或方形,镶嵌排列各具一短棱;腹中线前侧各 4 行,体鳞较大,棱亦强,在成年雄性呈强棘状;腹鳞除最前部外,均较相邻的体鳞小。或退化、消失,断续地嵌于体鳞之间;肛鳞略大。头背黄橄榄色至深橄榄色。体黄橄榄色,且 29+4~50+5 个深橄榄色宽横斑,在脊部彼此相距 1~2 枚鳞宽;横斑在体侧下方尖出呈三角形,有的标本横斑渐细,并向腹部延伸,形成完全的环纹;腹部淡土黄色。

地理分布:我国分布于山东(青岛)、福建、台湾、香港、海南(莺歌海、夜莺岛、八所)、广西(北海涠洲、东兴)。国外分布于东印度洋向东经印澳海域到澳大利亚北部沿海及菲律宾沿海。

三、海蝰

海蝰[*Praescutata viperina*(Schmidt)]头短,与颈部区分不明显;体较粗短,略侧扁,尾侧扁。全长雄性(1000+108)mm,雌性(956+90)mm。背面青灰色,腹面灰白色或灰黄色,背腹两种颜色在体侧截然划分或渐趋过渡;多数个体在背面可辨出深色菱形斑纹33~43+3~6个,菱斑一般不达腹面。鼻孔上位,无鼻间鳞;眶前鳞1,常共1枚眶前下鳞,眶后鳞2(1、3),标本编号CIB655093,左侧为4;颞鳞变化颇大数目各异,多为2(1,3)+2(3,4). 标本编号 SM765021.右侧后颞鳞5;上唇鳞7或8,多为3-1-3或3-2-3式;标本编号 CI8655092,右侧为9,4-1-4式;个别标本有若干枚上唇鳞横裂为二,有少数标本上唇鳞不入眶,被1~2枝眶下鳞所隔;下唇鳞8或9,偶为7或1。多数标本前3或4枚下唇鳞与前颔片相切,有时在下唇口缘嵌有若干枚小鳞。体鳞多少呈六边形,镶嵌排列,具棱或结节,颈部27~35行,体最粗部39~52行;腹鳞明显,纵贯全身,在体前段较宽大,向后渐小,后段窄小。雄性236~291,雌性241~300;尾下鳞单行,雄性37~54,雌性36~54。半阴茎达第二十八尾下鳞处,长52mm。

终生生活于海水中,一般均栖于浅海区;主要捕食鱼类;卵胎生。

地理分布:我国分布于辽宁、福建(平潭、连江)、台湾、广东(甲子、汕尾)、广西(北海)、海南(海口、东方)。国外分布于从波斯湾到孟加拉湾,经马来半岛沿海到印度尼西亚、泰国湾及南太平洋。

第六节　爬行动物与人类的关系

一、爬行动物资源

(一)珍稀种类

我国共有爬行动物近 400 种,隶属于 3 目 25 科 125 属,约占全世界爬行动物总数的 6.15%,其中,我国特产种类有 113 种,有许多种类具有重要的科学研究价值和经济价值。在爬行动物中有国家Ⅰ级重点保护动物 6 种,国家Ⅱ级重点保护动物 11 种,分别占爬行动物总数的 1.5% 和 2.8%。

(二)维持生态平衡

大多数爬行类是杂食或肉食性动物。许多蛇类多以鼠为食。蜥蜴类大多捕食各种有害昆虫,消灭大量农业害虫。壁虎类的食谱中包括蚊、蝇等传染疾病的害虫。许多爬行动物又是食肉兽和猛禽的食物及能量的来源之一。因此,爬行动物对维持陆地生态系统的稳定性具有重要作用。

(三)科学研究

在科学研究上,由于爬行动物的古老历史,多种爬行动物在解决动物门类起源和演化上扮演着重要的作用。蛇类对地壳内部的剧烈震动、地温升高及地面发生反复无常的倾斜运动等,具有很强的敏感性,因而可能在地震前表现出反常的行为。随着仿生学的发展,科学家还根据毒蛇颊窝的构造及其独特的热测位器作用,把研究成果应用到红外线测位仪上,并制成具有高度精确性和能追踪飞机、潜艇、车辆的响尾蛇导弹及火箭自导装置等。海龟洄游路线的导航机制可启发改善航海仪器的研究。也有人认为,龟类背甲符合最优结构的薄壳结构理论,在大型建筑设计上有借鉴之处。

(四)食用价值

可供食用的爬行动物虽然不是很多,但食用价值独特。蛇肉不仅味道鲜美可口,且营养价值高。据分析,蛇肉含有脂肪、蛋白质、糖类、钙、磷、铁以及多种维生素,可与鸡肉、牛肉相媲美。蝮蛇肉含有全部的人体必需氨基酸。常吃蛇肉可提高免疫力,增进健康,延年益寿。所有的蛇类均可食用,但一般情况下,食用仅限于大型种类,如无毒蛇中的赤峰锦蛇、黑眉锦蛇、王锦蛇、乌梢蛇、灰鼠蛇、滑鼠蛇等。眼镜蛇、眼镜王蛇、金环蛇、尖吻蝮、蝰蛇和各种海蛇等毒蛇也有较高的食用价值。鳖肉是著名的滋补食品,可食用的龟类有海龟、太平洋丽龟、平胸龟、乌龟和黄喉拟水龟等。

(五)药用价值

在我国,爬行动物入药有着悠久的历史,早在春秋战国时期的《山海经》中就有记载。《本草纲目》中收集了7种药用爬行类。在我国各地民间流行的医药偏方中,广泛应用多种爬行动物。

龟甲均可入药,称"龟板",含有胶质、脂肪、钙盐等成分,具补心肾、滋阴降火、潜阳退蒸、止血等功效,是大补阴丸、大活络丹、再造丸等中成药的主要原料之一。鳖的背甲入药称"鳖甲",主要成分有动物胶、角蛋白、碘、维生素等,具养阴清热、平肝熄风、软坚散结等功效,以其为原料制成的中成药有二龙膏、乌鸡白凤丸等。鳖肉也有滋阴凉血、补中益气、解毒截疟、补脾益肾等功效。此外,龟鳖类的头、血、卵、胆、脂肪等均可入药。

可以入药的蜥蜴类有近20种,其中最负盛名的是大壁虎,中药名为蛤蚧,具有补肾、温肺、定喘、止咳、壮阳等功效,用于治疗虚劳喘咳、咯血、消渴、神经衰弱、肺结核、阳痿早泄、气管炎等疾病。无蹼壁虎、多疣虎、铅山壁虎等具有祛风活络、散结止痛、镇惊解痉等功效。蓝尾石龙子、中国石龙子等有解毒、散结、行水等功效。原尾蜥虎有祛风、定惊、散结、解毒等功效。草原龙蜥有散结、解毒等功效。

绝大多数蛇类都能入药,在我国广泛应用的具药用价值的蛇类有 30 多种。蛇肉、蛇胆、蛇蜕、蛇血、蛇骨、蛇卵、蛇粪、蛇油、蛇皮、蛇鞭、蛇内脏、蛇毒等都有药用价值。如蛇蜕的中药名叫龙衣,有杀虫祛风的功效,可治疗疮痈肿、惊痛、咽喉肿痛、腰痛、乳房肿痛、痔漏、疥癣和难产。还可用蛇蜕煅灰混香油治中耳炎,或装入鸡蛋中煮熟服用治疗颈淋巴结核。蛇胆具有祛风湿、舒筋活络、止咳化痰、清暑散寒等功效,可治疗带状疱疹、米丹毒、血管硬化、漏疮、冻伤、烫伤、风湿关节痛、咳嗽多痰、小儿惊风、高烧等症,制成的中成药有蛇胆川贝液、蛇胆陈皮末、蛇胆半夏散等。蛇肉的药用价值较高,闻名中外的"三蛇酒"就是蛇与酒泡制而成,具有祛风活络、舒筋活血、祛寒湿、攻疮毒等功效。蛇鞭具有补肾壮阳,温中安脏等功效。

蛇毒是毒蛇毒腺分泌的蛋白质或多肽类物质,含有多种酶类,具有很强的毒理作用。关于蛇毒的研究目前已发展成为生物科学中的一个热门,它涉及医学、生物学和分子生物学,有重要的理论和实践意义。目前已经从蝮蛇中分离出多种有效成分,如磷酸二酯酶、蛇毒抗栓酶、清栓酶等,临床用于治疗脑血栓、血栓闭塞性脉管炎、冠心病等疾病。制成的眼镜蛇毒注射剂具有比吗啡更有效、更持久的镇痛作用,对于三叉神经病、坐骨神经痛、晚期癌痛、风湿性关节痛等顽固性疼痛有明显的疗效。蛇毒还可以治疗胃、十二指肠溃疡等病症。

(六)工艺用途

蟒蛇、鳄、巨蜥等皮张面积大,皮板厚、韧性强,可以制革,作为制造皮箱、皮鞋、皮包的原料。蛇皮皮质轻薄、柔韧,且有美丽的饰斑,不但可以制作皮革,还是制作胡琴、手鼓、三弦等乐器的琴膜必不可少的原料。玳瑁的背甲具有独特花纹,历来是制作眼镜架或其他工艺品的上等原料。太平洋丽龟的甲可用于做装饰品。

二、毒蛇的危害与防治

毒蛇和鳄鱼是爬行动物危害人类及其他动物类群的重要方面。其中尤以毒蛇伤人最为严重。据估计,全球每年有数十万人被毒蛇咬伤,蛇伤致死达3万~4万人,其中多在亚洲热带地区。我国每年有很多人被毒蛇咬伤,其中两广地区蛇害较为严重。此外,毒蛇还伤害猪、牛、马等畜禽动物,给农业生产造成一定损失。

我国几种常见毒蛇的头部形态及体纹特征见图 6-25 和图 6-26。

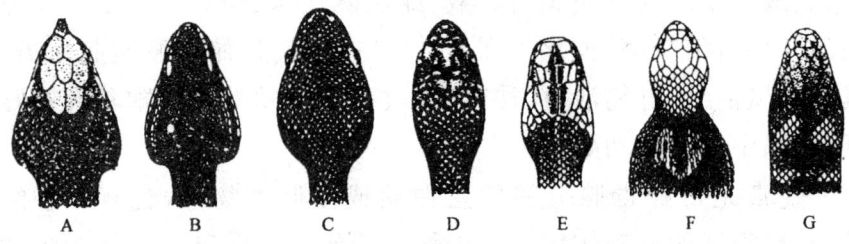

图 6-25 几种常见毒蛇的头部

A. 尖吻蝮;B. 烙铁头;C. 竹叶青;D. 草原蝰;E. 白头蝰;F. 眼镜蛇;G. 海蛇(仿赵肯堂)

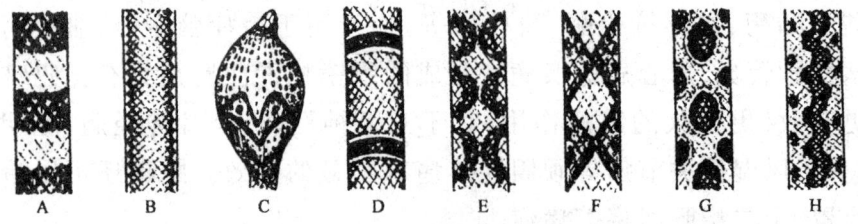

图 6-26 几种常见毒蛇的体纹

A. 银环蛇;B. 竹叶青;C. 眼镜蛇;D. 丽纹蛇;E. 蝮蛇;
F. 尖吻蝮;G. 蝰蛇;H. 草原蝰(仿赵肯堂)

如果被毒蛇咬伤,在条件许可下应立即将蛇击毙,即刻带蛇就医,根据毒蛇的种类来采取对症治疗是极为必要的。假如确系毒蛇所咬,就会在伤口处留有两个大而深的牙痕,发红的伤口灼热疼痛,在几分钟内显著地肿胀起来,并迅速扩展肿胀范围,同时还会发生头晕、抽搐、昏睡等症状。

  毒蛇咬伤的紧急局部处理原则是尽快排除毒液，延缓蛇毒的扩散，以减轻中毒症状。一般应立即在伤口上方 2～10cm 处用布带扎紧，阻断淋巴和静脉血的回流，并每隔 15～20min 放松布带 1～2min，以免血液循环受阻，造成局部组织坏死；注射抗蛇毒血清后，可解除结扎。结扎后，应用清水、盐水或 0.5% 的高锰酸钾溶液反复冲洗伤口。此外，还可使用扩创排毒（被尖吻腹或蝰蛇咬伤不宜采用此法）、拔火罐或口吸法等排除蛇毒。紧急处理后，要及时就近求医治疗。

  我国在蛇毒分析和蛇伤防治方面的研究均已取得重大成就。目前，除运用单价及多价抗蛇毒血清和 α-糜蛋白等特效药物治疗蛇伤外，还采用多种草药及研制成各种蛇药，极大地提高了毒蛇咬伤的治愈率。

第七章 鸟 纲

鸟纲是远古的爬行动物演化而来的,鸟类被覆羽毛、有翼、恒温、卵生的高等脊椎动物。俗话说:"麻雀虽小,五脏俱全",鸟类的身体构造符合爬行类的特征,但鸟类更为高级。

第一节 鸟纲的主要特征

鸟类是卵生的,体表覆盖羽毛,有羽翼的恒温的高等脊椎动物。确切地说,鸟类是在进化过程中由陆地走向天空的特殊的脊椎动物分支。总体来说,脊椎动物的进化是由水生到陆生的,从鱼类→两栖类→爬行类→哺乳类。而鸟类是从爬行动物杯龙类分化出并向空中发展的最独特的一类群体,在躯体结构和功能方面有很多特征与爬行类相似。

一、鸟类与爬行类的对比

鸟类和爬行类有很多共同点,但是又存在明显的区别,鸟类和爬行类的对比见表7-1。

表7-1 鸟类和爬行类的对比

鸟类与爬行类的共同点	鸟类进化的优点
(1)鸟类的羽毛与爬行类的鳞片都属于表皮衍生物,属同源器官; (2)鸟类与爬行类的皮肤都干燥,缺乏皮肤腺;	(1)体表被覆羽毛,流线型外廓,使重心集中在身体中央; (2)前肢特化为翼,龙骨突供胸肌附着,为飞行提供了强有力的支持;

续表

鸟类与爬行类的共同点	鸟类进化的优点
(3)胚胎是盘状卵裂,都是卵生的羊膜动物,排泄物是尿酸,以尿囊为呼吸器官; (4)头骨只有一个枕髁与寰椎相关节,后肢具有跗间关节	(3)气质骨,多愈合; (4)气囊发达,储气、增加浮力,使鸟类具有双重呼吸的能力; (5)无齿、无膀胱、直肠短及右侧卵巢、输卵管退化; (6)视觉极好

从表中的对比不难发现,鸟类之所以成为脊椎动物中最适应飞翔生活的一类,其生理功能和身体结构与飞翔生活相适应,以致鸟类能够适应各种非常特殊的生态环境,能够赢得空中自由,独成一统,牢固地占领空间领域,不受高山、大河和国界的限制,因而遍布全球。

二、恒温及其意义

鸟类和哺乳动物都属于恒温动物,这是动物进化历史的一个极为重要的进步性事件。高而恒定的体温,促进了体内各种酶的活动,从而大大地提高了新陈代谢的水平。根据测定,恒温动物的基础代谢率至少为变温动物的6倍。在高温下,机体细胞(特别是神经和肌肉细胞)对刺激的反应迅速而持久,肌肉的黏滞性下降,因而肌肉收缩快而有力,显著提高了恒温动物快速运动的能力,有利于捕食和避敌。恒温还减少对环境的依赖性,扩大了生活和分布的范围,特别是获得在夜间积极活动(而不像变温动物那样,一般处于不活动状态)的能力和得以在寒冷地区生活。有学者认为,这是中生代哺乳动物之所以能战胜在陆地上占统治地位的爬行动物的重要原因。

恒温动物体温均略高于环境温度,这是因为在冷环境温度下,机体散热容易。在低于环境温度下生活,会因"过热"而致死。但恒温动物的体温又不能过高,这除了能量消耗因素以外,更重要的是很多蛋白质在接近50℃时即变性。

恒温是产热和散热的动态平衡。产热和散热相当,动物体温即可保持相对稳定。鸟类和哺乳类之所以能迅速地调整产热和散热,是与具有高度发达的神经系统密切相关的。体温调节中枢(丘脑下部),通过神经和内分泌腺的活动来完成协调。

恒温的出现,是动物有机体在漫长的发展过程中与环境条件对立统一的结果。根据近年来的大量实验证实,其中的个别种类也可通过不同的产热途径来实现暂时的、高于环境温度的体温。

总之,变温动物的体温是直接受到外界气温影响的,随着外界气温的高低而升降。而恒温动物则不然,它们总是保持着相对稳定的体温,不受外界气温的影响。这一进步大大地加强了动物对环境适应的主动性,扩展了地理分布范围,摆脱了变温动物只能限制在比较温暖的地带,到冬天只有冬眠的被动状况。所以恒温的出现标志着动物体的结构和功能已向更高的水平进化发展了。鸟类的体温在高级中枢和内分泌的控制与调节下保持在37℃~44.6℃。这样相对稳定的体温,大大摆脱或减少了对环境的依赖,在生存斗争中占据了一定的优势。

第二节 鸟纲的形态结构与功能

一、外形

鸟类的躯体可分为四部分,即头、颈、躯干和尾,如图7-1所示。鸟类的嘴是皮肤的衍生物,角质化为喙(bill),用于啄食、筑巢、清理羽毛等作用,其形状随生活环境和食性不同而各不相同,如图7-2所示,作为鸟类分类的重要依据之一。鸟类的眼睛明亮而闪烁,呈圆形或椭圆形,着生在头的两侧,眼睑和活动的瞬膜保护着眼球。颈部细而长,活动灵活。身体呈纺锤形,如图7-3所示。外形呈流线型,有利于飞行。大多数鸟类尾部短小,末端着生扇状的尾羽(tail ferther)。鸟类的前肢为羽翼(wing),即翅膀,

第七章 鸟 纲

翅膀展开时面积大于躯体,后肢粗壮有力,在不飞翔时,全力支撑体重。足的下部有鳞片或兼被羽毛,足通常四肢(第五趾退化),趾端具角质爪,通常三趾向前,一趾(拇趾)向后,鸟类的足因种类而各不相同,如图 7-4 所示,也是用来分类的依据之一。

图 7-1　鸟躯体外形

图 7-2　鸟类的喙

G   H   I

图 7-2　鸟类的喙（续）

A.旋木雀；B.鸭；C.鹩；D.雨燕；E.鸦；F.锡嘴雀；G.斑鸠；
H.隼；I.秋沙鸭

图 7-3　鸟的外形——纺锤形

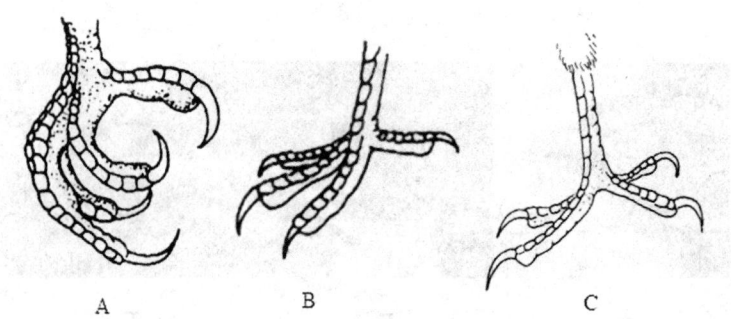

图 7-4　鸟类的足

A.不等趾型（大雁）；B.不等趾型（麻雀）；C.对趾型（啄木鸟）

二、皮肤

鸟类皮肤薄而柔软,其结构由表皮、真皮和皮下层构成,表皮角质层薄;真皮中毛囊丰富,血管和神经遍布;皮下层可堆积脂肪。皮肤的特点是:干燥,缺少腺体,皮肤衍生物发达。鸟类皮肤的衍生物很多,主要有羽、喙鞘、爪、鳞片、距等。

羽俗称羽毛,是非常轻软的皮肤衍生物,羽是鸟类特有的体征,羽毛具有保温、飞翔、保护等作用。根据结构功能,通常将鸟羽分为正羽、绒羽和纤羽3种类型,如图7-5所示。

(1)正羽是覆在体表的大型羽毛,由羽轴和羽片构成。着生在手部的大型羽片称为初级飞羽,在前臂的称为次级飞羽,在上臂的称为三级飞羽,尾部的称为尾羽。

(2)绒羽生长在正羽下面,羽轴短小,其顶端生出松软丝状的羽枝,羽小枝无钩。绒羽具有很好的保温效果。

(3)纤羽是细而长的羽毛,柔软具有触觉的功能。

生在尾端的叫尾羽,用于保持身体平衡,调控飞行方向。另外,不少鸟还依靠羽衣形成保护色,很多鸟则利用艳丽的羽衣进行求偶炫耀。

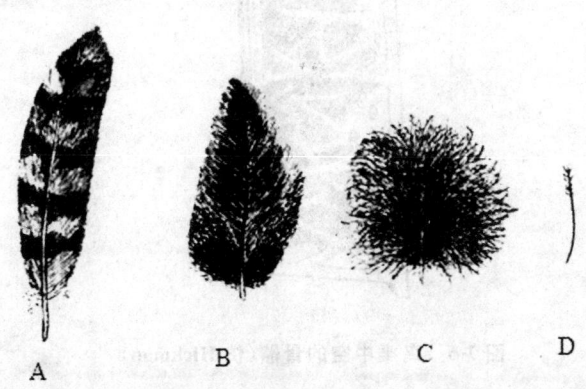

图7-5 鸟的羽毛(仿刘凌云)

A、B.正羽;C.绒羽;D.纤羽

羽对鸟类的生活非常重要,为了适应四季的变化和保持飞行功能,鸟羽会定期换羽。鸟类一般一年两次换羽,繁殖期结束后更换的为冬羽;早春更换的为夏羽,有些鸟的夏羽与冬羽迥然不同,在繁殖季节有求偶作用,特称繁殖羽。

鸟的上下颌突出前伸形成喙,是捕食的利器,为防止磨损,外面套有角质的喙鞘。另外,鸟的脚端有锐利耐磨的爪,裸露无羽的腿上镶嵌有鳞片,有的还有突出的距,这些皮肤衍生物对身体都有很好的保护作用。

三、骨骼系统

鸟类的骨骼结构呈中空状态,这种骨骼轻而坚固,最大限度地支持飞行。具体表现为骨片薄、内有充满气体的腔隙,中轴骨发生愈合,这与飞翔生活相适应,如图 7-6 所示。

图 7-6　鸟类中空的骨骼(仿 Hickman)

(一)脊柱

鸟类的脊柱由脊椎、胸椎、腰椎、荐椎、尾椎 5 部分组成。颈椎数目变化较大,从 8 枚(小型鸟类)至 25 枚(天鹅)。颈椎之间的关节呈马鞍形,称异凹型椎骨,为鸟类所特有。鸟类的颈椎灵活,转动幅度大。头部可转动180°,甚至可转动270°(如猫头鹰)。颈椎数目多而不固定,如鸡的为14个,胸椎数目少,仅5~6个,最后一个胸椎与全部腰椎、荐椎、部分尾椎共同构成愈合荐椎,最后几块尾椎愈合成一块尾综骨。

(二)胸骨与肋骨

胸骨发达呈板状,中间高耸突起称为龙骨突,大大提高了肌肉的附着率。每个胸椎都有1对肋骨与胸骨连接成胸廓。

(三)头骨

鸟类的脑颅和眼窝都很大,脑颅的骨片薄而松,骨内有蜂窝状的小孔,可被气囊充气。成鸟头骨的骨片消失,脑颅已愈合为一个整体。颅腔大,顶部呈圆拱形,与脑发达有关。上、下颌骨前伸成喙,外被角质鞘。现代鸟类无牙齿,被认为是对减轻体重的适应。

(四)带骨与肢骨

(1)肩带。由肩胛骨、乌喙骨和锁骨构成,3骨的连接处构成肩臼与前肢的肱骨相关节。

(2)前肢骨。由肱骨、桡骨、尺骨、腕骨、掌骨和指骨组成,其中腕骨仅留2块,其余与掌骨愈合为腕掌骨。指骨仅留3指,其余退化,3指中1、3指仅有1节指骨,2指有2节指骨。前肢骨的骨节愈合和退化,使翼内关节连成坚固的整体,可在水平方向褶翅和展翅。

(3)腰带。由髂骨、坐骨和耻骨3对骨共同愈合而成。髂骨宽大,上接愈合荐椎,下接坐骨。髂骨与坐骨之间有坐骨孔。耻骨细长,沿坐骨腹缘向后延伸,两耻骨不在腹中线处愈合,形成"开放式骨盆",这与鸟类产大型硬壳卵有关。

(4)后肢骨。由股骨、胫跗骨、跗跖骨和趾骨组成。腓骨退化为刺状,附于胫骨外侧。跗骨与胫骨、踱骨愈合为胫跗骨和跗踱骨,这与其他陆生四足动物相比,多了一节长而直立的跗蹠部,可能与鸟类起飞和降落时,增加缓冲力有关。后肢一般有 4 趾,1 趾向后,3 趾向前,如图 7-7 所示。

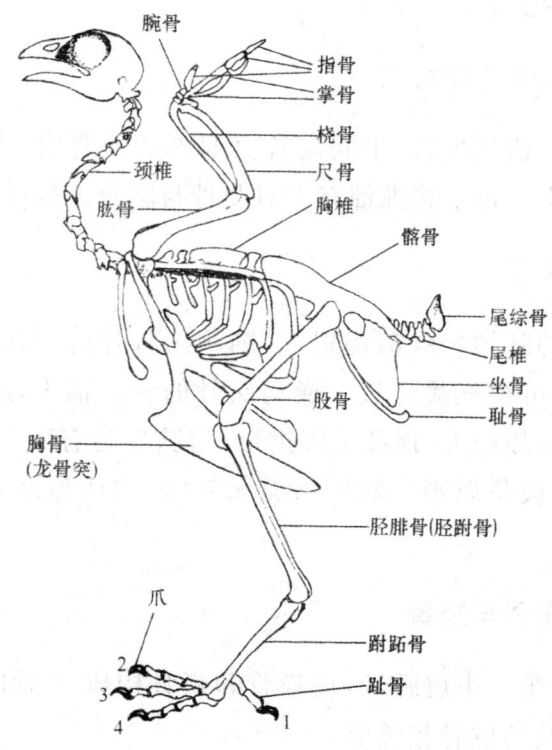

图 7-7　鸟类的骨骼(仿郑作新)

四、肌肉系统

由于长期的飞翔、地面的行走,其肌肉也产生了一系列适应。肌肉主要集中在胸部和腿部。胸肌最发达,不活动的愈合荐椎使背部肌肉退化。胸肌分为胸大肌和胸小肌。胸大肌收缩时使翼下降。胸小肌收缩时使翼上扬。

后肢的股部和胫跗部上方的肌肉很发达,这与行走和支持身体有关。

后肢具有适于握枝的肌肉,如栖肌、贯趾屈肌和腓骨中肌,这些肌肉着生于耻骨、股部和胫部,以长的肌腱止于4趾。当鸟类栖于树枝上时,身体重量的下压导致肌肉的肌腱拉紧,足趾自动握枝,甚至睡觉时也不会坠落,如图7-8所示。

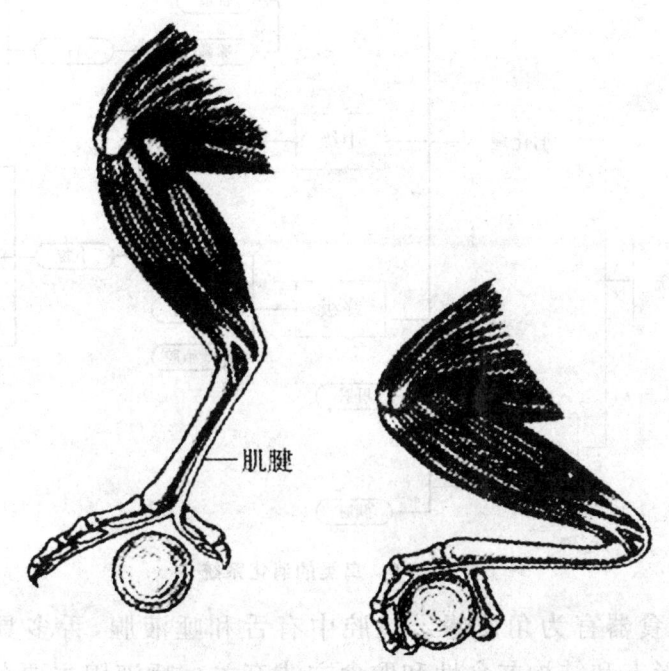

图 7-8 鸟类歇息与紧握时的肌腱变化(仿 Hickman)

颈部和皮下肌也较发达。气管下方有特殊的鸣管肌,可调节鸣管的形状和紧张程度,使鸟类发出多变的鸣声。

五、消化系统

鸟类的消化系统组成如图7-9所示,鸽子的消化系统如图7-10所示。

鸟类消化力强,消化过程十分迅速(雀形目鸟类取食的食物经过1.5h就可以通过消化道),这是鸟类活动性强,新陈代谢旺盛的物质基础。

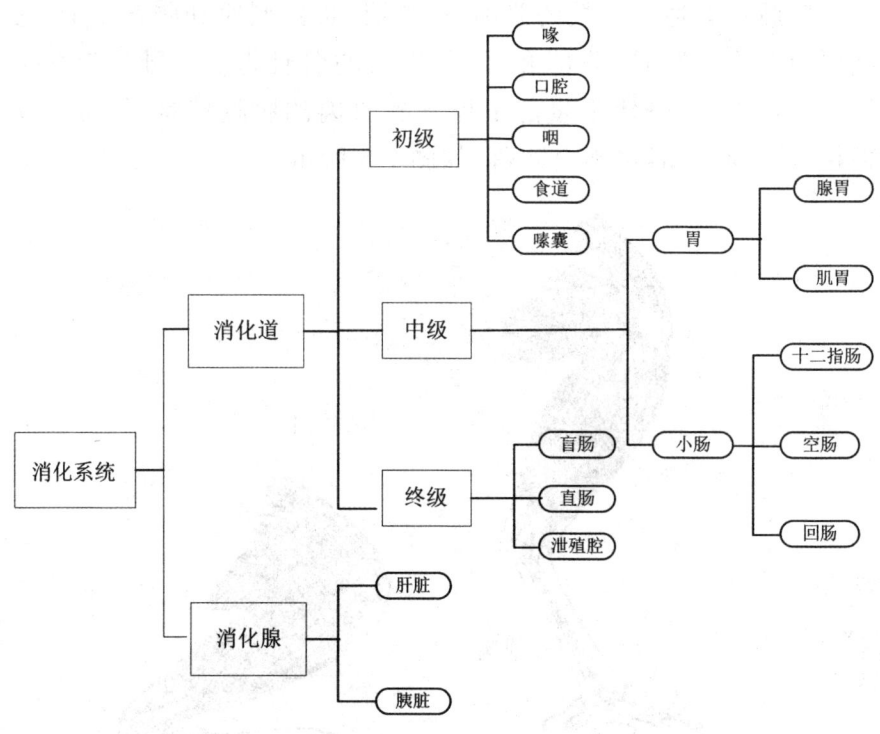

图 7-9 鸟类的消化系统

取食器官为角质喙。口腔中有舌和唾液腺,舌多具角质外鞘,其形态和结构与食性和取食方式有关。唾液腺主要分泌物为黏液,食谷鸟燕雀类含消化酶,雨燕目唾液腺最发达,内含糖蛋白,以唾液将海藻黏合而筑巢,其中金丝燕的巢为著名滋补品——"燕窝"。

食管长而具有延展性,基部的膨大称为嗉囊,具有贮存和软化食物功能。鸽繁殖期嗉囊壁能分泌"鸽乳",用以喂饲雏鸽。

胃可分为腺胃和肌胃(砂囊)两部分。腺胃富含腺体,可分泌蛋白酶和盐酸;肌胃外壁为强大的肌肉层,内壁为坚硬的革质层(中药称"鸡内金"),腔内具有砂粒,在强大的肌肉的作用下,与革质内壁一起将食物碾碎。肉食类肌胃不发达。

小肠、肝脏和胰脏发达。

盲肠具有吸水功能,并能和细菌一起消化粗糙的植物纤维(以植物纤维为主食的鸟类特别发达)。

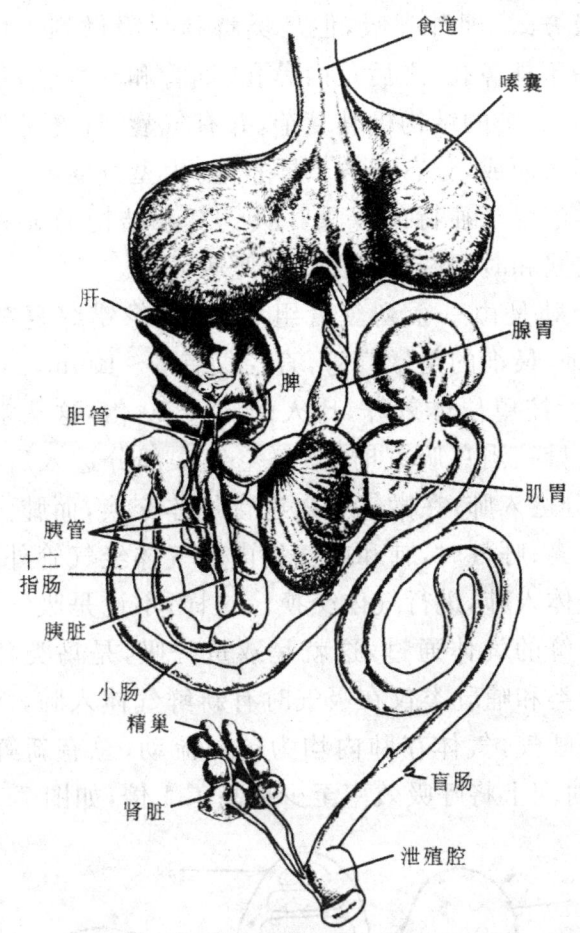

图 7-10　鸽子的消化系统及腔上囊（仿 Young）

直肠极短，不贮存粪便，并且具有吸水作用，以减少失水和飞行时的负荷。

泄殖腔背方有一腺体——腔上囊（法氏囊），为一种淋巴组织，可以产生具有免疫成分的分泌物，幼体发达，可以辅助鉴定年龄。法氏囊易受病毒攻击而得病，是养禽业重点防治的禽病之一。

六、呼吸系统

鸟类对能量的需求十分迫切，而能量来源于食物和氧气，所以，鸟类的呼吸系统十分发达也就在情理之中了。其实，鸟类只有1种呼吸方式,即肺呼吸,但鸟类将肺呼吸做到了极致。鸟的呼吸系统始于外鼻孔,之后是内鼻孔、气管和支气管,最后是微气管形成的肺,鸟肺的结构极其复杂,并有气囊,气囊是伸出肺外的气管末端膨大而成,分布于各个器官间,大型气囊有9个,气囊的存在使鸟类产生了独特的双重呼吸。复杂结构的肺和双重的呼吸方式从空间和时间两个方面提高呼吸效率。

鸟类的肺是由一系列气管组成的,就像错综复杂的通气管道,越分越细,最细的是微气管,直径仅有 $3\sim10\mu m$,因而,鸟类肺的面积巨大,按单位体重算,比人的约大10倍,这从空间上大大提高了换气量。当鸟吸气时,新鲜空气一部分进入后气囊,暂时储存,一部分进入肺,在微气管内进行气体交换,而肺内原有的气体进入前气囊;呼气时,肺和前气囊内的气体经气管外排,后气囊中储存的气体入肺,进行气体交换。这样,不论是吸气还是呼气,肺内总有新鲜的气体通过,这就是双重呼吸,是鸟类独有的呼吸方式。爬行类和哺乳类仅在吸气时有新鲜气体入肺,而鸟类无论是吸气还是呼气,气体在肺内均为单向流动,总有新鲜的气体通过肺,这从时间上将呼吸效率至少提高了1倍,如图7-11所示。

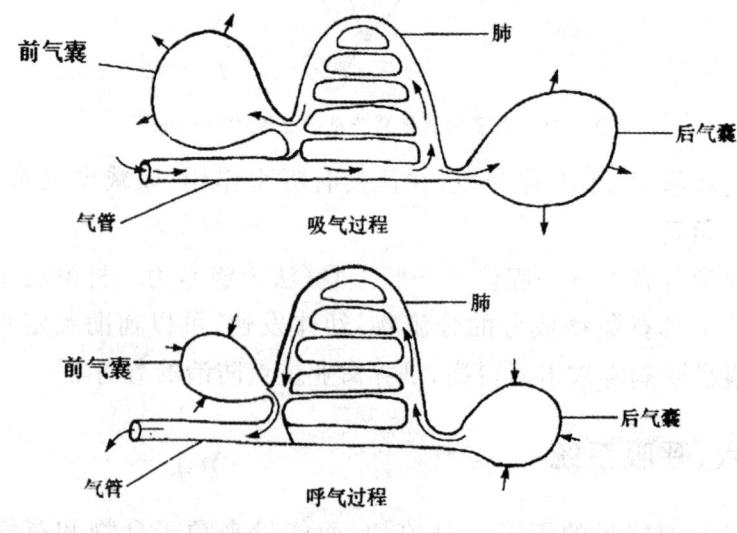

图7-11 鸟类双重呼吸示意图

(箭头示气流方向)

鸟的胸廓非常发达,通常情况下,鸟靠胸廓的扩张和收缩使空气进入肺和气囊,完成气体交换,即胸式呼吸。但在飞行时,则主要靠气囊的扩张和收缩协助肺完成呼吸:扬翅使气囊扩张,压翅使气囊收缩,前后气囊随着翅膀的扇动有节律地张缩,犹如抽气机,不断地把空气送入肺内再排出,飞行越快,气体交换速度也就越快,从而确保了飞行时对氧的高需求。这里需要说明的是:鸟的扇翅频率不一定等于呼吸频率,它们会自我调整,保证氧气协调供应;鸟在呼吸过程中,肺的容积不变,改变的是气囊容积。

在脊椎动物中,鸟类的呼吸效率最高。另外,在气管和支气管交界处,很多鸟类有气管特化的鸣管,并有特殊的鸣管肌,借以调节鸣管及鸣膜。鸟在吸气和呼气时均能发音,有些鸟能发出婉转多变的声音,特别是鸣禽(Passerii),如百灵(Alaudidae)和画眉(Timaliidae),而生活在澳大利亚的琴鸟(Menura)能模仿多种声音,包括照相机的快门声和伐木的电锯声。

七、循环系统

鸟类的心脏有二心房二心室,这使得动脉血和静脉血完全分开,形成完全双循环,这种循环方式输送氧气和养料的效率很高。

循环系统的发育程度能反映动物的代谢水平,在动物界,只有兽类和鸟类是恒温动物,心脏是完全的4室结构,但相对来讲,在恒温和代谢方面,鸟类更是技高一筹,鸟类的体温比兽类平均要高出5℃以上。

鸟类是代谢水平最高的脊椎动物,自然,鸟的循环系统也就非常发达,在脊椎动物中,鸟类的心脏是相对最大的,是同等体重哺乳动物的1.4~2.0倍,某些蜂鸟的心脏质量是体重的2.7%;鸟类的心跳也很快,一般是300~500次/min。

除了血液循环外,鸟类还有淋巴循环。

八、排泄系统

鸟类的排泄系统和爬行类很相似,胚胎时期为中肾,成体由后肾代替,行使泌尿的机能。鸟类的肾脏特别大,在比例上甚至比哺乳类的还要大,约占体重的 2% 以上,这与其旺盛的新陈代谢相关。鸟的一对肾脏紧贴在综荐骨背侧的深窝内。从表面看,每一肾分为前、中、后三叶,为暗紫色(在幼禽为淡红色)的长形扁平体,质软而脆,易破碎。纵剖肾脏,在断面上可以区分出表层颜色深红的皮质部和深层颜色较淡的髓质部。鸟类皮质部的厚度大大超过髓质部,肾小球的数目很多,在相同的单位面积,鸟类肾小球的数目是哺乳动物的两倍,但体积较小。肾小体的血管较哺乳动物简单,多数肾小管也较简单,一般只有近曲小管、远曲小管,只有极少数的肾小管有和哺乳动物一样的髓袢。

  鸟类无膀胱,尿以尿酸为主,尿呈白色浓糊状,随粪随时排出,而不另外排尿。

九、生殖系统

  鸟类的雄性生殖系统由睾丸(精巢)、附睾、输精管构成,如图 7-12 所示。睾丸一对,呈卵圆形,以睾丸系膜悬挂于同侧肾脏前叶的腹侧。睾丸的大小因年龄和性活动的周期变化而有很大差别。在性活动季节,成年公鸡睾丸的体积比平时大 300 倍。附睾是一条弯曲的长管,位于睾丸内侧中央部分。在性活动的季节,附睾显著肥大。输精管沿输尿管的外侧向后走行(输精管多弯曲,输尿管平直),在通入泄殖腔前膨大成贮精囊,末端呈乳头状开口于泄殖腔。

  大多数鸟类的雌性生殖器官仅包括左侧的卵巢和输卵管,如图 7-13 所示。右侧的卵巢和输卵管在早期胚胎发育过程中虽然也曾经形成,但在发育过程中退化了。这可能是和鸟类产生大型硬壳卵有关。未成熟的雌鸟的卵巢很小,呈扁平叶状,紧贴在左肾前叶上;成熟的卵巢的卵细胞突出于卵巢表面,因而使暖巢呈结节状。

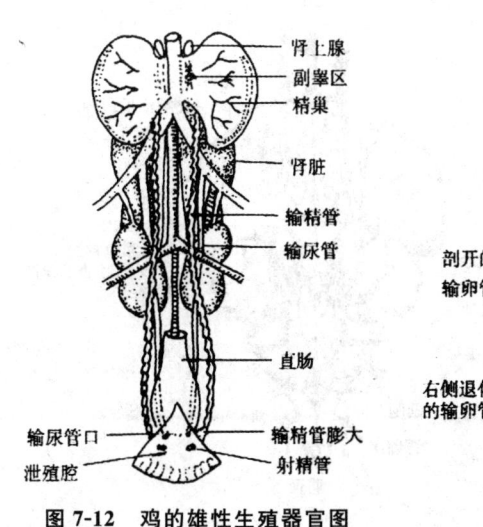
图 7-12 鸡的雄性生殖器官图
（仿杨安峰等）

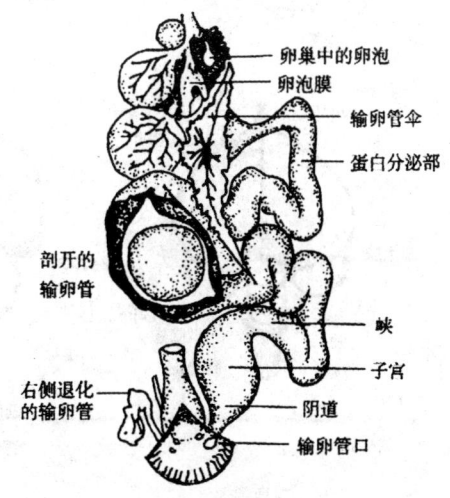
图 7-13 鸡的雌性生殖器官
（仿杨安峰等）

十、神经系统

鸟类脑的体积较大，仅次于哺乳动物。脑神经共 12 对，但第 Ⅺ 对脑神经（副神经）不发达，如图 7-14 所示。

大脑膨大，向后掩盖了间脑和中脑前部，表面光滑，由左、右两半球组成。大脑的嗅叶退化，顶壁薄，新脑皮基本处于爬行动物水平，底部纹状体十分发达，是鸟类复杂的本能活动和"学习"的中枢。

间脑背面被大脑半球所掩盖，间脑由丘脑上部（epithalamus）、丘脑和丘脑下部及第三脑室组成。其中丘脑下部构成间脑的底壁，为体温调节中枢并控制植物性神经系统。此外，丘脑下部也是重要的神经分泌部位，对脑下垂体的分泌有着直接的影响。

中脑的背侧为一对发达的视叶，是视反射中枢。一些低级的感觉和运动冲动也可以通过视叶反射性控制。鸟类的小脑非常发达，这与鸟类飞翔时对复杂运动的协调和平衡相关。延脑是呼吸、心跳、分泌等重要生理活动的中枢，并与鸟在空间的方向定位有关。

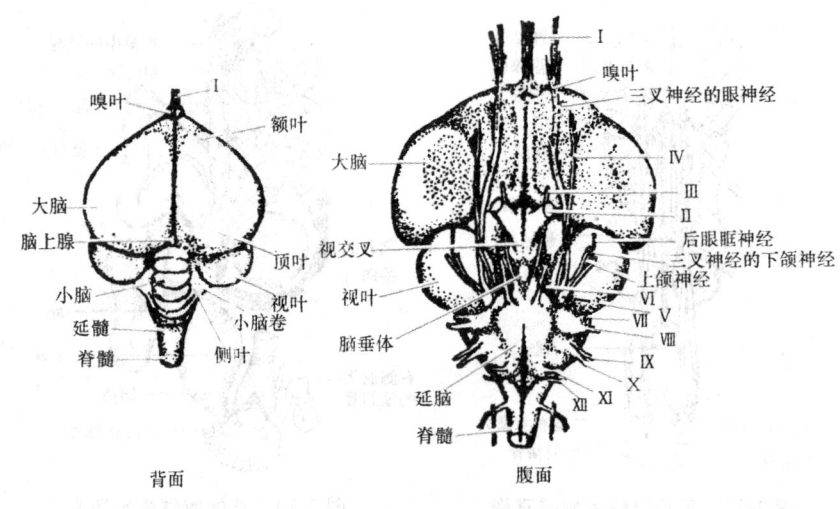

图 7-14 家鸽的脑（仿杨安峰）

第三节 鸟纲的分类

现今已知的鸟类分为两个亚纲，即古鸟亚纲（Archaeornithes）和今鸟亚纲（Neornithes）。古鸟亚纲在白垩纪以前已经灭绝，以中国辽宁的中华龙鸟和德国的始祖鸟（Archaeopteryx lithographica）等为代表，如图 7-15 所示，见于距今 1 亿多年前的晚侏罗纪地层中。这些化石鸟类具有爬行类和鸟类的过渡形态：具有鸟类的翼、羽毛、"开放式"骨盘及后肢 4 趾（三前一后）等，但同时又具有槽生齿、双凹型椎体、18~21 枚分离的尾椎骨，前肢具 3 枚分离的掌骨，指端具爪，腰带各骨未愈合，肋骨间无钩状突等爬行类的特征。中国学者认为中华龙鸟比始祖鸟更加古老和原始。

今鸟亚纲包括白垩纪以来的一些化石种类以及现存鸟类。化石种类以黄昏鸟目、鱼鸟目为代表，它们的骨骼近似现代鸟类，但颌具槽生齿。现存鸟类有 9700 余种，可分为 3 个总目 33 目 203 科。鸟类的总分类见表 7-2。

第七章 鸟 纲

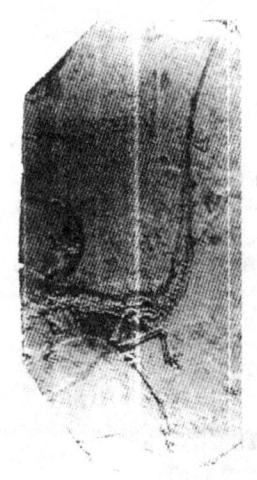

图 7-15　中华龙鸟化石（左）和始祖鸟化石（右）

表 7-2　鸟纲的分类

类别	特点	代表鸟类
平胸总目	为大型奔走鸟类，翼退化，羽毛分布均匀，羽小枝无羽小钩，羽枝松散，胸骨扁平，无龙骨突起，骨盆多数封闭，锁骨退化，后肢强大，善于奔跑，雄性有交配器	
企鹅总目	适应游泳和潜水的特征：翼桨状，4趾全部向前，趾间有蹼，皮下脂肪发达	
突胸总目	两翼发达，善于飞翔，正羽发达羽小枝上有羽小钩，构成羽片，龙突骨发达，有尾综骨	

(一)平胸总目的分类

平胸总目的分类如图 7-16 所示。

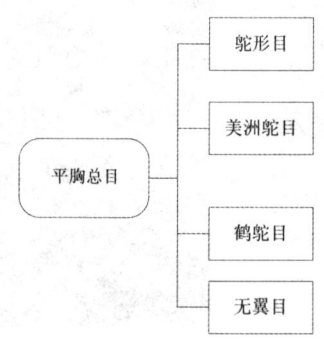

图 7-16 平胸总目的分类

(二)突胸总目的分类

突胸总目的分类如图 7-17 所示。

第四节 鸟类的繁殖和迁徙

一、鸟类的繁殖

鸟类繁殖具有明显的季节性,一般春夏季繁殖,一些热带食谷鸟类几乎四季繁殖。繁殖年龄因种类而异,大多数鸟类孵出后 1 岁可繁殖,也有些热带鸟类孵出后 3~5 个月即可繁殖,而鸵鸟 2.5~3 岁、秃鹫 9~12 岁才能繁殖。

鸟类的生殖腺发育成熟,在光照、温度、自然景观的作用下,通过神经、内分泌系统的活动,表现出一系列的繁殖行为:占区、筑巢、产卵、孵卵和育雏活动等。这些都是提高后代成活率、保持种族延续的适应。

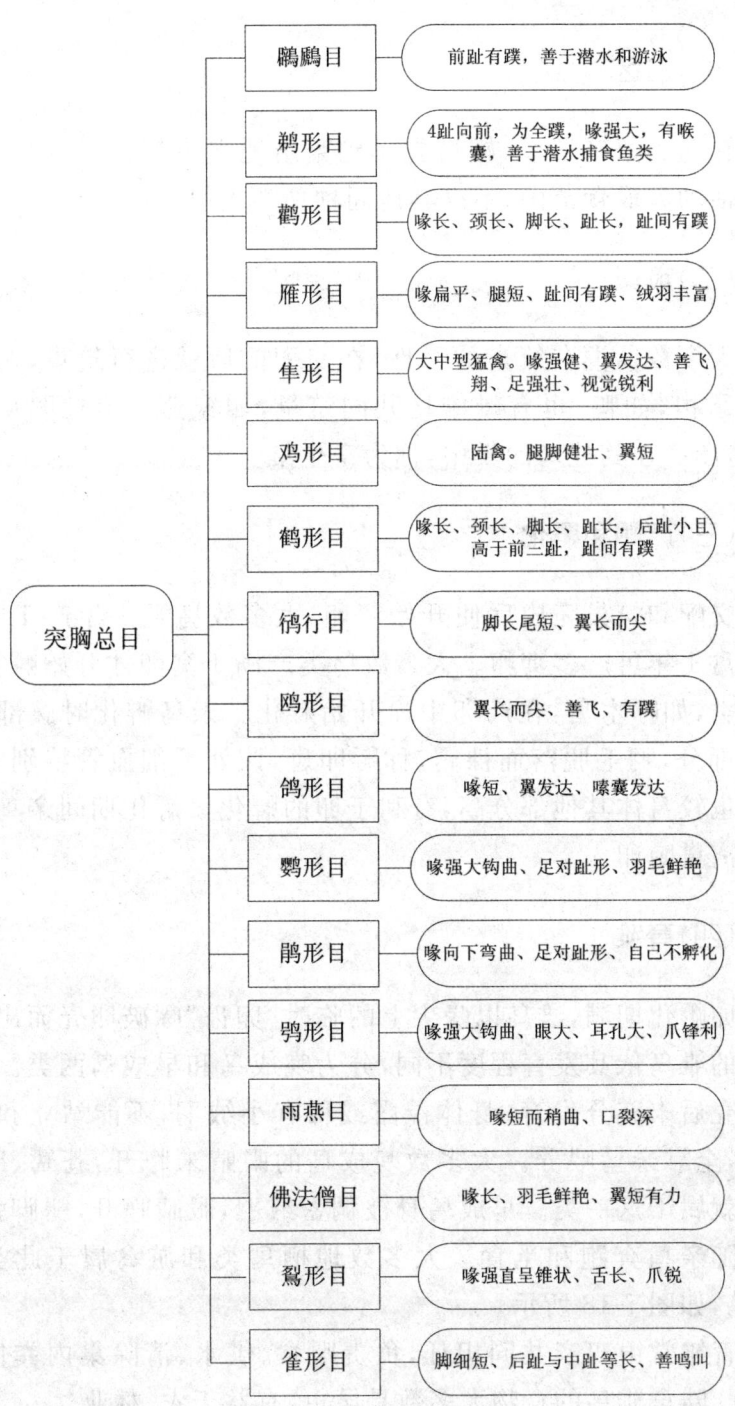

图 7-17 突胸总目的分类

(一)占区

在鸟类繁殖季节,雄鸟先飞到繁殖地点占领一定区域,作为繁殖活动和取食范围,不准其他同种鸟类入侵。

(二)筑巢

大多数鸟类有筑巢的习性,在交配前后就进行筑巢,一般由雌鸟承担,如鸭,也有雌雄鸟共同筑巢,如家燕。但杜鹃从不筑巢,将卵产在其他鸟的巢中,称为寄生巢。

(三)产卵和孵化

交配和筑巢完成后便开始产卵,大多数鸟类1年产1窝卵,但家禽1年可产多窝卵。大多数鸟类产满1窝卵才开始孵化,有些鸟类,如啄木鸟,在产卵中途开始孵化。亲鸟孵化时腹部接触卵的部分,羽毛脱落而裸露,称孵卵斑,该处毛细血管特别丰富,温度也较身体其他部分高,有利于卵的孵化。孵化期间亲鸟常翻卵和离巢晾卵。

(四)育雏

卵孵化期满,雏鸟以喙尖上的临时"卵齿"啄破卵壳而出。刚孵出的雏鸟依其发育程度不同,分为晚成鸟和早成鸟两类。晚成鸟出壳后未充分发育,身体裸露或稀有小绒羽,不能站立和独立取食,全靠亲鸟喂养。大多数晚成鸟的眼睛未睁开,苍鹭、麻雀、鹰等就属于这一类。早成鸟身被稠密绒羽,眼睛睁开,腿脚强健,能跟随亲鸟奔跑和觅食。大多数地栖鸟类和游禽属于此类,如鸡、鸭,如图7-18所示。

育雏常由双亲共同担任,负责喂食、供水、清除巢内粪便、暖雏等。陆禽雏鸟的食物大多数是昆虫,有益于农、林业。

晚成鸟　　　　　　　早成鸟

图 7-18　雏鸟（仿 Hickman）

二、鸟类的迁徙

鸟类每年在繁殖地区和越冬地区之间定期有规律地长距离迁飞，称为迁徙。终年栖息于繁殖地区的鸟类称为留鸟，如麻雀、喜鹊等。每年随季节变化而周期性迁居的鸟类称为候鸟。

候鸟迁徙的时间是每年的春、秋两季，大多数鸟在夜间迁徙，以利于白天取食，也有的在日间迁徙如燕、鹤。而雁、鸭类日夜迁徙，常以数只或大群形成迁徙。候鸟飞行高度一般为 300～1000m。迁徙的地点可在两地区之间，国与国之间，洲与洲之间，如大滨鸟在澳大利亚越冬，在西伯利亚繁殖。

鸟类迁徙的原因很复杂，至今尚无肯定的结论，大多数鸟类学家认为迁徙的主要原因是对冬季不良食物条件的一种反应，以寻求南方温暖的冬天有较多的食物，北方的夏季日长夜短，有足够的时间觅食和进行繁殖，因而北迁繁殖。

第五节　海鸟的生态

一、常见的海鸟

（一）海鸥（Larus canus）

海鸥是最常见的海鸟，主要分布于欧洲、亚洲至阿拉斯加及北美洲西部。海鸥体型中等,体长一般为38~44cm,翼展为106~125cm,体重300~500g,寿命为24年左右。腿和嘴都呈绿黄色,白尾,初级飞羽羽尖白色,具大块的白色翼镜。冬季头及颈散见褐色细纹,有时嘴尖有黑色。海鸥飞行姿势优美,衬托蓝天白云以及一望无际的海洋显得十分健硕,其身体下部的羽毛就像雪一样晶莹洁白。

海鸥是候鸟,我国的东北地区常能看到海鸥的身影。越冬时主要分布于我国的海岸线附近,包括海南岛及台湾;我国的部分湖泊也有海鸥的出现。飞翔的海鸥如图7-19所示。

图7-19 海鸥

(二)企鹅(Spheniscidae)

企鹅主要分布在南半球,人们亲切地称之为"海洋之舟"。企鹅是一种极为古老的水生游禽,根据调查表明在地球穿上冰甲之前,企鹅就来到了南极半球。全世界共有六属十八种企鹅,其中王企鹅属(Aptenodytes)有两个亚种,阿德利企鹅属(Pygoscelis)有三个亚种,角企鹅属(Eudyptes)有六个亚种,黄眼企鹅属(Megadytes)只有一种,白鳍企鹅属(Eudyptula)有两个亚种,环企鹅属(Spheniscus)有四个亚种。南半球从赤道到南极都有它们的踪影,其中七种只生活在南极。

企鹅的前肢退化成鳍状,它们最大的特点是不能飞翔,但是鳍状的前肢减少了在水中游走的阻力,对企鹅的捕食极为有利;脚生于身体最下部,所以企鹅是直立行走的,其腿部肌肉发达,在水中能以最快的速度向后划拨以获取最大的前行动力,趾间的蹼增大了受力的面积;羽毛之间留有一定的孔隙用以保暖;羽毛细而短,减少了游行时的摩擦力;背部黑色,腹部白色。各个种的主要区别在于头部色形和个体大小。

企鹅皮下脂肪丰富,毛皮保暖性好,所以企鹅能在 $-60℃$ 的严寒中生活、繁殖。在陆地上,它活像身着燕尾的绅士,走起路来缓慢而摇摆,而水里的企鹅完全是另一幅景象,它们堪称是游泳能手,游速可达每小时 $25\sim30km$。一天可游 $160km$。主要以磷虾、乌贼、小鱼为食。南极的企鹅如图 7-20 所示。

图 7-20 企鹅

(三)银鸥(Larus argentatus)

银鸥又名黑背鸥、淡红脚鸥、黄腿鸥、鱼鹰子和叼鱼狼等,银鸥分布广阔,无论是荒漠还是海岛都有银鸥的活动范围。海岛上的银鸥主要以鱼或水生无脊椎动物为生。银鸥经常成对或成群飞行于海面上,其动作轻盈灵敏,银鸥非常适应海岸生活,无论是海水里还是陆地上都能很好地适应。

银鸥身体较长,约 60 厘米。体形厚重,头部平坦。下羽头、颈和下体纯白色,背与翼上银灰色。腰、尾上覆羽纯白色,初级飞羽末端黑褐色,有白色斑点。嘴黄色,下嘴尖端有红色斑点。冬羽头和颈具褐色细纵纹。数量较普遍。主要消灭有害啮齿类的益鸟。繁殖期银鸥会选择在悬崖上生蛋,一般有三只。银鸥飞行于海面上如图 7-21 所示。

图 7-21　银鸥

(四)蓝脚鲣鸟(Sulidae)

蓝脚鲣鸟是一种海鸟,体长为 76～84cm,翼展为 152～158cm,体重为 1.1～2.0kg。身上的羽毛为白色,飞羽与尾羽为黑色。雌鸟的嘴为暗黄绿色。脖子粗壮。眼睛呈黄色,雌鸟的瞳孔较雄鸟的瞳孔要大。特别是它们的嘴喙上没有鼻孔、直接用嘴巴呼吸。其身体最大的特点是脚蹼呈醒目的蓝色,头部和颈部具浓重的棕色和白色条纹,翅膀和下体黑褐色。雌雄蓝脚鲣鸟非常相似,唯一的区别是雌性虹膜暗,个体比雄性大,有一个相对较短的尾部。

蓝脚鲣鸟主要栖息于热带海洋、海岬和岛屿上,除了繁殖期以外,大多数时间都在海上活动。善于飞行和游泳,常呈小群飞行于海面的上空或者在海面上游泳。主要以鱼类为食,蓝脚鲣鸟视力极好,通常在100多米的高空就能看到鱼类的活动。

蓝脚鲣鸟一般将卵产在裸露的地面,用自己的粪便将卵圈围起来,蓝脚鲣鸟孵卵很有特点,它们并不是用身体而是用自己的蓝色脚掌来保持温度。海岸边的蓝脚鲣鸟如图7-22所示。

图7-22 蓝脚鲣鸟

二、海洋环境及海鸟对海洋环境的适应

海洋占地球表面积的2/3,根据海洋要素特性,分成海峡、海湾、海洋。在海洋中生活的生物是海洋生态系统的一个重要组成部分,受海洋环境的影响,海鸟也不例外。有些鸟为沿岸性海鸟,即在陆地取食、休息,沿海岸取食的种类,如各种鸥类和燕鸥类,与陆地、沿海联系都密切;有些为大洋性海鸟,与内陆完全失去联系(除繁殖期外),它们主要在海上取食,如信天翁、白额鹱、红脚鲣鸟等。

生物对环境也会产生适应,适应的目的有两个:生存和成功繁殖。由于海洋环境单一、多样性低,对于海鸟来说,首先要解决的问题就是生存。海洋鸟类在适应海洋环境方面是比较成功的。海鸟对海洋的适应包括以下几个方面。

(1) 对海水盐度的适应;
(2) 海鸟的体温调节;
(3) 海鸟对取食方式的适应。

三、海鸟的繁殖

与爬行类相比,鸟类的神经系统已有较大发展。在鸟类个体之间可以进行有效的信息传递,刚出壳的银鸥雏鸟就能理解亲鸟的警叫声。一长串的行为中任何一个环节的失败都会导致整个繁殖活动的失败。

这种繁殖活动是外部环境与内部信息相互影响的结果,如图7-23所示。当外界条件如光、温度等作用于鸟类感受器时,这种刺激就可以通过神经系统传入大脑中枢——神经内分泌释放因子一部分进入血,另一部分作用于脑垂体,促使其分泌多种激素;它们又可以刺激其他以及神经内分泌的控制(自 Farner)腺体分泌激素,使鸟类产生一系列行为。如求偶、占区、筑巢、孵卵及育雏等。

四、海鸟的迁徙

迁徙是指每年在一定的季节,在繁殖区与越冬区之间进行的周期性迁居现象,是鸟类对改变的环境条件积极适应的本能。在海鸟中,留鸟不超过 5% 且都为海岛种类。绝大多数海鸟是属于留鸟当中的游荡鸟,占整个区系的 85%。它们的游荡范围可达数千海里,远远超过其繁殖分布区,是以获得充分的食物为目的,无方向性。真正的迁徙种类并不多,大约占 1%。能进行迁徙的鸟类叫候鸟。候鸟中,夏季在我国境内繁殖,秋季飞离到温暖的南方国家去过冬的称夏候鸟;秋季飞来越冬,春季北上繁殖的鸟类称冬候鸟;越冬及繁殖都在我国境内的叫旅鸟。

绝大多数海鸟迁徙方向是南北方向,冬天,当季节变更,食物供应发生变化时,在高纬度地区繁殖的海鸟迁徙到低纬度地区。

迁徙的路线和时间：许多海鸟沿宽面迁徙，一些沿窄面迁徙，半岛、大陆沿岸为必经之路。迁徙路线通常是最"经济"的一条，但也并不是地理上最短距离的那一条，风会造成"环形"迁徙，即迁徙来回的路线会因风的作用而呈"8"字形。在北温带，海鸟迁徙时间，春季在4月末至6月初，秋季在9月至11月。

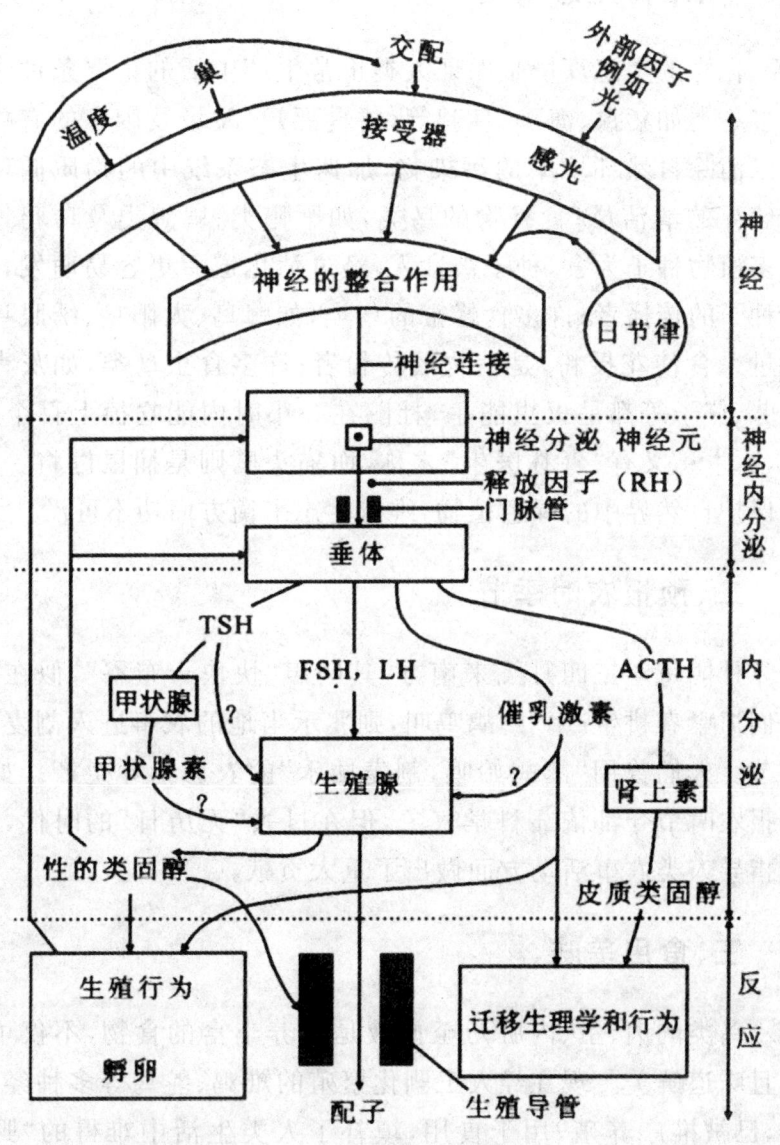

图 7-23 鸟类繁殖受内外环境条件刺激的影响以及神经内分泌的控制

第六节　鸟类的经济意义

一、维持生态平衡

良好的生态环境是保证人类正常生产生活的重要条件之一。很多鸟类如猛禽、海鸥、乌鸦等,嗜食死尸、垃圾及废弃的有机物,可以消除自然环境中的污染物,加速生态系统中的物质循环,是自然界的清洁员;食谷物的鸟类,如雁鸭类、鸠鸽类及乌鸦等,以很多植物种子为食,种子被食入,经过消化道后更容易萌发,是植物种子的传播者;许多食蜂蜜的鸟类,如蜂鸟、太阳鸟、绣眼鸟等,通过采食使花授粉,是植物的传粉者;许多食虫鸟类,如灰喜鹊、伯劳、燕子等都是灭虫能手,杜鹃在一小时内能吃掉上百个松毛虫,啄木鸟又有"森林医生"之称,而猫头鹰则是捕鼠健将。它们在保护自然界中的绿色植物,维持生态平衡方面功不可没。

二、预报农时季节

杜鹃每年三四月飞来南方,其叫声"快快－布谷",似在催促人们抓紧春耕生产。鹧鸪鸣叫,则兆示当地的农事进入割麦插秧季节。人们曾用"鹧鸪始鸣,割麦插禾"的农谚指导生产。如今,预报农时节令都依靠科学气象,但在过去"无历日"的时代,鸟鸣在指导人类农事活动方面做出了重大贡献。

三、食用美味

鸟类的肉、蛋、内脏乃至血液是营养丰富的食物,不仅可食,而且味道鲜美。现在经人工驯化繁殖的雉鸡、鸵鸟等多种经济鸟类,已被推广养殖,用于食用,填补了人类生活中难得的"野味"食品。

四、日用和使役

许多水禽发达的绒羽,是优良的枕、褥、被的填充材料。有些观赏鸟的美丽羽毛又可做精美的装饰品。利用信鸽可以传递信件;驯养鸬鹚可用于捕鱼、雀鹰助猎、鸵鸟搬运等。

五、供观赏

鸟类美丽的羽毛,婉转嘹亮的鸣声,南来北往的迁飞和各种各样有关鸟的传说,都是文人墨客吟诵的主题。鸟类不但入诗,其华丽的羽毛、俊美的神态,也是古今画家挥毫泼墨的对象。鸳鸯戏水、松鹤延年、鹰击长空、喜鹊登梅等都是常见的画景。

六、饲用和肥用

经发酵的鸡粪可部分取代配合饲料用于养猪、牛和鱼等。蛋壳粉含碳酸钙量高,可适量加入饲料中;鸟粪含有丰富的磷酸,是优质的肥料,在我国西沙群岛蕴藏着极丰富的鸟粪层。

七、仿生对象

鸣禽类鸟类鸣声悠扬婉转,高亢嘹亮,绝妙动听,不仅成为世界上许多歌曲和乐曲的题材,而且还用于模拟谱写乐曲。如我国现代民乐中,《鸟投林》《空山鸟语》《百鸟朝凤》等,描绘的就是阳春时节百鸟争鸣的动人情景。人们模仿许多鸟类的优美的舞姿,发展了许多民族舞蹈节目。如云南省的傣族有孔雀舞,白族有白鹤舞,纳西族有云雀舞,哈尼族有白鹇舞,拉祜族有鹌鹑舞,藏族有金雀舞等。

八、物种资源

鸟类中有许多待开发的种类,可作为野鸟和家禽的新品种的培养,为生物遗传工程的发展增添了新内容。

九、城市园林中的点缀与文学、艺术创作的源泉

众所周知,鸟类在城市园林中的点缀及其在文学、艺术创作方面做出了巨大贡献,因而"爱鸟"和"观鸟"早已成为先进国家的一种广泛的群众运动,近年来在我国也开始蓬勃发展。

十、狩猎娱乐

一些鸡形目、雁形目、鸠鸽目、鹤形目以及一些秧鸡、骨顶等鸟类称为狩猎鸟类。它们都是种群数量增长较快的、有季节性集群的以及肉、羽等经济价值高的鸟类。在对其繁殖成效以及种群数量动态进行充分研究的基础上,合理狩猎会带来巨大的经济收益。

第七节 鸟类与人类的关系

一、鸟类与人类

鸟类是人类最早进行驯化的动物类群之一,除了家鸡、家鸭、鹅、火鸡、珠鸡和鹌鹑等是早已通过对野生原祖的驯化成为重要的动物蛋白质来源外,近年来,人们仍然在大力开展经济鸟类的研究和开发,并通过延伸产业链,扩大鸟类资源的利用率,提高产品的附加值。将有巨大经济价值和驯养繁殖前景的野生动物变为家养,不仅具有广阔的现实前景,同时也是保护和利用野生动物资源的一种途径。

鸟类在动物类群中是益处极大、害处极小的一个类群。它们是维护人类的生存环境以及生态系统稳定性的重要因素。鸟类在提供极大的生态效益和经济效益之外,对科学和社会文明的发展也有着重要的贡献。生物演化理论以及许多生物学和生态学

的理论,都是先从鸟类学研究中揭示并进而在其他类群中得到验证的。鸟类在城市生态系统中的美化与点缀以及在文学、艺术创作方面的贡献,更是众所周知的,因而"爱鸟"和"观鸟"早已成为发达国家的一种广泛的群众运动。近二十年来,生物多样性的保护问题已成为全球关注的热点之一,1992年联合国环境与发展大会上通过了《生物多样性公约》。作为最早的缔约国之一,我国需承担保护包括大量鸟类在内的我国众多野生动物生物多样性的义务。

二、鸟类的危害与防控

(1)危害航空。飞机与飞鸟相撞而引发的事故,称为"鸟撞"。故机场要对鸟类的活动进行监测,要了解该地迁徙鸟类的种类、出现季节和飞迁方向、飞行高度等,通过鸟类对害怕的光、声音、猛禽的模型等综合技术进行驱鸟工作,以保证飞机的安全。

(2)传染疾病。某些鸟携带一些寄生虫和病原微生物,可引起人、畜和禽类共患病,如禽流感病毒,不仅危害禽类,还危害人类。

(3)危害农业。许多种类的鸟嗜食谷物或啄食秧苗以及偷吃饲料,不仅造成局部危害,而且带进病原。最明显的是农业鸟害,例如雁、鹦鹉、雉类、鸠鸽以及雀形目中的鸦科、雀科、文鸟科的许多种类都嗜食谷物或啄食秧苗,其中最著名的就是麻雀。

(4)污染环境。建筑物周围的鸟类,粪便和鸟声对环境造成污染。

第八节 海鸟保护

中国海域海鸟的繁殖受胁和保护比起内陆其他鸟类,集群繁殖的海洋鸟类更易受海洋环境、食物资源和人为干扰的影响。根据调查资料显示,目前我国海域繁殖的海鸟数量急剧下降,某些物种几近消失,繁殖区域和岛屿在缩减,种群数量明显下降。在岛屿繁殖的海鸟中,包括多种国际受胁物种和国家重点保护物种。黑嘴端凤头燕鸥属于全球极危物种,由于受到捡蛋等威胁,数量不足30只,处于灭绝的边缘。黑脸琵鹭属于濒危物种,在我国境内的繁殖岛屿也屡受干扰。数量剧减的还有国家Ⅰ级重点保护物种短尾信天翁、国家Ⅱ级重点保护物种海鸬鹚、蓝脸鲣鸟、红脚鲣鸟、褐鲣鸟、黄嘴白鹭和岩鹭等。

一、中国海域繁殖海鸟的受胁因素

经实地调查,威胁我国海域海鸟繁殖的主要因素包括以下几个方面。

(1)上岛捡蛋。多数海鸟集群繁殖,此期间许多渔民趁机上岛捡拾鸟蛋作为食物进补或出售。渔民上岛捡蛋现象在我国沿海地区非常普遍,上岛捡蛋对繁殖海鸟的威胁常常是毁灭性的,是目前我国沿海岛屿繁殖海鸟的最大威胁,严重的可导致某一繁殖点甚至某一繁殖区域某一年度繁殖完全失败。

(2)人为干扰。虽然海鸟繁殖岛屿一般位于偏远的外海,但仍不断遭到各种人为的干扰,致使繁殖失败,最终导致繁殖个体在该岛屿消失。人为干扰主要来自海岛开发和海岛旅游。

(3)海洋污染。随着沿海经济的高速发展,我国近岸海域的生态环境持续恶化。有些地区近岸海域基本无一类海水,海水中的主要污染物为无机氮和活性磷酸盐。海洋水质的恶化,不仅直接影响到繁殖海鸟的觅食,还威胁到了海鸟的繁衍和生存。

(4)海洋渔业资源枯竭。海鸥与燕鸥的食物资源直接来自上层鱼类。过度捕捞已经导致渔业资源日益恶化。虽然我国沿海在夏季普遍实行了休渔期,但违法张网捕捞现象仍然屡禁不绝。

(5)台风。夏季是我国台风多发季节,台风可摧毁繁殖中海鸟的巢卵和雏鸟。

二、我国海域繁殖海鸟的保护

截至目前,在部分有海鸟繁殖的岛屿已经建立了自然保护区或者海洋特别保护区,如大连老铁山－蛇岛国家级自然保护区、山东庙岛省级海洋自然保护区、青岛大公岛省级海岛生态系统自然保护区、千里岩岛省级海洋生态系统自然保护区、浙江的五峙山列岛省级鸟类自然保护区、浙江韭山列岛省级海洋生态自然保护区等,福建的马祖列岛和台湾的澎湖列岛也已建立了自然保护区,西沙群岛的东岛也已建立了自然保护区。然而总体而言,对繁殖海鸟的保护力度仍很不足,繁殖海鸟的保护仍然面临许多问题。一方面是我们至今对许多海鸟的繁殖资源和分布状况不清,许多繁殖点未能纳入保护区范围;另一方面是管理机制还不明确,野生动物主管部门很少顾及海岛的繁殖鸟类。而海洋部门则将主要精力放在海洋环境和海洋渔业资源的保护上,也忽视了海鸟的存在。加上海鸟繁殖点往往位于人迹罕至的无人岛屿上,在实施保护上难度较大,从而导致了某些地区繁殖海鸟保护上的空缺。为了有效保护我国海域繁殖海鸟,亟须对我国海域繁殖海鸟的资源及其分布和受威胁因素开展系统的普查,制定有效的保护和管理对策,完善管理机制。对于黑嘴端凤头燕鸥等珍稀种类制订重点保护计划。

第八章　哺　乳　纲

哺乳纲又称兽类,经过对大量的化石研究,发现哺乳类最早出现于 2.25 亿年前的中生代三叠纪晚期,早期它们生活受爬行类的影响较大,直到 6500 万年前的新生代早期,恐龙等大型动物相继灭绝,哺乳动物开始大量繁殖,迅速扩张,占据了地球上所有生态环境,其中,大脑发达的猿类最后进化为人类,是哺乳动物中最成功的进化。

第一节　哺乳纲的主要特征

哺乳纲的主要特征表现为以下几个方面。

(1)全身被毛,体温恒定(25℃～37℃),胎生,具有胎盘(原兽亚纲除外),哺乳(具乳腺)。

(2)四肢垂直着生于身体腹面,适于快速奔跑和负重。

(3)表皮与真皮均加厚,皮肤腺发达。

(4)头骨为合颞孔型(synapsida),两枚枕髁,具完整的次生腭(hard palate)和肌肉质的软腭(soft palate),下颌由单一齿骨构成,牙齿为异型槽生再出齿,颈椎 7 枚(极少数例外)。

(5)具肌肉质的唇(原兽亚纲除外),出现口腔咀嚼和消化,提高了对能量的摄取。

(6)具特殊的呼吸肌——膈肌,强化了胸腹式呼吸。

(7)血液循环为完全双循环,仅保留左体动脉弓,成熟的红细胞无核。

(8)大脑皮层高度发达(出现了沟和回),具胼胝体,发展了新小脑和脑桥。

(9)感觉器官完善,外耳道发达并发展了外耳壳,中耳内3块听小骨,内耳的瓶状囊延长卷曲呈螺旋状的耳蜗管;鼻腔内有较大的嗅囊和复杂的鼻甲骨;视觉敏锐。因此,哺乳动物可以获得更多信息,协调复杂的机能活动和适应多变的环境条件。

第二节 哺乳纲的形态结构和功能

地球上的动物,只有哺乳类和鸟类是恒温动物,在代谢水平方面,哺乳类稍逊一点,但是哺乳动物的神经系统发育、繁殖能力明显优于鸟类。因而,哺乳动物成为动物界最高等的类群。哺乳动物向多元化发展,分布极为广泛,任何地方都能见到它们的影子。

鸟类和哺乳类的始祖是爬行动物,但哺乳类出现更早,是由具两栖类特征的低等爬行动物进化而来,所以,哺乳动物既表现出两栖动物和爬行动物的特性,其本身又有一些高级的特征。

一、外形

哺乳动物的身体分为头、颈、躯干、尾和四肢5部分,如图8-1所示。由于栖息环境和生活方式多样化,哺乳动物的体形和环境产生了某种适应性,除了奔跑型外,还有飞翔型、攀缘型、游泳型、挖掘型等,如图8-2所示。飞翔型的前肢进化为翼,表层为翼膜,如蝙蝠;攀缘型的前肢细长而发达,手足灵巧,适宜抓握树枝,如蜘蛛猴(*Atelidae*)和长臂猿(*Hylobatidae*);游泳型的体形较大且呈流线型发展,尾扁可划水,如海豹(*Phocidae*)和水獭(*Lutrinae*),最典型的是鲸类,后肢已退化;穴居型的哺乳动物四肢短小锋利,怕光,适宜掘土,如鼹鼠(*Talpidae*)、金毛鼹(*Chrysochloridae*)、滨鼠(*Bathyergidae*)等。

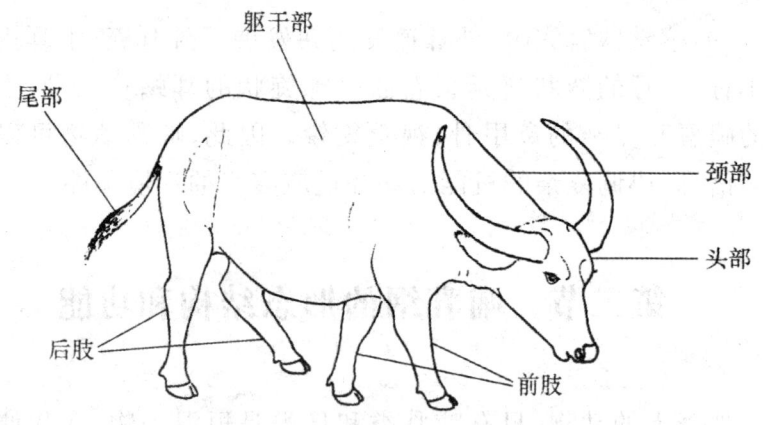

图 8-1　哺乳动物的身体结构

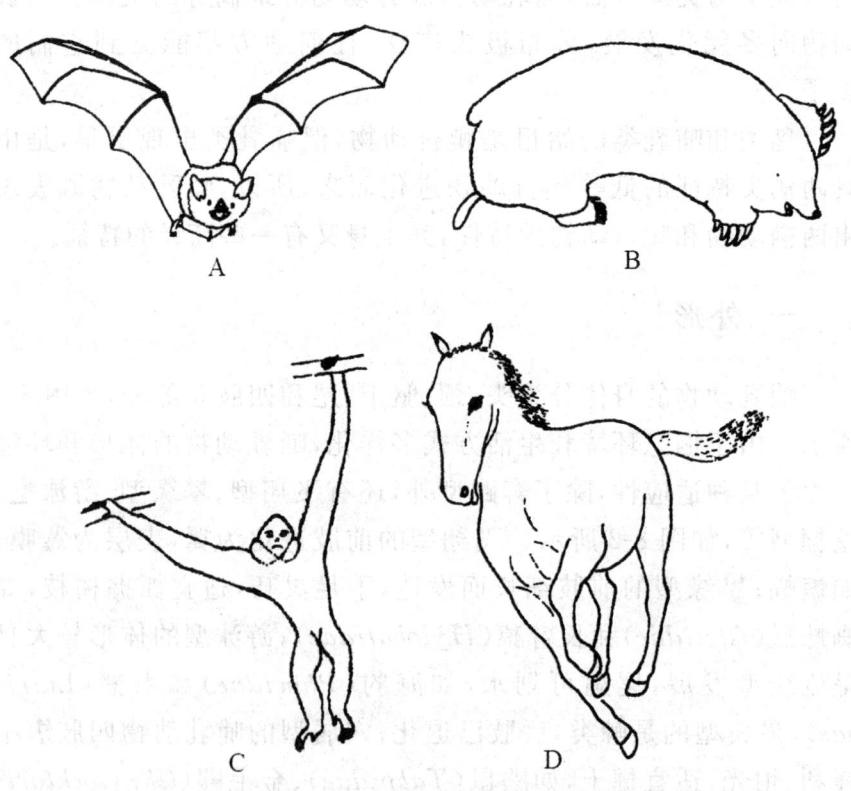

图 8-2　哺乳动物的体形

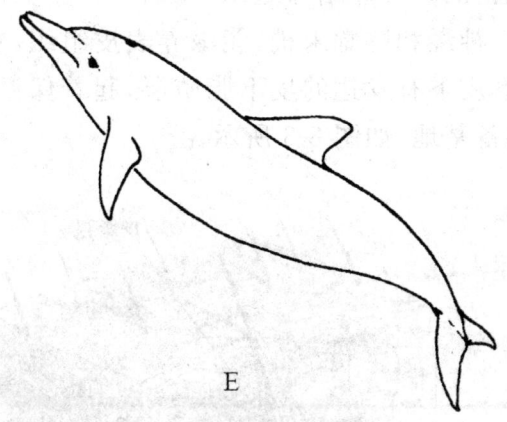

图 8-2　哺乳动物的体形（续）

A. 蝙蝠；B. 鼹鼠；C. 长臂猿；D. 家马；E. 海豚

最初，哺乳动物是在地面上活动的，经过长期的进化，形成了不同的种类，现如今，已进化出特别适合奔跑的类型，相对于蜥蜴型的爬行类，奔跑型哺乳类身体结构的特点是：头稍大、躯粗壮、尾细长，颈灵活，四肢明显加长，更适应奔跑，运动形式也不再是爬行，而是奔跑和跳跃，速度很快，特别是有蹄类，能连续不断地快速奔跑。

哺乳类的皮肤与低等陆栖脊椎动物的皮肤相比较，不仅结构致密、厚实，具有良好的机械保护功能和隔水性能，而且还具有敏锐的感觉功能和调节体温的功能。因而是脊椎动物中结构和功能最为完善、最适于陆栖生活的体表防卫器官。哺乳类的皮肤主要有以下几个方面的特点。

（一）表皮和真皮加厚

哺乳类表皮由靠近真皮的生长层及其外层的角质层组成。生长层细胞分裂旺盛，以补充不断磨损脱落的角质层；角质层则由角化的死亡细胞层叠而成。哺乳类的角质层都很发达，角化细胞通常多达几十层（如人类）乃至几百层（如犀牛、野猪等），从而构成第一道有效的保护屏障。

真皮由致密的纤维性结缔组织构成,非常坚韧厚实。真皮内含丰富的血管、神经和感觉末梢,能滋养表皮组织,感受压力及疼痛、温觉。在真皮下有发达的皮下脂肪层,起着保温和隔热作用,也是能量的贮备基地,如图 8-3 所示。

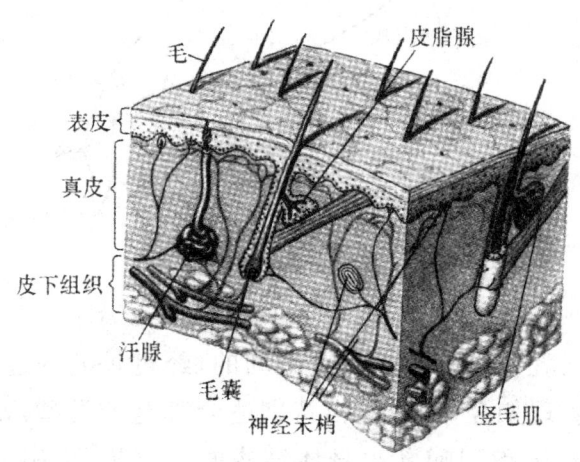

图 8-3　哺乳类的皮肤(仿 Hickman)

此外,哺乳类的表皮和真皮内还分布有黑色素细胞(melanocytes),能产生黑色素颗粒,使皮肤呈现黄色、暗红色、褐色及黑色。

(二)体表被毛

毛(hair)是表皮角质化的产物。由毛根和毛干构成。

毛根埋在皮肤深处的毛囊里,外被毛鞘,毛根末端膨大部分为毛球。毛球基部即为真皮构成的毛乳突,内具丰富的血管,供应毛生长所需的营养物质。皮脂腺即开口于毛囊内,所分泌的油脂起润泽毛发和皮肤的作用。毛囊基部有竖毛肌附着。竖毛肌是起于真皮的平滑肌,收缩时可使毛直立,起着辅助调节体温并有威吓对手的作用。

毛在春、秋季将进行有序渐进地更换,以适应即将到来的暑夏和寒冬气候,这种现象称为换毛。

(三)发达的皮肤腺

乳腺(mammary gland)为哺乳类所特有的腺体,是变态的汗腺。乳腺导管常丛聚开口于体表的特异部位并突出成乳头,如牛、羊的乳头位于鼠蹊部、猪的位于腹部而猴的则位于胸部。乳头数目因种而异,一般与产仔数目相当,例如猪的为4～5对、牛和羊的为2对、猴与蝙蝠的为1对。低等哺乳类(如鸭嘴兽)不具乳头,乳腺管分散开口于特定的区域,称为乳腺区。

味腺(scent gland)或称臭腺,为特化的汗腺或皮脂腺(如麝的麝香腺、鼬类的肛腺、兔外阴部的鼠蹊腺等),对于哺乳类(特别是社群生活种类)同种的识别和繁殖配对具有重要作用。鼬类的肛腺,则是有效的防御器官,可在被敌害追捕的瞬间释放大量奇臭无比的气体,令其昏厥而从容逃生。

哺乳类的皮肤衍生物,除了上述的毛和皮肤腺以外,还有爪(claw)、角(horn)和角质鳞片,如图8-4所示。

爪,包括其变形蹄(hoof)和指甲(nail),皆与爬行类的爪同源,皆为指(趾)端表皮角质化的产物。是陆栖步行时指(趾)端的保护器官。

角是头部特定部位表皮和(或)真皮的衍生物,为有蹄类防卫和争夺雌性配偶的器官。主要分为洞角(牛角)和实角(鹿角)两类。洞角不分叉,终生不更换,为头骨的骨质角外面套以由表皮角质化形成的角质鞘构成。成熟的实角为分叉的真皮骨质角,由真皮骨化后穿出皮肤而成,多为雄兽的发达,且每年脱换一次。刚长出的鹿角外包富有血管的皮肤,此期的鹿角称为鹿茸,为贵重的中药。

犀牛角为表皮角,完全由表皮角蛋白纤维形成。长颈鹿的角则终生包被有皮毛,是另一种特殊结构的角。

图 8-4 哺乳动物的角(仿刘凌云)

A. 犀牛角;B. 长颈鹿角;C. 山羊角;D. 洞角;E. 洞角的演化类型;
F、G. 鹿角;H. 鹿角的结构及发生

二、骨骼系统

(一)头骨

哺乳类的头骨由于脑、感官的发达和口腔咀嚼的产生而发生显著变化。脑和鼻腔扩大和发生次生腭(假腭),如图 8-5 所示,使头骨的一些骨块消失,变形和愈合,使内鼻孔后移,将口腔和鼻腔分开,解决了陆地上取食和呼吸的矛盾。顶部有明显的"脑勺"以容纳脑髓,枕骨大孔移至头骨的腹侧。头骨腹面具有两个枕髁,下颌骨为1块齿骨。鼻腔扩大,而有明显的脸部,且在鼻腔内有复杂的鼻甲骨和鼻中隔。头骨上具有听泡(中耳腔),腔内具有听骨3块(锤骨、砧骨、镫骨),与鼓膜和内耳相连。头骨骨块的减少和愈合,是哺乳类的一个明显特征。骨块愈合是解决坚固与轻便这一矛盾的途径。

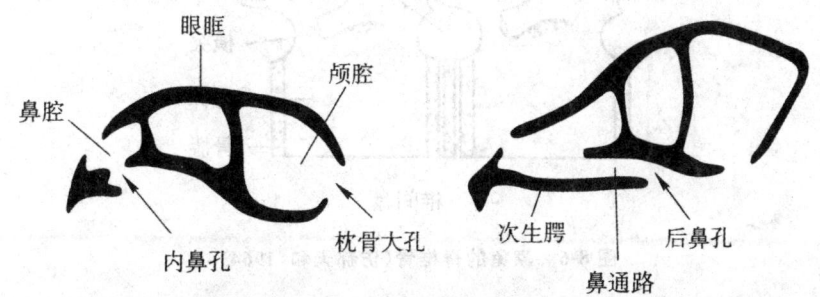

图8-5　哺乳类次生腭的形成(仿刘凌云和郑光美,2009)

(二)脊柱、肋骨及胸骨

脊柱分为颈椎、胸椎、腰椎、荐椎和尾椎5部分。颈椎数目大多为7枚,第一枚为寰椎,第二枚为枢椎,寰椎与头骨间除可做上下运动外,寰椎还能与头骨一起在枢椎的齿突(枢突)上转动,提高了头部的运动范围,有利于哺乳类的觅食、感觉和防卫。胸椎12~15枚,两侧与肋骨相关节,若肋骨与胸骨相连则成为真肋,若肋骨与前一肋骨相连或游离则成为假肋。胸椎、肋骨和胸骨构成胸廓(thoracic basket),是体护内脏、完成呼吸动作和间接地支持前肢运动的重要器官。荐椎3~5枚,有愈合现象,构成对后肢带骨的稳固支持。尾椎数目不定而且退化。

哺乳动物的椎体为双平行椎体,椎体之间有软骨构成的椎间盘,内有一髓核,是脊索退化的痕迹,如图8-6所示。椎间盘坚韧、富有弹性,具有缓冲运动时对脑和内脏的震动,适应于快速运动。

(三)带骨和肢骨

哺乳动物为典型的五指(趾)型四肢,四肢下移至腹面,肘关节向后转,膝关节向前转。肢骨长而健,极大地提高了支撑能力和运动速度。

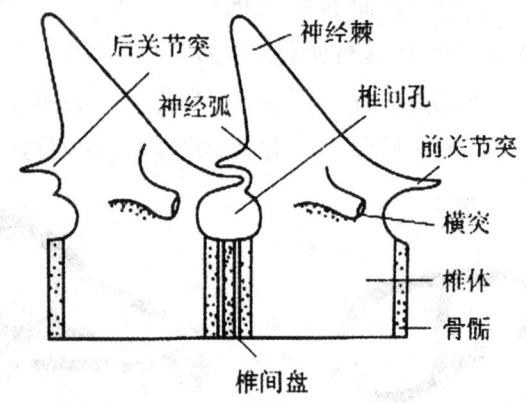

图 8-6　家兔的脊椎骨（仿郝天和，1964）

肩带薄片状，由肩胛骨、乌喙骨和锁骨构成。肩胛骨发达，呈片状，乌喙骨退化成肩胛骨上的乌喙突，锁骨多趋于退化，仅在攀缘、掘土（如鼹鼠）和飞翔等类群发达。

腰带由髂骨、坐骨和耻骨构成。髂骨与荐椎相关节，左右坐骨与耻骨在腹中线缝合，构成关闭式骨盆。哺乳类的腰带愈合，加强了对后肢支持的牢固性和承重能力。

陆栖哺乳动物的足型可分为3种，如图8-7所示：跖行式（如熊、狒狒）、趾行式（如狐狸、猫科动物）和蹄行式（有蹄类牛、马、羊、鹿等）。其中以蹄行式与地面接触最小，适应于快速奔跑。

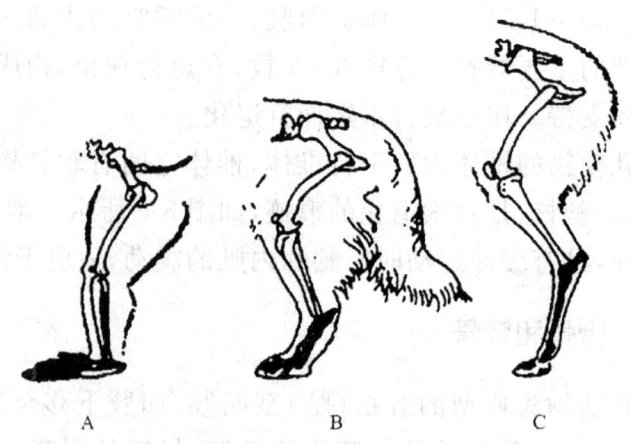

图 8-7　哺乳动物的足型（仿刘凌云和郑光美，2009）

A. 跖行式；B. 趾行式；C. 蹄行式

三、肌肉系统

哺乳类的肌肉系统基本上与爬行类的相似,但结构与功能均进一步复杂化。最显著的表现是具有强大的四肢肌肉,以适应快速的奔跑运动。除此之外,还具有以下特点。

(1)具有特殊的膈肌。膈肌起于胸廓后端的肋骨缘,止于中央腱,构成分隔胸腔与腹腔的横膈。膈肌运动可改变胸腔容积,是呼吸运动的重要组成部分。另外,胸、腹腔的分隔还使心、肺这两个重要器官免受胃肠的挤压,而始终维持正常的功能。

(2)皮肤肌发达。使动物可抖动皮毛,以甩掉体表的水滴、脏物和寄生虫,并执行威吓的功能。灵长类面部的皮肤肌发展成为表情肌(mimeticmuscles),用来表达情感,从而能够在社群生活中进行高级、复杂的信息交流。

(3)咀嚼肌强大。具有粗壮的颞肌和嚼肌,分别始于颅侧和颧弓,止于下颌骨(齿骨)。强大的咀嚼肌是哺乳类利用口捕食和防御、并形成发达的咀嚼功能的基础。

四、消化系统

哺乳动物对环境有很强的适应性,食性广泛,根据其食谱,可分为食肉类、食草类、食虫类、杂食类 4 种类型,其中食草是哺乳动物的一大特色,不少种类对高纤维的草有很好的消化能力。哺乳动物消化管的分化程度很高,消化腺也很发达,出现了咀嚼和口腔消化,代谢速率大大提高。

(一)消化道

哺乳动物的消化道包括口、咽、食管、胃、小肠、大肠和肛门。

哺乳动物的咬肌比较发达,其口裂较小,牙齿用于撕裂和咀嚼食物,舌头灵活,唾液腺发达。口腔顶部还有发达的腭,这些都与咀嚼有关。在脊椎动物中,只有哺乳类会咀嚼,咀嚼最重要的基础是异型齿。所谓异型齿是指牙齿已分化出门齿、犬齿、前臼齿和臼齿 4 种类型，不同类型齿的形状、功能不同。门齿主要用于切割食物，犬齿撕裂食物，前臼齿协助臼齿研磨切压食物，将食物研细，形成咀嚼。通常情况下，草食哺乳动物的门齿明显，肉食动物配有强大的犬齿，如图 8-8 所示，在肉食动物中，猫科动物的犬齿比犬科动物的发达，如图 8-9 所示。

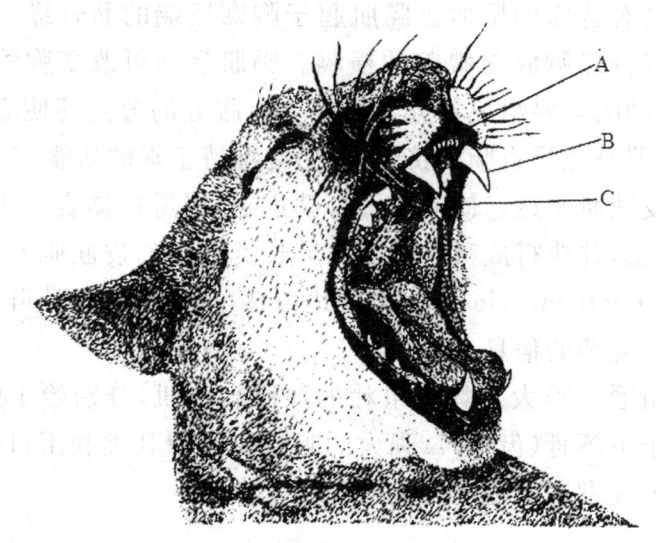

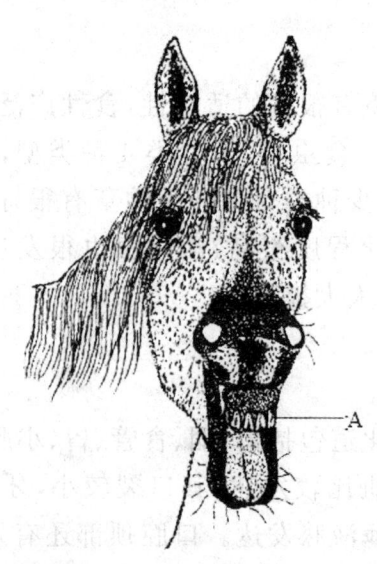

图 8-8　肉食动物（狮）和草食动物（马）的异型齿

A. 门齿；B. 犬齿；C. 前臼齿

图 8-9　猫科动物(虎)与犬科动物(狼)的异型齿

口腔后方是咽,咽向后有两个通路:一是背面的食管,二是腹面的气管。吞咽时,食物经咽喉进入食管,即从腹前方通向背后方,这里,呼吸通道和消化通道在咽喉处形成咽交叉。食管通入胃,胃横卧于腹腔内,唯有反刍动物的胃结构复杂,分为多室。胃与食道连接处称为贲门,与十二指肠连接处称为幽门。接下来是细长的小肠和皱而短的大肠,小肠分化为十二指肠、空肠和回肠;大肠分为结肠与直肠。直肠短粗,末端一般不形成泄殖腔,直接以肛门开口于体外。

(二)消化腺

哺乳动物的消化腺也很发达,口腔处有 3 对唾液腺,唾液腺分泌黏液和唾液淀粉酶,具有润滑食物和初步消化淀粉的作用。肝脏位于腹腔前部,其深处有胆囊,肝脏合成利于消化脂肪的酶,也是最大的排毒器官,和胆囊一起组成了最大的消化器官。胰腺存在于十二指肠弯曲部的肠系膜上,有胰液管进入十二指肠,胰液也有助于消化。

五、呼吸系统

肺是哺乳动物的主要呼吸器官,空气经外鼻孔、鼻腔、后鼻孔、咽、喉、气管,最后进入肺,完成气体的交换。

通常，哺乳动物的鼻腔发达，鼻腔前端黏膜表面布满嗅觉神经末梢，空气经外鼻孔进入鼻腔后，刺激神经末梢而产生嗅觉。鼻腔还用来温暖、湿润和清洁空气。空气经咽入喉。喉为气管前端的膨大部分，有声带，喉是空气的入口和发音器官。

哺乳动物的肺是由主气管上分支的小气管和肺泡构成。可形象地认为是"海绵状"结构，肺泡是呼吸性细支气管末端的盲囊，由单层扁平上皮细胞组成，密布微血管，是气体交换的场所。肺泡数量众多，面积很大。例如，人的肺泡约有7亿个，总面积有$60\sim120m^2$。

肺位于胸腔中，膈肌将腹腔和胸腔分割开来。在肋间肌的作用下，肋骨能够升降，引动胸廓扩张收缩，从而扩大或缩小胸腔的容积，迫使空气进出肺脏，这就是胸式呼吸。哺乳动物的肺活量往往很高，因而胸式呼吸的效率很高，与此同时，膈肌在肋间肌的带动下发生上下运动，进一步加大胸腔容积的改变量，这就是腹式呼吸。腹式呼吸的辅助胸式呼吸获得更多的氧气。

哺乳类的这种胸式呼吸加腹式呼吸不同于爬行类的胸腹式呼吸，爬行类的胸廓是很低等的，甚至可以说就是胸腹廓，这种胸廓引起的换气量不大，呼吸效率较低，须靠咽式呼吸来补充。

六、循环系统

哺乳动物的消化系统和呼吸系统都很发达，获得的营养和氧气很多，这些氧气和营养都得靠循环系统送到各个器官组织，所以，哺乳动物的循环系统也就十分发达。

哺乳类和鸟类一样，肌肉质的心脏明显地分为4个腔：二心房二心室，形成了完全双循环路线，这使其成为恒温动物。事实上，哺乳类和鸟类有着不同的进化路径，在循环系统方面的相同只能说是异曲同工。

除了血液循环外，哺乳动物的淋巴系统也很发达，是血液循环的重要补充。

七、排泄系统

哺乳类的排泄系统由肾脏、输尿管、膀胱和尿道组成。肾脏形成的尿液经输尿管到达膀胱,储存一段时间后,集中由尿道排出体外。另外,因为哺乳动物有汗腺,所以,其皮肤也参与排泄。

哺乳动物的新陈代谢水平很高,产生的代谢废物就很多,因此,其肾脏功能十分强大。哺乳动物的肾脏不断地产生尿液,尿液中含有大量的代谢终产物,如尿素等。由于产尿量很大,为防止水分过多地通过尿液流失,哺乳动物的肾脏还有高度浓缩尿液的能力。这样,肾脏除了排泄作用外,也参与体内渗透压的调节,以维持机体内环境稳定。

八、生殖系统

哺乳动物的生殖可概括为:雌雄异体,体内受精,多胎生,均哺乳。

(一)哺乳动物的生殖类型

哺乳动物的生殖类型可分为 3 种:卵生、胎生和准胎生,其各自胚胎发育情况见表 8-1。

表 8-1　哺乳动物的生殖模式

生殖类型	代表物种	生殖模式
卵生	鸭嘴兽	富有卵黄的卵在输卵管内受精后被包上卵壳,之后,卵产在巢内,由雌兽负责孵化,约 14 天后,崽兽出壳,靠舔食母兽乳腺区分泌的乳汁长大
胎生	人	胚胎借助胎盘从母体获得充足的营养,使胎儿得以充分发育
准胎生	大袋鼠	胚胎借助卵黄囊与母体的子宫壁接触,因而胚胎在母体内获得的营养极其有限,妊娠期很短,出生的崽兽发育很不完全。但先天不足后天弥补,崽兽会自己蠕动到母亲的育儿袋内,育儿袋相当于体外子宫,内有乳头,崽兽靠吮吸乳汁继续发育,一段时间后,逐步离开育儿袋,独立生活

(二)胎生哺乳动物生殖器官的结构和生殖过程

胎生哺乳动物有复杂的生殖器官、生殖过程和生殖行为,下面主要谈谈生殖器官的结构和生殖过程。

雄性生殖器官包括:睾丸(精巢)、附睾、输精管和阴茎等,另有附属腺体,如前列腺、精囊腺等。睾丸是生成精子的地方,并能分泌雄性激素促进生殖器官发育和第二性征的形成及维持。

精子在附睾内发育成熟,经输精管到达尿道,最终通过阴茎送到雌体的阴道内。

雌性生殖器官包括:卵巢、输卵管、子宫和阴道等。卵巢是生成卵子的地方,卵巢还能分泌雌性激素。卵子成熟后,自卵巢排出,进入腹腔中,再经输卵管前端的开口(输卵管伞)进入输卵管,在输卵管上段遇到精子,完成受精;受精卵沿输卵管下行,到达子宫,种植于子宫壁上,此时,雌兽进入妊娠期,在妊娠期间,胚胎依靠胎盘接受母体营养而发育;妊娠期结束后,崽兽经母体阴道产出体外,这个过程叫分娩,如图 8-10 所示。

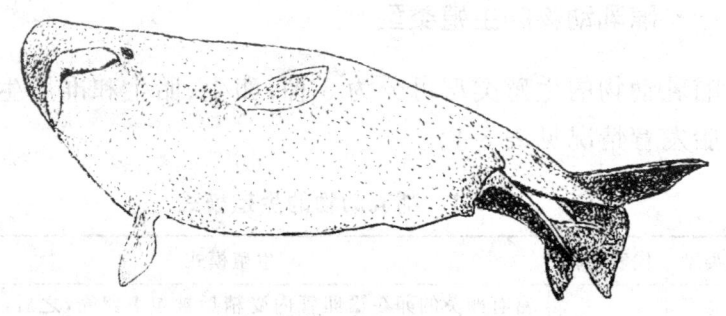

图 8-10　白鲸分娩

胎生最关键的结构是子宫和胎盘。子宫是输卵管中段特化形成的,是胚胎的高级住所,在这里,胚胎的绒毛膜和尿囊与母体的子宫壁的内膜相嵌合,共同形成胎盘,胎盘通过脐带源源不断地为胚胎输送营养,供胎儿生长发育。

胎生哺乳动物的子宫有多种类型,如图 8-11 所示,原始型的为双体子宫(啮齿类等),较高等的为分隔子宫(猪等)和双角子宫

(有蹄类、食肉类等)，最高级的是单子宫(蝙蝠、灵长类等)，单子宫的母兽产崽数少。

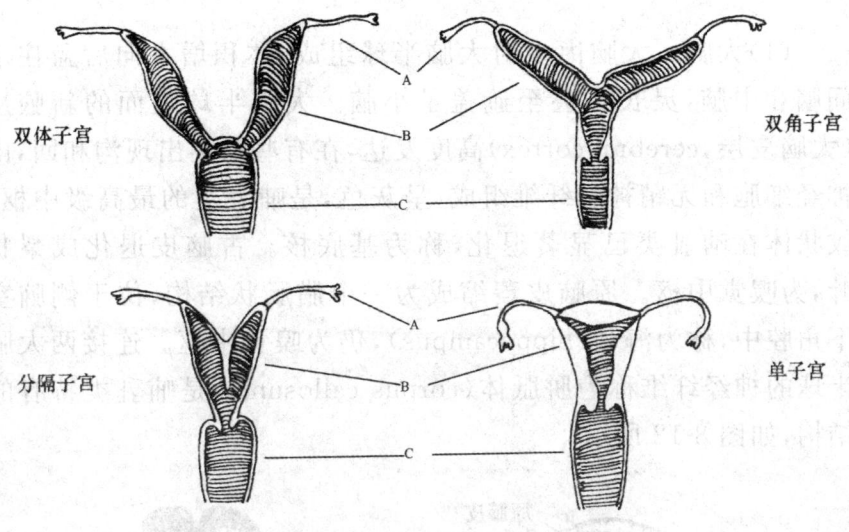

图 8-11 胎子哺乳动物的子宫类型

A. 输卵管；B. 子宫；C. 阴道

胎盘可分为无蜕膜胎盘和蜕膜胎盘。无蜕膜胎盘包括散布状胎盘和叶状胎盘，其胚胎的尿囊和绒毛膜与母体子宫壁内膜结合得不够紧密，胎儿出生时易于脱离子宫，不会导致子宫壁大出血。蜕膜胎盘包括环状胎盘和盘状胎盘，其尿囊和绒毛膜与母体子宫壁内膜结合成一体，胎儿产出时，将子宫内膜一起撕下，造成母体的大量出血。

九、神经系统

哺乳动物的神经系统包括中枢神经系统、外周神经系统和植物性神经系统 3 部分。

(一)中枢神经系统

中枢神经系统由脑和脊髓组成，脑又由大脑、间脑、中脑、小脑和延脑 5 部分组成。

1. 脑

(1)大脑。大脑由1对大脑半球组成,体积增大向后盖住了间脑和中脑,灵长类甚至遮盖了小脑。大脑半球表面的新脑皮(大脑皮层,cerebral cortex)高度发达,在有些种类出现沟和回,由神经细胞和无鞘神经纤维组成,呈灰色,是哺乳类的最高级中枢。纹状体在哺乳类已显著退化,称为基底核。古脑皮退化成梨状叶,为嗅觉中枢。原脑皮萎缩成为一个腊肠状结构,位于侧脑室下角腔中,称为海马(hippocampus),仍为嗅觉中枢。连接两大脑半球的神经纤维称为胼胝体(corpus callosum),是哺乳类特有的结构,如图8-12所示。

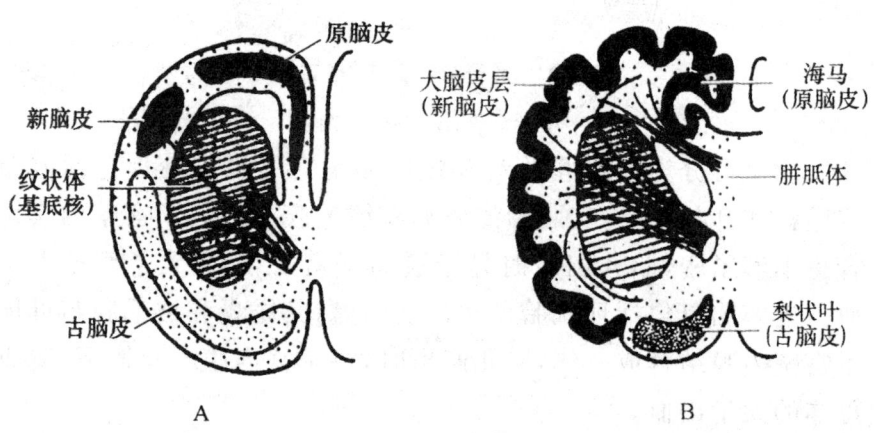

图8-12 爬行动物与哺乳动物左大脑半球横切面比较

A.爬行动物;B.哺乳动物

(2)间脑。间脑由丘脑、丘脑上部、丘脑下部及第三脑室构成。身体各部感觉冲动(嗅觉除外),在丘脑更换神经元后再传到大脑皮层。丘脑上部具有松果体,为内分泌腺。丘脑下部构成间脑的底壁,包括视交叉、灰结节、漏斗、脑下垂体等结构,脑下垂体是体内重要的内分泌腺。

丘脑下部是交感神经、体温调节的中枢,与内脏活动有密切关系。

(3) 中脑。中脑比低等脊椎动物的中脑相对发达。背方为四叠体 (corpora quadrigemina),前一对为视觉反射中枢,后一对为听觉反射中枢。

(4) 小脑。小脑很发达,首次出现小脑半球,表面的灰质为小脑皮质,又称新小脑,是哺乳类特有的结构。小脑前腹面的突起为脑桥 (pons varolii),联络大脑和小脑,为哺乳类所特有。

(5) 延脑。延脑位于小脑的腹面,构造与脊髓相似,灰质在内,白质在外。除了构成脊髓与高级中枢的联络通路外,本身具有许多反射活动中枢,如呼吸、消化、循环、汗腺分泌等,又称为活命中枢,如图 8-13 所示。

脑和脊髓外包有硬膜、蛛网膜和软膜等脑膜。脑内有脑室,与脊髓的中央管相通,左、右大脑半球内的空腔分别称为第一脑室、第二脑室,间脑腔为第三脑室,中脑腔为一窄缝,称中脑导水管,延脑内为第四脑室。软膜及其上的血管与室管膜上皮一起突入脑室形成脉络丛,为产生脑脊液的主要部位。

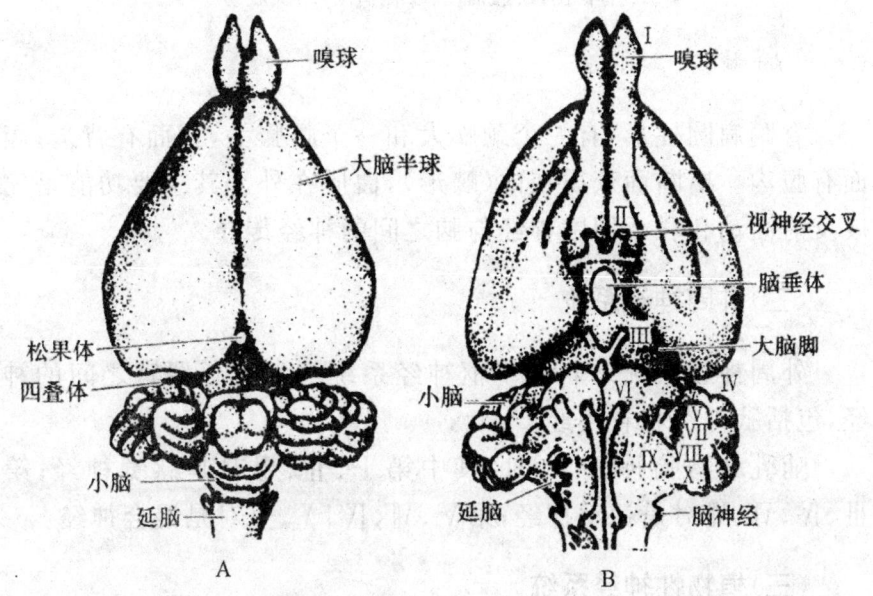

图 8-13 家兔脑的构造(仿郝天和)

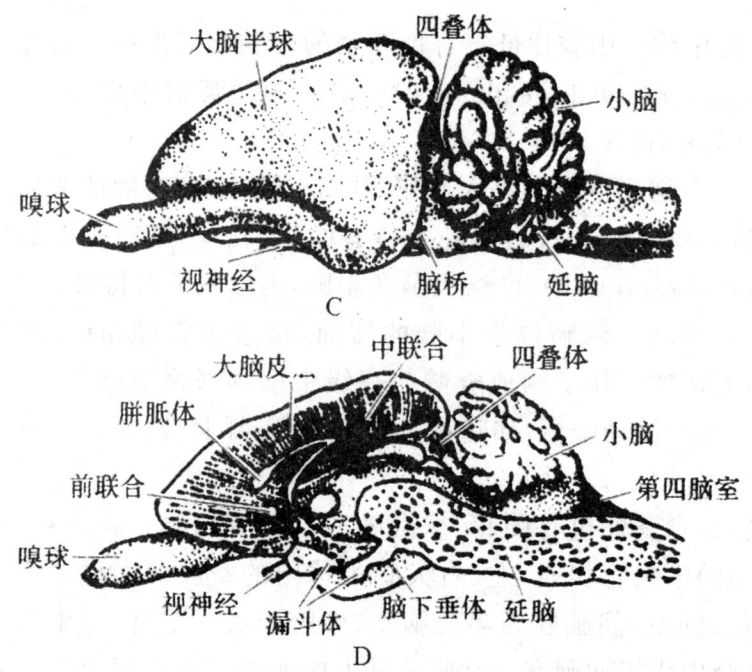

图 8-13　家兔脑的构造（仿郝天和）（续）

A.背面图；B.腹面图；C.侧面图；D.矢状切

2.脊髓

脊髓扁圆柱形，有一个颈膨大和一个腰膨大，背面有背沟，腹面有腹沟。横断面灰质在内（蝶形），白质在外。其主要功能是完成反射活动和联系周围神经与脑之间的神经传导。

（二）外周神经系统

外周神经系统是联系中枢神经系统与身体各器官之间的神经，包括脑神经和脊神经。

哺乳动物脑神经 12 对，其中第Ⅰ、Ⅱ、Ⅷ对是感觉神经；第Ⅲ、Ⅳ、Ⅵ、Ⅶ对是运动神经；第Ⅴ、Ⅶ、Ⅸ、Ⅹ、Ⅺ对是混合神经。

（三）植物性神经系统

植物性神经系统调节内脏活动和新陈代谢，分为交感神经系统和副交感神经系统。其中,交感神经系统的中枢位于脊髓胸、腰段的侧角;副交感神经系统的中枢位于脑干及脊髓荐段的侧角。交感神经和副交感神经分布到同一器官,功能上互相拮抗,对立统一,如图 8-14 所示。

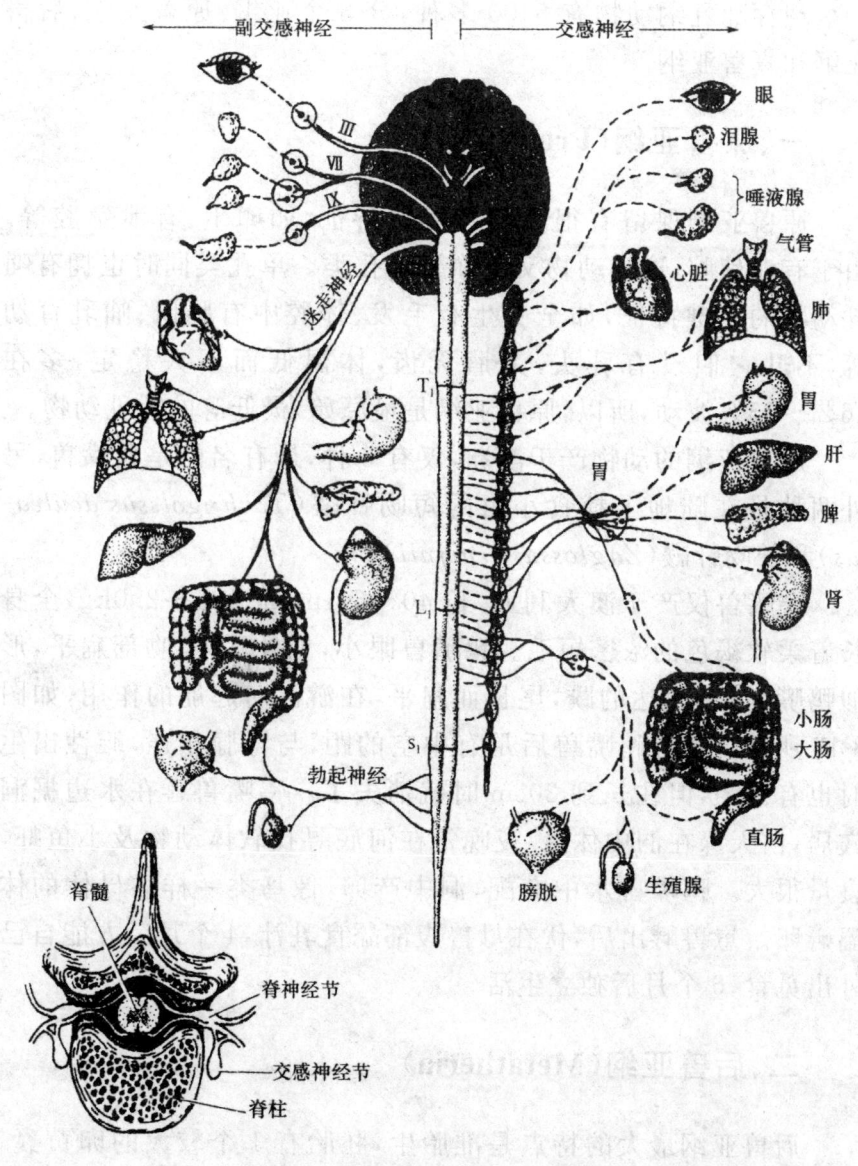

图 8-14 哺乳动物的植物型神经系统

第三节 哺乳纲的分类

现存哺乳纲动物有 5400 多种,分 3 个亚纲:原兽亚纲、后兽亚纲和真兽亚纲。

一、原兽亚纲(Prototheria)

原兽亚纲保留有很多爬行类的特征,如卵生、有泄殖腔等。由于有泄殖腔,这类动物又被称为单孔类。单孔类同时也拥有哺乳动物的关键特征,如全身生有毛发、体腔中有膈肌、哺乳育幼等,不过它们没有乳头,无唇无齿,体温低而不太稳定,多在 26‰~35‰ 波动,所以,原兽亚纲是最原始、最低等的哺乳动物。

原兽亚纲的动物产于澳洲,仅 3 种,最有名的是鸭嘴兽,另外两种是在陆地上捕食小虫的短吻针鼹(*Tachygolssus aculeatus*)和长吻针鼹(*Zaglossus bruijnii*)。

鸭嘴兽仅产于澳大利亚,长 40~60cm,重 1.5~2.0kg,全身长着柔软褐色的浓密短毛。鸭嘴兽眼小,无外耳壳,吻部扁平,形似鸭嘴,足有发达的蹼,尾长而扁平,在游泳时起舵的作用,如图 8-15 所示。雄性鸭嘴兽后足有中空的距,与毒腺相连,雌性出生时也有毒距,但在长到 30cm 时就消失了。鸭嘴兽喜在水边掘洞穴居,白天躲在洞中休息,夜晚常在河底寻找软体动物及小鱼虾,食量很大。鸭嘴兽水中交配,洞中产卵,像鸟类一样靠母体的体温孵卵。崽兽孵出后,伏在母兽腹部舔食乳汁,4 个月后方能自己外出觅食,6 个月后独立生活。

二、后兽亚纲(Metatheria)

后兽亚纲最大的特点是准胎生,胚胎有 1 个较大的卵黄囊,卵黄囊与绒毛膜相连,绒毛膜又与母兽的子宫壁结合,从而形成原始的胎盘,即卵黄囊胎盘。卵黄囊胎盘不是真正意义上的胎盘,它所能提供的能量物质很少,因而母兽妊娠期很短,刚分娩出的崽兽很小,尚未发育完全,须在母亲的育儿袋内继续发育。育儿袋可认为是卵黄素胎盘的补充,就像是"体外子宫",内有乳头,能为崽兽提供营养。因为母兽有育儿袋,所以,这类动物又叫有袋类。虽然不是所有的有袋类雌性都有育儿袋,但是有袋类哺乳动物本身比较低等,其泄殖腔已趋于退化,但尚留残余;雌性具双阴道,雄性阴茎的末端也分两叉;它们的牙齿也比较多,超过 44 颗;体温比较稳定,多为 33℃～35℃。

鸭嘴兽

图 8-15　原兽亚纲的动物

后兽亚纲有 300 多种,如图 8-16 所示,除少数种类,如负鼠、鼢负鼠、智利负鼠产于中南美洲外,绝大部分都分布于澳洲及其附近的岛屿上。

澳洲从板块上来说,它是独立于其他大陆的,由于缺乏更高级的竞争者,低等哺乳类才能够生存至今,特别是有袋类,已经分化成多种生态类型:有掘土地下生活的袋鼹(*Notoryctes*);有在地面上吃草的大袋鼠、袋熊(*Phasolomidae*);也有在树上吃树叶的树袋熊(*Phasc-olarctos cinereus*)、袋貂(*Phalangeridae*),甚至在树间滑翔的袋鼯(*Petauridae*);还有吃白蚁和蚂蚁的袋食蚁兽(*Myrmecobius fascia-tus*);更有凶猛的食肉动物袋狼(*Thylacinus cynocephalus*)和袋獾(*Sarcophilus harrisii*)。

图 8-16 后兽亚纲的动物

A.红大袋鼠;B.树袋熊;C.袋食蚁兽

三、真兽亚纲(Eutheria)

真兽亚纲又称有胎盘类,它们有真胎盘,胎生,哺乳,体温高(36℃~39℃)而稳定,进化水平最高。真兽亚纲的哺乳动物分布最广,除南极洲和澳洲内陆外,其他大陆和海洋中都有,能适应各种生态环境,生活习性多样。

真兽亚纲约有 5000 种,通常分 19 个目,比较常见的是以下 12 个目,见表 8-2。

表 8-2　真兽亚纲的分类

类别	特点	代表物种	实物图
食虫目	最原始,毛细长柔软或坚硬,常夜间活动,吻鼻延长成灵活的吻鼻	鼩鼱	
翼手目	前肢特化为翼,龙突骨发达,后肢短小,有钩装的爪	蝙蝠	
啮齿目	门齿发达,上下颌均有一对发达的门齿,对环境适应性极强	松鼠	
兔形目	无犬齿,下颌有一对门齿,上颌有一对前后重叠的门齿,尾短,兔唇	鼠兔	
长鼻目	上唇与鼻子合并后延长	非洲象	

▲ 脊椎动物类群及动物进化研究

续表

类别	特点	代表物种	实物图
海牛目	生活于浅海或淡水,身体丰满,脂肪丰富,嘴唇发达	海牛	
偶蹄目	适合陆地运动,1趾退化,第2、5趾变小,第3、4趾发达,趾端有蹄	河马	
奇蹄目	适合陆地运动,趾端有蹄,有1趾或3趾着地	马	
食肉目	感官发达,性情凶猛,门牙小,犬齿强大,趾端有锐利的爪	浣熊	
鳍脚目	身体丰满,四肢特化为鳍肢,趾间有蹼,尾短小,水栖性强,产仔在陆地	海豹	

续表

类别	特点	代表物种	实物图
鲸目	外形像鱼,颈椎愈合,前肢鳍状,后肢退化,有1对大尾叶,适于游泳	海豚	

第四节 中国海洋哺乳动物区系

一、中国海洋哺乳动物的种类和分布

中国海洋哺乳动物的种类,已知鲸目中须鲸亚目有8种,齿鲸亚目包括淡水产的白鱀豚有23种,鳍脚目有5种,海牛目有1种,总计37种。须鲸类中的露脊鲸与灰鲸资源最早遭到捕鲸国的严重破坏。蓝鲸在黄海与台湾海区曾有捕获,但自20世纪40年代以后即已绝迹。长须鲸在东海、黄海原有一定资源量,并成为重要猎捕鲸种,主要为日本所利用,我国捕获较少。鳁鲸与鳀鲸在中国沿岸数量甚少,未能形成可利用的资源。座头鲸在南海数量较多,曾是广东、台湾两省的重要捕获鲸种,该海区的座头鲸同琉球群岛侧的座头鲸为同一种群。黄海的小鳁鲸与日本海的小鳁鲸为同一种群,是重要猎捕对象,南海区甚少。

二、中国海洋哺乳动物区系分析

对我国海洋哺乳动物由于调查深度不够,资料不完整,因此进行区系分析有一定的局限性。但从长期在海上观察到的频次和数量多的种,以及南北各海区现有标本记录来看,在进行各海区比较时,也可在一定程度上反映出区系组成上的特点。海洋哺

乳动物也有一定生活环境要求，它们的活动同水温、海流、饵料等条件有着密切关系。一些大型鲸类都具有远距离洄游的习性，其共同的规律是一般冬季游向低纬度暖水域繁殖产仔。夏季游入高纬度到食物丰富的水域索饵育肥，但鳀鲸的洄游是在温暖水域中进行。有些海豚类也具有远距离跨越海区洄游的特性，有些则是移动不大，在春季由深水向沿岸洄游，冬季向深水域洄游。鳍脚类只有北海狗做较大的洄游，西北太平洋的斑海豹有一小部分在冬季游入渤海北部冰区进行繁殖。儒艮也只是在暖水域中移动。由于各海区自然地理条件和海洋环境条件的不同，相应地反映在动物区系组成上有很大差异。

北太平洋的海洋哺乳动物约有 57 种，分布于中国近海的就有 37 种，约占 64.9%，其中灰鲸和北海狗为北太平洋特有种，白鱀豚为中国特有淡水种。

中国近海的许多鲸种均由西北太平洋游入，且属多国家的猎捕对象，但有些中国很少猎捕或未曾猎捕，只是因外国捕鲸船的长期滥捕，致使一些鲸种濒于灭绝。如露脊鲸、灰鲸在 20 世纪 30 年代后即游来中国近海甚少。在 50 年代资源较丰富的长须鲸和座头鲸，原分别是黄海和南海的优势种，由于资源遭受破坏，现几乎绝迹。改变了原在各海区的优势。目前中国近海须鲸类区系只剩黄海的小鳁鲸还占有一定优势，齿鲸类在中国近海的优势种为真海豚、宽吻海豚、伪虎鲸等，南海的南宽吻海豚、点斑原海豚相对比较还占一定优势，鳍脚类中的斑海豹也失去了原有的优势，所有海洋哺乳动物都已是非生产对象，且有许多种成为保护种类。

中国海洋哺乳动物从分布水域看，有 4 种不同类型。须鲸类的露脊鲸、蓝鲸、长须鲸、鳁鲸、座头鲸、小鳁鲸等大部为外洋性种类。沿岸型仅有灰鲸 1 种，齿鲸类的抹香鲸、小抹香鲸、剑吻鲸、伪虎鲸、虎鲸、真海豚等多数为外洋型；沿岸分布的有中华白海豚、铅海豚等；既能生活在海洋、河口，又能深入江河、湖泊的仅江豚 1 种；生活在江河湖泊的淡水豚只有白鱀豚 1 种。鳍脚类交配、产仔、哺乳、换毛、休息需要到岸滩或冰上，均属沿岸型，而斑海豹可在河口附近栖息或深入河流觅食。儒艮为草食性水生动物，主要在水草丰茂的沿岸水域栖息。

中国海洋哺乳动物从地理分布看，有5种不同性质的生态类型。

（1）来自西北太平洋、鄂霍次克海的冷水种有北海狮、北海狗、斑海豹、环海豹、髯海豹等5种。

（2）温水种有露脊鲸、小抹香鲸、日本喙鲸、瘤齿喙鲸、灰海豚、真海豚、蓝白原海豚、点斑原海豚、太平洋短吻海豚、糙齿海豚、宽吻海豚、江豚等12种。

（3）暖水种有鳀鲸、瓜头鲸、沙漏海豚、南宽吻海豚。热带真海豚、长吻原海豚、中华白海豚、铅海豚、儒艮等9种。

（4）广温种有灰鲸、蓝鲸、长须鲸、鰛鲸、小鰛鲸、座头鲸、抹香鲸、剑吻鲸、虎鲸、伪虎鲸等10种。

（5）地区特有种白鱀豚。

总括起来，中国近海的须鲸类以广温型多，齿鲸类温水型多，鳍脚类全为冷水型种，儒艮为暖水型种。某些种类在各海区的分布反映了各海区不同地理位置间不同区系标志，但海洋哺乳动物的活动范围很广，也往往受外界因素的影响，致使某个种在某一海区的出现可能是偶然现象。

中国海洋哺乳动物在各自然海区按种类论，渤海最贫乏，南海最多，自北部海区往南逐渐增多。渤海在区系组成上可视为黄海的一部分，黄海有20种，只有8种进入渤海，这可能是由于渤海是个较浅的内海所致。东海有21种，南海有26种（包括台湾省南部水域）。南北各海区比较：黄海与东海相同的种类有15种，东海与南海相同的种类有19种，黄海与南海相同的种类有15种。大陆沿岸与台湾省沿岸对比：大陆沿岸有31种，台湾省沿岸有26种，相同的种类20种，仅见于大陆沿岸的11种，仅见于台湾沿岸的6种。中国近海各海区共有种为长须鲸、小鰛鲸、虎鲸、伪虎鲸、真海豚、宽吻海豚、江豚等，大多数为广温性种类。

随着地理位置的南移,冷水成分逐渐减少,暖水成分逐渐增多。黄渤海基本属温带性质,除了来自日本海的一些冷水种鳍脚类外,大部分为来自日本海或南方海区分布很广的温水种和广温种。特别是一些冷水性强的种类未分布到南海,如斑海豹受沿岸寒流的影响有时可分布到东海南部,这些冷水种类又代表着北部海区海洋哺乳动物的区系特征。东海区冷水成分减少,而暖水种成分稍多于冷水种成分,主要为北下或南上的温水种和广温种成分组成。东海既为冷水种的分布南界,也为暖水种的分布北界,而成为混合分布的过渡区。南海区包括台湾海区具有热带性和亚热带性特征,以暖水种和温水种占绝对优势。有些热带性较强的种类如瓜头鲸、沙漏海豚、热带真海豚、儒艮等仅分布于南海区;有些种类受黑潮暖流支流的影响或有越界,如中华白海豚、铅海豚等可延伸分布至东海北部;而中华白海豚也曾进入长江内;这些种类明显地代表着南部海区海洋哺乳动物的区系特征。

台湾东部和南部因受黑潮暖流的影响,其区系与南海基本相同属亚热带性区系,但台湾有些种在隔海相望的福建近海并未发现,说明东海西南岸、台湾海峡与台湾岛周围虽然相距较近,但区系有较大的差别。福建沿岸虽有冷水种游入,而一些典型的热带种如儒艮并不出现在福建沿岸,儒艮既不达到广东的东南沿岸,也不越过台湾海峡,却受黑潮暖流的影响经台湾东侧,偏向东北越过28N分布到琉球群岛的奄美大岛水域。

第五节 鲸类的生态

一、鲸的结群

须鲸是两头到数头结群,也有的结成大群。两头洄游多是同龄的;大小差别不大时,较大者为雌,小者为雄;差异明显时,常为母子同游。也有父母与子女同游的较大群。须鲸是单配偶动物.

每到生殖季节,成熟的个体,一雌一雄组成一对配偶。齿鲸是多配偶动物,一雄多雌,如抹香鲸是数十头至数百头结成大群,出现于以赤道为中心的温、热带海区。该群中除一头强大的雄鲸外,其余都是雌鲸和随群的仔鲸。离群的雄鲸多是年老体衰者,不少曾是大群的统帅者,它们常索居于南北两极海域。

二、鲸的呼吸和潜水

鲸浮上水面张开鼻孔呼出肺中的空气,然后吸入新鲜空气。其呼气时常将喷气孔附近的海水一起喷上去,形成雾柱,俗称"喷水",日本称"喷潮"。鲸的呼吸时间很短,连续几次,同时发出呼声。每次出现"喷水","喷水"的间隔时间、高度、形状和大小因种类不同而有差异,这是识别鲸的依据之一。如蓝鲸呼吸一次 15s,其"喷水"非常强大,高达 12m;长须鲸的"喷水"细而高,8～10m;抹香鲸的"喷水"不是直上,而是和头顶成 45°倾斜向前方喷出;座头鲸的"喷水"宽阔而散乱,高约 6m;小鳁鲸的"喷水"淡薄,高仅 1.5～2m。也有的须鲸两鼻孔很靠近,"喷水"汇成一条。

鲸的潜水有两种:一种潜水浅,时间短,叫小潜水;另一种潜水深,时间长,叫大潜水。两种方式交替进行,一次大潜水后要进行几次小潜水。大潜水时尾部露出水面较多,座头鲸和抹香鲸等尾部全面现在水面上。大潜水的时间 7～10min。各种鲸的潜水时间不同。北齿槌鲸和抹香鲸分别潜水 120min 和 90min,一般是 50min。露脊鲸和鳁鲸分别能潜水 60min 和 40min,一般每潜水 10～15min 就在海面上休息 5～10min。海豚潜水不深,一般为 5min。

三、鲸的食料和捕食方式

须鲸的口中无牙,而在上颚两侧长着两排须,窗帘似地下垂着,那是由上颚皮肤角质化而成,每侧约 300 枚,每枚都呈板片状,须能不断增长,须鲸用须滤食。须鲸类的身体很大,一般体长 20m 以上,蓝鲸、露脊鲸、长须鲸、座头鲸都属此类。须鲸类滤食浮游生物、小虾和鱼。其胃容量可达3000L,每天能吃食数吨。齿鲸类口中有齿,用以捕食各种鱼类和乌贼等较大动物,有的捕食海豹等大动物。

四、鲸类的生殖习性

鲸类的性成熟年龄因种而异,一般大型比小型成熟晚。蓝鲸和长须鲸8~10年性成熟,宽吻海豚5~6年,鼠海豚平均15个月成熟。鲸类成熟后一般一年产一仔,很少产两仔。某些大型鲸3~4年产一仔,须鲸类2年产一仔。抹香鲸4年产仔,真海豚产仔3年,间歇一年。怀孕期:长须鲸11.5个月,蓝鲸9.5个月,鳁鲸和灰鲸各一年,抹香鲸和领航鲸怀孕期达16个月之久。胎体达母体长1/4~1/3时分娩,母鲸把尾高举于水面上,使所产生的小鲸能顺利地进行第一次吸气,使肺充满空气后才入水中。鲸类有一对乳房位于生殖裂两侧,在哺乳期间乳头从凹陷处突到外边。喂奶时,母鲸贴近水面,露出乳头,慢游,体略侧,仔鲸从后方接近乳头,用舌紧紧卷住它,此时鲸收缩乳腺周围的环状肌,压迫乳腺把乳汁喷射到仔鲸的舌卷管中。鲸乳含脂量特高,高于牛乳10倍,水分少,呈乳白色。

五、生长和年龄

长须鲸出生时长达6m。蓝鲸约7m,体重也很重,每天平均吃奶量300L。仔鲸哺乳期各不相同,齿鲸多为一年,抹香鲸是哺乳类中哺乳期最长的一种。须鲸的哺乳期稍短,座头鲸为10.5个月,蓝鲸为5~7个月。鲸类生长很快,蓝鲸出生后6~7个月体长达15m,长须鲸可达12m,重达23t。3岁时长到与母体同大并具生殖力,性成熟后生长即变得缓慢。

六、洄游和分布

鲸的栖息场所原来多数是在温暖海域,之后为了自身和种的生存,它也作广范围的洄游。鲸在温暖水域交尾、分娩、育幼,但这些水域食料生物较少,故本能地随食物多少而进行索饵洄游。鲸类的洄游以南北移动为多,一般3、4月由温带向寒带行索饵洄游,9、10月间由寒带向温带行生殖洄游。

第六节　哺乳纲的经济意义

一、哺乳动物的有益方面

(1)毛皮用。狼、狐、貉、紫貂、牛、羊、猪等哺乳动物的皮张是制作衣服、帽子、皮带、皮包、皮鞋和手套的好材料。

(2)食用。自古以来,哺乳动物就为人类提供肉、奶等食品,随着生物高新技术的发展,哺乳动物将会为人类提供更多的味美价廉的肉和奶。

(3)药用。哺乳动物身体的许多部位或其代谢产物和排泄物均可入药,如牛黄(牛的胆结石)、鹿茸、麝香(麝的皮肤腺分泌物)、紫河车(人胎盘)、夜明砂(蝙蝠粪)等。

(4)役用。大象用来搬运重物;骆驼被称为"沙漠之舟";牛、马、骡、驴等用来拉车、犁地;狗、猪等经过训练可帮助检查毒品。

(5)饲料和肥料。牛、羊、猪等屠宰后的下脚料可制成肉骨粉、血粉,其粪便经过处理可作鱼类、蚯蚓等动物的饲料。牛、马、骡、驴、猪、羊等动物的粪便是优质的有机肥料。

(6)仿生。蝙蝠、海豚等动物的声呐系统是现代国防高新技术的仿生对象。

(7)观赏。体形较小的猫、狗、猪、鼠、兔等可作为宠物,体形较大的大象、猴子、熊、狮、虎、豹等动物经过专业训练可表演各种精彩的节目,牛角、鹿角、羊角等有相当高的装饰价值。

(8)实验材料。许多实验不便在人身体上进行,常用猴子、狗、猫、兔、鼠等来代替。

(9)生态平衡。哺乳动物是生态系统中的一员,对维持整个生态系统的平衡起着非常重要的作用。

二、哺乳动物的有害方面

(1)对人、畜的生命安全构成威胁。狮、虎、豹、熊、狼、豺等猛兽可直接杀死人和家畜,有一些哺乳动物可传播鼠疫、狂犬病、出血热、猪流感等疾病。

(2)危害工农业生产。野猪、狗獾、鼠类等危害农作物、森林、草原等,鼠类的噬咬和打洞的习性可破坏堤坝、建筑物、家具、文物及日用品。

(3)污染环境。哺乳动物的排泄物可造成不同程度的环境污染。

第七节　哺乳动物与人类的关系

哺乳动物与人类建立关系历史悠久,人类与哺乳动物的关系极为密切。一方面,猪、兔、羊、牛是人类饲养的家畜,它们为人类提供肉食、乳品、毛皮及役用的重要对象;野生哺乳类动物也能提供大量的肉、优质裘皮、药材及工业原料,它们更是平衡生态系统的重要因素。大白鼠、小白鼠、豚鼠、兔和猕猴为人类的科学研究和新药研究做出了很大的贡献。另一方面,某些兽类(尤其是啮齿类)严重危害农、林、牧业生产,并能通过空气或其他媒介传播疾病,严重威胁人类健康。这就要求我们必须保护和科学利用有益的哺乳动物,控制好有害动物对人类的危害。

一、害兽的防治

防治害兽的基本原则是控制害兽数量。通过调查研究掌握害兽的生活习性、种群数量、危害规律,如果能够通过科学手段能使害虫绝育那是最好不过的。

哺乳类中对人类危害最大的是鼠类,这与它们种类多、分布广、种群密度高和繁殖快等密切相关。鼠类除严重危害农、林、牧业生产外,还是多种疾病的病原体和媒介节肢动物的寄主或携带者。鼠类咬啮硬物和穿挖洞穴的习性还会导致水灾、地下线路破损等。通过破坏鼠类的地下洞穴,提高储量区建筑质量以控制其种群数量。我国曾经开展"灭四害",并从中取得了大量的经验。灭鼠工作通常包括器械、药物和生物灭鼠。在居民点使用器械灭鼠较为方便。药物灭鼠是大面积灭鼠的主要方法,但鼠尸残毒会引起其他生物的二次中毒,必须严加管理。生物灭鼠除了要保护鼠类的天敌外,主要是采用病原微生物灭鼠,这也是有待于深入研究的领域。总之,人类与鼠类的斗争是长期的。

此外,有些兽类在局部地区或某时期内种群密度过高时,也会给人类造成危害。如野猪、豪猪、熊、野兔和獾等对农田造成了一定的危害。狼往往袭击猪、羊等家畜,是危害家畜的害兽。

二、哺乳动物资源

(一)珍稀种类

我国的哺乳动物资源比较丰富,共约 600 种,约占世界哺乳动物总数的 12%,其中我国特产种类有 83 种,如白头叶猴、白唇鹿、华南虎、白鳍豚和大熊猫等。此外,有些哺乳类虽然也分布于其他国家,但我国是其最主要的分布区,如毛冠鹿、梅花鹿、林麝、小熊猫等。在哺乳动物中,有国家Ⅰ级重点保护动物 65 种,国家Ⅱ级重点保护动物 75 种,分别占我国哺乳动物总数的 12.7% 和 14.7%。

(二)毛皮动物资源

许多哺乳动物的毛皮都能制革或制裘。全世界可以利用的毛皮动物有 1600 多种,约占哺乳动物总数的 39%。我国经济价值较高的毛皮动物有 80 余种。在毛皮动物资源中,最华丽、最珍贵的是鼬科、犬科和猫科动物的毛皮,为世界毛皮贸易中的主要种类。如狐、貉的毛皮为上等裘皮,貉绒尤为名贵。制革用毛皮动物主要是有蹄类,尤其是偶蹄类。麂皮是制革的上等原料,可用于制作皮夹克、皮鞋、手套等。用麂皮制作的衣服能与呢料媲美,既美观、柔软,又经久耐磨。牛皮、羊皮、猪皮是制作皮衣、皮鞋、皮包等的优质原料。

(三)药用动物资源

据《本草纲目》记载,药用的哺乳种类达 32 种之多。如刺猬的皮和胆、鼹鼠类的肉、绝大多数翼手类的粪便(夜明砂)、鼠兔的粪(草灵脂)、鼯鼠的粪(五灵脂)、穿山甲的肉和鳞片、羚羊类的角、鳍脚类的睾丸和阴茎、驴皮熬制的阿胶、虎骨、熊胆、鹿茸、鹿血、河狸香腺、鼢鼠骨、牛黄和麝香等均是贵重的中药材。

(四)食用动物资源

哺乳动物是人类肉食的直接来源,从营养角度来看,绝大多数哺乳动物都有很高的营养价值,但被人们广泛食用的种类,主要包括偶蹄类、兔类、食肉类和啮齿类中的部分种类。如我国鹿的产量曾年达 90 万头,但因过度猎捕,资源量下降,故大力开展养鹿业是解决资源量不足的有效途径。野猪、黄羊、斑羚等均有很高的食用价值。野兔的蛋白质含量很高,可达 21.5%,高于鸡肉、牛肉、猪肉的蛋白质含量,容易消化,是优质的食用动物资源。野兔繁殖速度快、种群数量庞大,具有很好的开发前景。松鼠肉嫩味鲜,是加工香肠及肉松的上等原料。豪猪、竹鼠、大仓鼠、黄鼠等啮齿类的肉质细嫩,均可食用。

(五)观赏用资源

金丝猴、猕猴、长臂猿、熊、小熊猫、大熊猫、云豹、雪豹、猞猁、豹、虎、梅花鹿等均有很好的观赏价值,是动物园吸引游客的著名观赏种类。有些种类(如大熊猫等)已成为国家之间的友好使者。

鹿头(角)、狗头(角)、牛头(角)、羚羊头(角)等都是富有大自然气息的高级装饰品和工艺品。

(六)狩猎用资源

狩猎是人类远古时代遗留至今的习性,当下,必须在保持种群正常增殖前提下进行,狩猎、驯养和自然保护是最大限度地、长期地合理利用野生动物资源的重要内容。我国的狩猎活动多数是为了获取产品,长期无计划地乱捕滥猎,导致动物资源下降,甚至物种濒危。在国外,有计划的狩猎已经成为体育和娱乐活动的内容之一。大力开展人工驯养,开展以体育及娱乐活动为目的的狩猎活动,具有广阔的发展前景。

(七)科研用资源

某些哺乳类动物的实验在动物行为学、现代医学、免疫学、药物筛选与检验、肿瘤研究等领域中具有重要的意义。比较常用的实验动物包括家兔、大白鼠、小白鼠、犬和猴等。大、小白鼠因其个体小、生活史短、种群数量大、易于室内繁殖等特点,是目前最为常用的实验动物。非人灵长类动物高级神经活动和行为的精细与复杂性,使它们成为研究脑功能和行为的理想模式动物,也是新药临床前实验、安全评价中必须使用的实验动物。

第八节 海洋哺乳动物保护

我国海域的海兽资源较为丰富,有鲸类 30 种,鳍脚类 5 种,儒艮 1 种。如渤海有海豹,靠海有须鲸,南海有儒艮,东海有海豚,台湾附近海域还有抹香鲸,长江中下游段栖息着我国特有的白鱀豚。鲸皮可制革,肉可食用,脂肪可制精密仪表用油、机械油、蜡、肥皂等,鲸骨做骨粉,肝脏可做维生素制剂,用途非常广泛。

我国海域纵跨 3 个温度带（暖温带、亚热带和热带），受沿岸流、黑潮暖流和上升流等多种流系影响，大陆岸线长 1.8 万 km，海岸滩涂和大陆架面积广阔。1500 多条河流入海。其有海岸滩涂生态系统和河口、湿地、海岛、红树林、珊瑚礁、上升流及大洋等各种生态系统。因此，我国海洋生物物种、生态类型和群落结构表现出丰富的多样性特点。自 20 世纪 50 年代以来，特别是近 20 年我国沿海地区经济得到长足的发展，开发利用海洋的活动也不断增强，海洋生态环境问题也随之日益突出。20 年来，我国在减少海洋污染，控制捕捞强度和加强海洋管理以及保护海域生态环境方面做出了巨大的努力，并取得了明显效果。实践已经表明，在发展海洋产业、振兴沿海经济的同时，必须重视海洋生物多样性的保护和持续利用，两者不可偏废，实践还表明，除加强海洋生态环境管理之外，加强海洋自然保护区的建设是保护海洋生物多样性和防止海洋生态环境恶化的最有效途径。然而，由于我们是发展中国家，经济尚处于力求满足人民生活基本需要的发展阶段，目前仍未能完全有效地制止海洋生态环境和陆地水域环境的继续恶化。但是我国政府和人民已经认识到生物保护在持续发展中的重要作用。

第九节 海洋哺乳动物的开发利用

通常我们将海洋哺乳动物称作海兽，海洋哺乳动物与人类生活和其他海洋科学的探索密不可分，是生物学、生理学甚至医学上重要的研究内容。

一、对鲸类的开发利用

海兽中经济价值最大的当首推鲸类。鲸类是人类开发最早的海洋物种之一，鲸的全身都是宝，脂肪可以炼油，是油脂工业和化学工业的重要原料。鲸油除了可以提炼出高级润滑油外，还有其他许多种用途。鲸肉是美味的食品,尤其是须鲸肉味道鲜美,不亚于牛、羊等畜肉。鲸皮可以制革,质量不亚于牛皮。骨骼可以做骨粉,用于制造含氮、磷的肥料,骨骼和牙齿还可用于雕刻艺术品。

肝脏可制维生素制剂,胰脏、甲状腺、肾脏、睾丸、消化道、卵巢、胎盘、脑垂体等器官可制造多种营养剂、消化剂、胰岛素和多种激素制剂。鲸须可制作各种工艺品。

二、对鳍脚类的开发利用

鳍脚类动物全身是宝,毛皮海狮的皮可以做成珍贵的千金裘,肉可以食用,脂肪可以炼油。此外鳍脚类还有很大的药用价值,如海豹肝含有大量维生素 B_1、B_2、B_{12} 和叶酸,可以治疗低血压。脂肪可以治疗皮肤病、咳嗽、气管炎、肺气肿等。雄性生殖器对男子阳痿、早泄、气虚体弱、腰膝酸软等有奇特的疗效,"三鞭酒"或"三鞭丸"就含有海狗或海豹的雄性激素。从加工海豹骨骼中得到的低分子多肽,对消化有极大的帮助,并能扩张血管促进血液循环和利尿的作用。

三、对海獭的开发利用和保护

海獭绒毛细密,毛皮极为珍贵,人们不惜一切乱捕滥杀,造成海獭的数量锐减。鉴于此,美、日、俄和英国签订了一项旨在完全保护海獭和海狗的《国际毛皮条约》,此条约公布后,海獭的数量才逐渐得到恢复,现在全世界海獭的总数量估计约15万只。

四、对海牛的开发利用和保护

海牛肉和小牛肉或猪肉十分相似,一头成年海牛平均产鲜肉100~150公斤,油28~45L。在1935—1954年间约有20万只海牛被杀,现在已是濒危物种。海牛是唯一的草食性水生兽,其作用颇像水牛。儒艮的油具有很好的保健功能,皮可制革,适于做凉鞋,致密的骨骼和大牙可用作象牙雕刻。1960 年儒艮开始受到保护。国际海生动物保护单位已把儒艮列为易受危害的动物,有关儒艮产品的贸易受到世界各国的一直制裁和禁止。

五、我国对海兽的利用和保护

在我国辽阔的海域中,海兽资源是很丰富的。新中国成立以后,我国的捕鲸事业获得了很大发展。据不完全统计,20 多年来共捕获小须鲸 1600 多头,伪虎鲸、真海豚等各种海豚数百头。但是,为了保护鲸类资源,我国早已停止一切捕鲸作业。对其他海兽资源也严加保护。例如,把白鳍豚、儒艮等列为国家一类保护动物,将斑海豹、座头鲸、长须鲸、黑露脊鲸、江豚等列为国家二类保护动物;并且还建立了自然保护区,例如,在广西合浦县建立儒艮自然保护区。

第九章 动物进化及其地理分布研究

地球上生存的物种形形色色,种类繁多,并且还在不断地有新物种的产生和旧物种的消失。现存 200 多万种物种究竟是怎样来的呢？达尔文发展了拉马克学说,阐述了生物是进化来的科学论断,为人类科学地认识生命世界奠定了基础。

第一节 动物进化的主要例证

一、动物胚胎学方面的例证

各种不同的脊椎动物,无论其成体和生活习性差异有多大,如果将它们早期的胚胎加以比较,就不难发现它们之间存在着多么惊人的相似,而且越是处于早期的胚胎阶段,从形态上越难以辨别。所有陆生脊椎动物在胚胎发育的早期都具有鳃裂和尾,头部较大,身体弯曲。即使是人类,在胚胎发育的初期也同样具有鳃裂、尾巴等,以后消失。种种迹象表明,脊椎动物都来自一个共同的祖先。

二、动物解剖学方面的例证

通过比较解剖学的研究发现,不同动物的体内存在着痕迹器官(vestigial organ)、同源器官(homologous organ)和同功器官(analogous organ),这些都能为生物间的亲缘关系和进化提供例证。

痕迹器官是指动物体内的某些器官,会随着动物的进化而逐渐退化,失去功能。如人的盲肠、耳肌、瞬膜、尾椎骨,鲸鱼的后肢等。这些痕迹器官的存在,证明了人类正是从具有这些器官的动物进化而来的。

同源器官是指不同动物的器官,形状和功能都不同,但在结构和发生上却是相同的。如鸟的翅、鲸鱼的鳍、马的前腿、蝙蝠的翼及人的手臂等,都属于五趾型附肢,只是由于不同的动物为了适应不同的生存环境,逐渐演化成了不同的器官。这些同源器官,也为生命进化理论提供了证据。

三、动物生理生化方面的例证

动物有机体的结构与生理功能是密切联系的。结构相似,生理功能也相近。亲缘关系近的个体之间在血液的生理生化方面要比亲缘关系远的个体间相似;体内的激素等也是如此。有的有机物甚至可以替换。

血清免疫反应:每种动物的血清中,都含有特异的蛋白质,这些蛋白质的相似程度,可通过抗原—抗体反应查明。方法是:向甲动物体内注射少量乙动物的血清,甲动物的血浆细胞会对乙动物的抗原迅速产生抗体,将这种血清样本稀释后,再与一滴乙动物的血清混合,就会发生抗体—抗原反应,即产生明显的沉淀。产生的沉淀越多,证明两种动物相近的蛋白质越多,亲缘关系越近;反之,沉淀少或没有沉淀产生,则证明两种动物亲缘关系远或无亲缘关系。利用这种方法,科学家们找到了与人类血缘关系最近的是类人猿,以后依次是东半球的猴、西半球的猴、跗猴类。此外,还测出猫、狗、熊之间的亲缘关系也很近。奶牛、绵羊、山羊、鹿和羚羊之间也有很近的亲缘关系。

四、动物地理学方面的例证

动物的地理分布,也可证明生物的进化过程。如澳大利亚、新西兰等地区真兽类极少,即使有哺乳动物,也都是有袋类动物(袋鼠、袋狼和树熊等)和单孔类。唯一合理的解释就是澳洲在真兽类发生以前就脱离了大陆。所以在那里,动物一直维持在有袋类和单孔类等原始哺乳动物这一水平上。

五、古生物化石方面的证据

化石是过去生命的记录,是那些现在已经灭绝的生命的遗体和遗迹。生物体死亡后,很快就会腐烂。只有一些坚硬的部分如骨骼、贝壳、几丁质等在偶然的情况下,经过漫长的岁月,被大自然矿化,随着地壳的运动被埋藏于地下,从而有幸保留下来,成为我们今日所见到的化石。由于化石的形成是偶然的、有选择性的,它只保留了生物全部进化过程的某一片断,所以,往往会出现偏差。但化石仍不失为动物进化过程中最有力和最直接的证据。如马和象的化石能够清晰地显示出马和象进化的历程。

六、蛋白质及核酸的现代分子生物学例证

通过生物化学的分析可知,构成各种类型生物的化学元素是一样的;构成蛋白质的 20 种氨基酸是一样的;构成 DNA 的四种脱氧核糖核苷酸和构成 RNA 的四种核糖核苷酸是一样的;所有的遗传物质和遗传密码是一样的;各种生命活动中的高能化合物 ATP 是一样的;各种生物体内的糖酵解过程都是相似的,等等。这些分析表明,各种生物的结构和基本生命活动方面的高度一致性,证明一切生物具有共同起源。近 20 年来,分子系统学(molecular phylogenetics)的迅猛发展极大地推动了动物进化的研究。分析和比对不同物种的同一种蛋白质的氨基酸组成和序列或不同物种的同一种基因的 DNA 序列,或者比较蛋白质或 RNA 的高级结构等数据,通过分析软件可以估计各种生物之间的亲缘关系。

第二节 进化理论

一、拉马克主义

法国生物学家拉马克(L. B. Lamarck,1744—1829)是现代进化论的最初奠基者。他在1809年出版的《动物哲学》中首先阐明了动物是进化来的。拉马克主义——"获得性遗传"理论的精髓在于:由于环境改变,有机体会产生适应性的变异并遗传给下一代。他举的最著名的例子是长颈鹿。长颈鹿祖先的颈并不很长,但由于它们生活在经常干旱、地面缺草的非洲大陆,迫使它们不得不经常伸颈觅树叶,久而久之,颈部逐渐增长,并遗传给后代,最后形成了现代的长颈鹿,这是"用进"的例子。另外,营穴居生活的鼠,两眼发生了退化,这是"废退"的例子。这些都说明:环境条件的改变,决定了变异的方向,我们将它称为定向变异。

按照拉马克的定向变异理论,变异是受外界环境直接影响的。但事实上,在相同的环境下,生活着不同的生物;反之,在不同的环境下,又存在同种生物。相似的变异能在不同的条件下发生,不同的变异又能在相似的条件下发生。拉马克的定向渐变理论不能对上述情况做出合理的解释,因此,近代绝大多数生物学家没有接受这一理论,因为遗传学的研究表明,有机体的某些特征是由其一生形成的,无法遗传给下一代,如动物发达的肌肉。不过,限于当时的科学发展水平,他能够首先冲破神创论的禁锢,提出生物进化的观点,是难能可贵的。

二、达尔文主义

达尔文(Charles Darwin,1809—1882)在不满23岁时,就以自然科学家的身份,乘坐英国皇家贝格尔号军舰,开始了长达5年(1831—1836)的环球旅行,在收集了大量的资料后,又经过20

余年的潜心研究,终于在 1859 年出版了不朽之作《物种起源》,提出了以自然选择理论为基础的进化学说,即达尔文主义。主要包括以下 5 点。

(一)永恒的变化

他强调生命世界既不是永恒的,也不是周而复始的循环,而是在慢慢地发生着变化。

(二)共同起源

所有的生物都来自共同的祖先。从系统发生上看,生命史都有分支的进化树结构。

(三)物种的种类增多

从生物的祖先开始,通过遗传变异,不断地分化出新种,使物种的种类逐渐增多。

(四)渐进主义

生物在进化过程中,不同的物种间在解剖形态上都存在着明显的差异。这些差异是通过世世代代许多微小的有益变异长期累积形成的,而非短时间内突然形成的。

(五)自然选择

他认为生物在生存竞争中,通过遗传变异,将具有有益变异的个体保留下来,并将这些变异遗传下去;而且具有有害变异的个体,会被淘汰。这就是自然选择。自然选择学说是达尔文进化论的核心。

达尔文的自然选择学说基本是正确的,但也存在着两个弱点:一是生物为什么能发生变异,从而导致生物的进化?二是自然选择的结果为什么能遗传给后代?限于当时的科学水平,这些问题很难解释清楚;但达尔文的进化论仍极大地推动了生物科学的发展。

三、综合进化论

自 20 世纪 30 年代以后,科学家综合了染色体遗传学、群体遗传学、物种概念与分类学、生态学、地理学、古生物学、胚胎学和生物化学等许多有关学科的研究成果而提出的综合进化论(the evolutionary synthesis),综合了达尔文的进化论与新达尔文主义的基因论。这一学派的著名学者有杜布赞斯基(T. Dobzhansky)、赫胥黎(J. Huxley)、辛普森(G. Simpson)、壬席(B. Rensch)、迈尔(E. Mayr)、史太宾斯(G. Stebbins)、费希尔(R. Fisher)和霍尔丹(J. Haldane)等。其中最突出的是杜布赞斯基,他的《遗传学和物种起源》(1937)一书完成了对现代进化理论的综合。他认为群体是指在一定地区的一群可以进行交配的个体,享有共同的基因库。生物进化的基本单位应是群体,故进化机制的研究应属群体遗传学范畴。基因突变、自然选择和隔离是物种形成和生物进化的机制。基因突变提供了生物进化的材料;自然选择可保留有利的变异和消除有害突变,从而使基因频率定向改变;地理隔离在物种形成中起促进性状分歧的作用,是生殖隔离的先决条件,最终导致新物种出现。

1947 年在美国普林斯顿召开的国际会议上,综合进化论的观点为大多数学者和学派所公认:彻底否定了获得性遗传;强调进化的渐进性;认为进化是群体而非个体现象;将物种看作是一个生殖隔离的种群;肯定了自然选择的压倒一切的重要性,认为进化的速度和方向几乎完全是由自然选择所决定的。从而继承和发展了达尔文的进化学说。

四、分子进化的中性学说

1968 年,日本遗传学家木村资生提出中性学说,认为在分子水平上,生物进化不受自然选择的作用,而是按一定的速率随机地突变,这些突变对生物的生存没有好处也没有坏处,对生物的生殖力和生活力,即适合度没有影响。木村在当时是根据蛋白质序列提出这个学说的,自20世纪80年代以来,DNA序列大量测定所得的结果表明DNA序列的改变更符合中性学说。有关中性学说的正确性和适用范围目前仍然没有定论。

20世纪50年代以后,先后搞清楚了许多生物大分子的一级结构。通过比较不同生物的某些功能相同的蛋白质的氨基酸序列差异,人们发现,亲缘关系近的差异较小,亲缘关系远的差异较大,与物种的表型进化情况基本一致。分子进化有3个特点:一是多样性程度高,与表型多态(即在相互交配的群体中存在着两种或多种基因型的现象)相比,分子多态更为丰富(例如细胞色素C这种蛋白质分子在行有氧呼吸的不同物种中就有种种不同的分子结构);二是各种同源分子能很好地完成各自的功能(如脊椎动物的血红蛋白分子都能运氧、各种生物的细胞色素C都能在氧化磷酸化中完成电子的传递等);三是随着生物从低级向高级演化,同源分子中逐年发生氨基酸或核苷酸的替换,且替换速率数基本恒定。关于大分子的进化性变化,早在1965年楚克坎德尔和波林等就有过全面的论述。木村的功绩是在理论上更迈进一步,把中性突变和遗传随机漂变放到决定性的位置上,提出分子进化的中性学说,较合理地解释了分子进化的各种现象。

第三节 动物进化规律

地球上形形色色的动物,尽管形态与功能千差万别,但都遵循着一定的进化规律,按照由低等到高等,由简单到复杂,由水生向陆生的总趋势不断地进化发展的。了解一些动物进化规律有助于更深刻地认识动物界。

一、适应辐射律

原始的物种在扩大生存范围和占领区域的过程中,由于受到不同环境因素的影响,会逐渐形成不同的适应器官,这种现象称为适应辐射。达尔文称之为性状分歧。哺乳动物具有共同的祖先,由于生活环境不同,逐渐产生了不同的类型,如水中生活的鲸,适于飞翔的蝙蝠,树栖的长臂猿等。

二、平行律

不同类群的动物,由于生活在极其相似的环境条件下,对等的器官可以出现相似的性状,这就是平行律。如翼手目的蝙蝠和啮齿目的鼯鼠,前者在黄昏时飞出来寻找昆虫,后者在晚上于树间滑行觅食。他们的前后肢都有一张皮膜相连。

三、趋同律

亲缘关系较远的不同类群,生活在相同的环境条件下,他们不对等的器官可以出现相似的性状,这种现象称为趋同律。如蝴蝶的翅和鸟类的翅都有飞翔作用。

四、不可逆律

动物在进化过程中所丧失的某些器官,即使后代恢复了祖先的生活环境,也不会再度出现,这种现象称为不可逆律。如重新回到海洋中适应水中生活的鲸类,仍然用肺呼吸,而不会恢复到他们祖先用鳃呼吸的状态。

动物按照进化的规律不断发展变化,经过几亿年的时间推移,呈现为今天这样种类纷繁的动物界。地球上最早的生命体,应是一团能进行新陈代谢的蛋白质体,当有了细胞核和细胞质的分化，便形成了单细胞动物。原始的单细胞动物可能是原始鞭毛虫类，以后又进化出更高等一些的原生动物。单细胞的原生动物个体聚集在一起生存，成为单细胞的群体，群体逐渐发生形态上的分化和机能上的分工，继而演化为多细胞动物。最原始的多细胞动物——海绵动物就是由领鞭毛虫的群体进化而来的。

腔肠动物一般认为起源于类似浮浪幼虫的祖先。从腔肠动物到扁形动物，动物不断地进化发展，从两胚层分化为三胚层；体制由辐射对称转变成两侧对称。两侧对称的体制和中胚层的出现，为动物从被动的漂浮或固着生活，过渡到主动运动和登上陆地生活奠定了基础。三胚层动物的进化分为两支，一支是原口动物，包括扁形动物、线形动物、软体动物、环节动物和节肢动物等，另一支是后口动物，包括棘皮动物和脊索动物。

扁形动物起源于浮浪幼虫的祖先，线形动物可以和扁形动物的涡虫纲联系起来。环节动物一般认为起源于扁形动物的涡虫纲。软体动物胚胎发育过程中的螺旋形卵裂和担轮幼虫相同，充分显示出它们与环节动物的亲缘关系较密切。这两门动物应是同一祖先分别朝着不同的方向发展的结果。

节肢动物是由环节动物进化而来的。动物在长期的演化过程中，细胞的形态、机能逐步分化，出现了各种复杂的组织、体腔和器官系统，身体由不分体节到分节现象的产生，再到体节发生愈合和身体的分部；附肢从无到有，由疣足到节肢；神经细胞由分散到集中，神经冲动由弥散型的缓慢传导到沿着特定的方向迅速传导。

脊椎动物的出现，是动物演化史上的一个飞跃。目前一般认为脊索动物可能和棘皮动物有共同的原始祖先，因为脊索动物和棘皮动物都是后口动物，其祖先一支演化成棘皮动物；另一支演化成脊索动物的祖先。

由无头类分化出原始有头类，这是原始的脊椎动物，以后分化为两支：一支是无颌类，化石无颌类及现存的圆口纲动物都没有上下颌；另一支是有颌类，后来发展成为鱼类。从没有上下颌到颌口的出现是脊椎动物进化的一大飞跃。原始鱼类大约出现在四亿多年前的古生代奥陶纪，而泥盆纪则是鱼类广泛分布和繁殖的时代，从早期鱼类化石来看，它们都生活在淡水。因此，可以认为鱼类起源于内陆水域，然后再迁居到海中繁衍。

脊椎动物演化的第二阶段是两栖类的出现和成功登陆。古生代泥盆纪末期，地壳强烈运动，大片陆地上升，气候环境变化剧烈，地面上出现了季节性干旱，巨大的木贼、石松和蕨类植物沿着广阔的沼地和淡水河岸生长繁殖。大量的残枝落叶在水中腐烂，造成严重的缺氧。一些河湖、池沼甚至干涸无水，水中的生活环境变得恶化起来，其中一种古总鳍鱼类可以通过内鼻孔和"肺"进行呼吸，靠肉质丰富且有力的偶鳍把身体支撑起来爬行运动，在长期的适应过程中，古总鳍鱼类终于演变出原始的两栖类，具有肉质柄的偶鳍发展为五趾型附肢，肺呼吸代替了鳃呼吸，由水栖过渡到陆栖，揭开了脊椎动物向陆地发展的序幕。

爬行类在 2 亿多年前的古生代石炭纪末期，由古两栖类分化而出，当时的自然环境在很大范围内的气候条件是潮湿和温暖的，且较稳定，石炭纪末期自然条件渐次变坏，开始出现寒冷的冬季。在石炭纪和二叠纪交替时期，地壳又发生了很大的变化，大面积的陆地变得干燥、炎热和沙漠化。古两栖类长期生活在这种由潮湿变为干燥的环境中，逐渐形成了新的适应，首先是富于腺体的皮肤演变为厚的角质板，皮肤腺退化，防止了体内水分的蒸发。尤其是在生殖方面有了较大发展，羊膜卵外具坚固的卵壳，可免受干燥的影响，使动物能完全摆脱对水环境的依赖而适应陆地生活。

爬行类出现后，迅速在中生代大量地繁殖，并适应辐射出形形色色的古爬行动物：地面上爬行的有体长达10余米的巨型恐龙；空中飞行的有翼龙和羽齿龙；水中游泳的有蛇颈龙和鱼龙。整个中生代被誉为"爬行动物时代"。由于地形和气候变化不大，古爬行类在特定的环境中生活，造成了身体结构的极端特化，如体大、头小、前肢短、后肢粗大、食量过大而生殖率低等，它们对气候等自然环境的依赖性极大，因此，对中生代末地球上的造山运动所引起的气候剧烈变化难以适应，大量绝灭，现存的仅有龟、蛇、蜥蜴和鳄4类。

哺乳类和鸟类先后从古爬行动物演化而来。哺乳类最初出现于约2亿年前的中生代中期。原始哺乳类的脑在进化中更加发展，同时还具有恒温、胎生、哺乳等优越的特性。因此，于中生代末期在同爬行类的生存竞争中得以生存，到第三纪时，终于代替爬行类而取得动物界中的优势地位。

鸟类出现于中生代末期，距今约一亿五千六百万年，较哺乳类晚。始祖鸟化石发现于侏罗纪的地层中，从羽的存在可推断它是能够飞翔的恒温动物。到白垩纪后，鸟类的飞行特征愈益显著。从第三纪开始，现代的各种鸟类都先后出现。

在距今约300万年前（第四纪）出现了最早的人类，随着人类的出现，地球进入到人类历史时代。

动物界的发展过程，有着漫长的起源、分化和发展史。由于它们的发展很不平衡，因此，有的仍停留在原始的低级阶段，有的特化发展，有的则向着更高的水平进化。根据动物的发展水平和各个类群间的亲缘关系，人们通常用谱系树（系统树）（图9-1）来表示动物的系统发生。谱系树的基部代表原始的或低等的种类，沿着树干发出若干分支，越往上走，排列的动物越高等。分支处往往是化石（如爬行类和鸟类的分支点有始祖鸟的化石），各分支的末梢代表现存的种类。

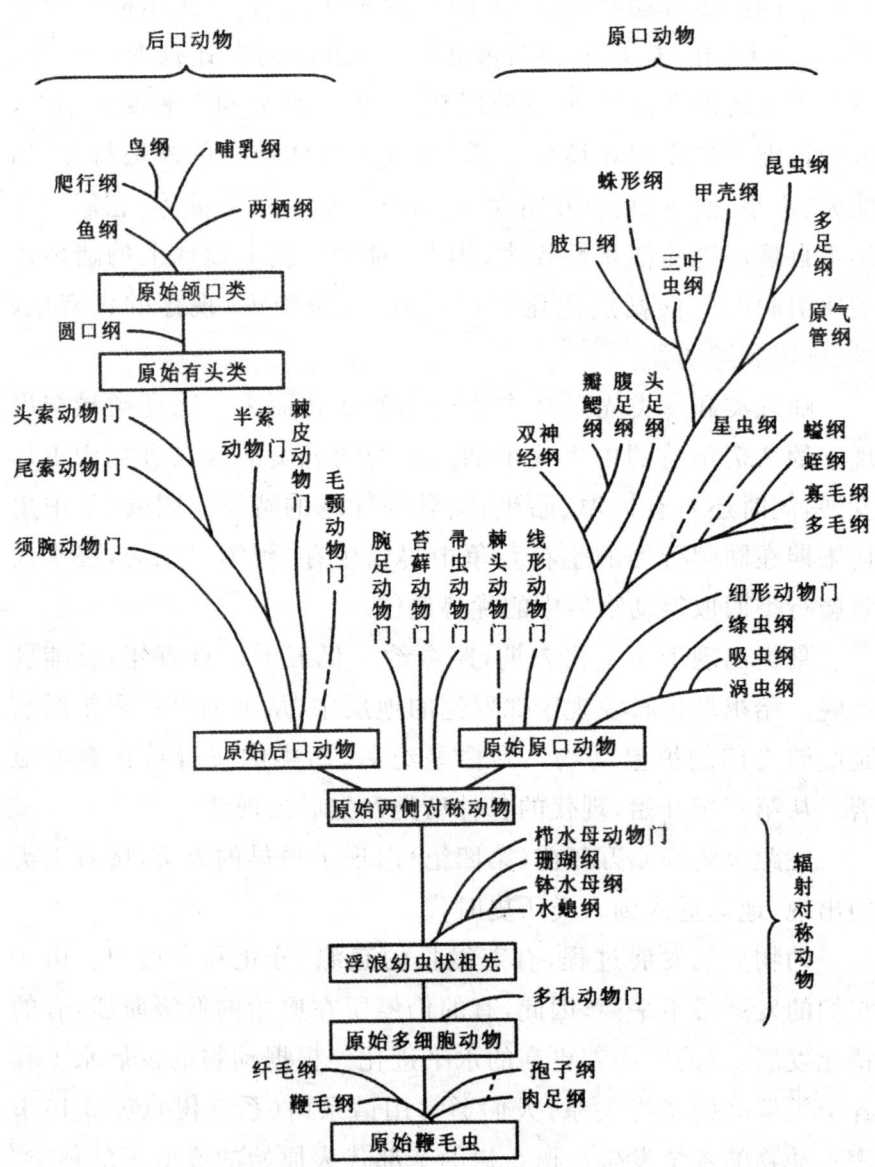

图 9-1 动物界演化树（仿周正西）

第四节　脊椎动物的起源与演化

海洋是生命的发源地,也是生物生活和进化的最佳环境。人类的胚胎发育,反映人类的系统发育,证明人类在系统发育的进程中,经历过水生生活阶段,然后登上大陆进化而来的。现有的哺乳动物,具有水生哺乳动物,如鲸;两栖哺乳动物,如海豚等;陆生哺乳动物,如人类等三种类型。它们之间,以陆生哺乳动物的进化程度最高,两栖哺乳动物的进化程度次之,水生哺乳动物的进化程度最低。据此,哺乳动物的进化程序,应是由水生哺乳动物,经过两栖哺乳动物,登陆后进化为陆生哺乳动物。能水陆两栖生活的水獭,其体形和外部特征均保持与陆生哺乳动物相一致;能水陆两栖的海豚,其体形与外部特征,也都保持与水生哺乳动物鲸相一致。以此证明,水獭应是由陆生哺乳动物入水,成为可以水陆两栖生活的哺乳动物;海豚是由水生哺乳动物登陆,成为可以水陆两栖生活的哺乳动物。在大陆上生活的动物,在海洋的咸水中是不能生存的,因此,鲸只能是由生活在海洋中的鱼类进化而来的,绝不能是由陆生哺乳动物入水后退化而来的。生活在大陆上的动物,不应是由大陆上的动物,经历由低级向高级进化,最后进化为陆生哺乳动物,因为这条进化线连接不起来,不是一条实线,而是一条虚线。正确的认识,应是大陆上不同进化阶段的动物,只能是由生活在海洋中的不同进化阶段的动物,分批登上大陆后进化而来的。随登的先后顺序,反映为大陆上的动物由低级向高级进化的程序,最先登陆的原生动物的进化程度最低,最后登陆的哺乳动物的进化程度最高,人类成为"万物之灵"。如果不是这样来认识动物的进化关系,则对于两栖类、爬行类、鸟类和哺乳类动物,是由大陆上的什么动物进化来的,无法做出解释。大陆上的各个进化阶段的动物,它们的系统发育,都经历了由海洋到大陆的进化历程,以原生动物的进化历程最短,哺乳动物的进化历程最长。因此,所有生活在大陆上的动物,由低级到高级的进化,都是在海洋和大陆两种环境中完成的。

生活在海洋中的动物登陆途径,一是较为原始的动物,被海潮推到海边后登上大陆;二是如鱼等淡水水生动物,经江河的入海口进入到大陆的腹地;三是随海底上升为大陆时被带上大陆;四是水生脊椎动物主动游到海边,经过两栖阶段,然后登上大陆。

一、脊椎动物的起源与演化概述

水生脊椎动物登陆进化为陆生脊椎动物的途径,先是由 xxyy 四倍体雌雄同体无鳞鱼类,进化为 x,y 型和 y,x 型雌雄异体无鳞鱼类,然后再由它们分别进化为两栖类、爬行类、鸟类和哺乳类动物。

脊索动物是动物界最高等的一个类群,起源于非脊索动物,且由低级向高级演化。但是最低等的海鞘、文昌鱼等脊索动物,由于体内还没有坚硬的骨骼,至今未发现其化石。因此,关于脊索动物的起源(图 9-2)只能用比较解剖学和胚胎学方面的材料加以分析和推断,学者们对此提出了环节动物论和棘皮动物论两个重要的假说。

环节动物论认为:脊索动物和环节动物都有身体分节、两侧对称、体腔发达等特点,若把环节动物背腹倒置,其腹神经索和心脏的位置及血流方向等与脊索动物相似,故脊索动物起源于环节动物,但这一假说的论据远远不足。

棘皮动物论认为:棘皮动物在胚胎发育过程中属后口动物,以体腔囊法形成体腔,和脊索动物相似;另外,棘皮动物和半索动物幼体的形态结构非常近似,肌肉中都同时含有肌酸和精氨酸,由此不仅表明这两类动物亲缘关系较近,也表明它们是处于无脊椎动物(仅具精氨酸)和脊索动物(仅具肌酸)之间的过渡类群。故棘皮动物论认为棘皮动物和脊索动物来自共同的祖先,随后朝各自的方向发展而来。

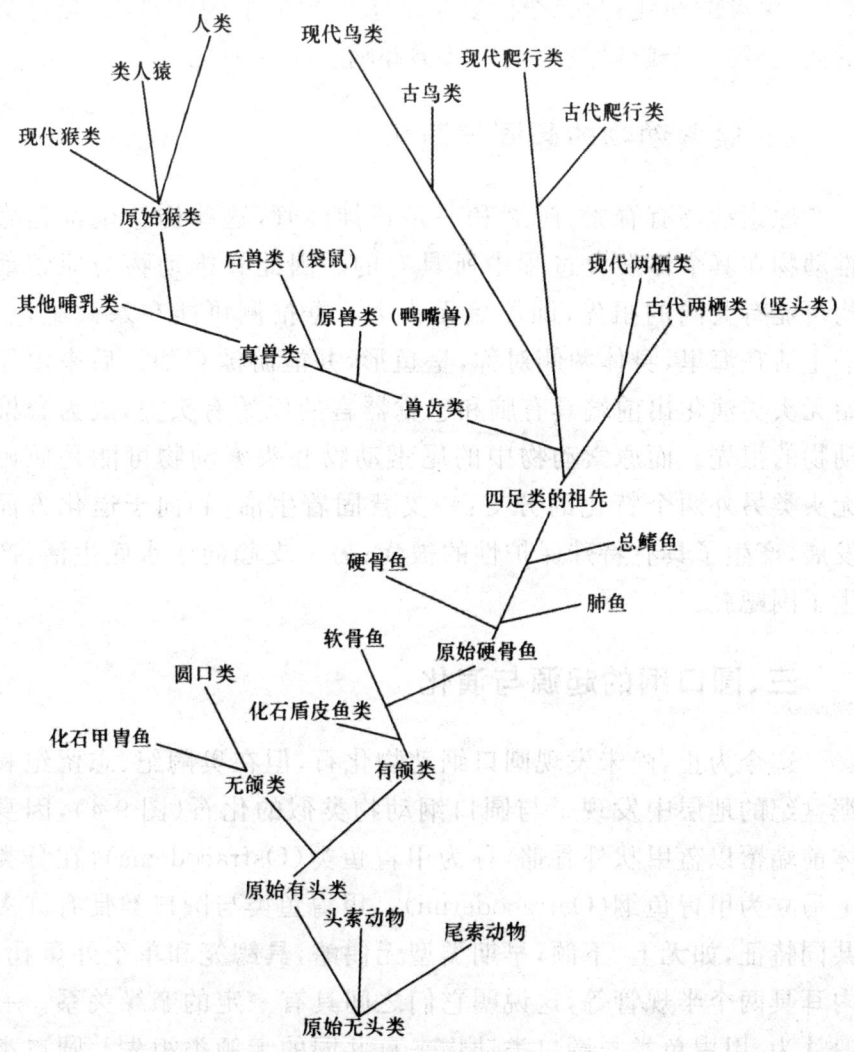

图 9-2 脊索动物的起源和演化

生物学家推测脊索动物的祖先可能是出现在古生代早期的一种蠕虫状的后口动物,具有脊索动物的三大典型特征,称为原始无头类。其一小部分特化成尾索动物和头索动物的分支,而主干则演化出原始有头类,即脊椎动物的祖先。原始有头类继续向两个方向发展:一支进化成无颌类(甲胄鱼和圆口类);另一支进化成有颌类(鱼类祖先)。

脊椎动物的演化通常分为 3 个阶段,第一个阶段是水中的圆口类、鱼类的演化；第二个阶段是从水中到陆上的两栖类、爬行类的演化；第三个阶段是陆上的鸟类和哺乳类的演化。

二、原索动物的起源与演化

原索动物有脊索、鳃裂和一条背神经管，这些构造也都是脊椎动物在其个体发育过程中所具有的。因此脊椎动物与原索动物可能有共同的祖先，即原始无头类。据推测可能在寒武纪，它们生活在海里，身体两侧对称，呈鱼形，并能游泳自如。后来由原始无头类演化出前端具有脑和感觉器官的原始有头类，成为脊椎动物的祖先。而原索动物中的尾索动物和头索动物可能是原始无头类另外两个特化的分支：一支营固着生活，趋向于退化方面发展，产生了具有特殊保护性的被囊；另一支趋向于水底生活，产生了围鳃腔。

三、圆口纲的起源与演化

迄今为止，尚未发现圆口纲动物化石，但在奥陶纪、志留纪和泥盆纪的地层中发现了与圆口纲动物类似的化石（图 9-4），因身体前端覆以盔甲状外骨骼，称为甲胄鱼类（Ostracodems），在分类上另立为甲胄鱼纲（Ostracodermi）。甲胄鱼类与圆口类具有许多共同特征，如无上、下颌，早期类型无偶鳍，具鳃笼和单个外鼻孔，内耳具两个半规管等，这说明它们之间具有一定的亲缘关系。一般认为，甲胄鱼类与圆口类动物来自共同的无颌类祖先。圆口类是向着半寄生或寄生生活发展的一支，甲胄鱼类是营底栖生活的特化类群。

甲胄鱼类游泳能力差，常栖息于海底，以吮吸方式滤食水中食物颗粒，到泥盆纪晚期全部灭绝（灭绝原因可能与有颌类脊椎动物的兴起有关）。圆口类营半寄生或寄生生活，发展了吸附性口漏斗和具角质齿的舌等特化结构，成为脊椎动物中的特化类群。

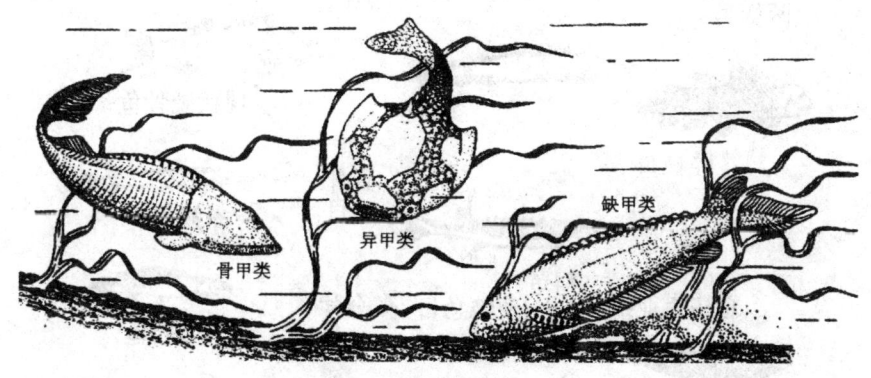

图 9-3 在海底滤食的 3 类甲胄鱼(仿 Hickman et al.)

四、鱼类的起源与演化

已知最早的鱼类化石,发现于距今约 5 亿年前的寒武纪晚期地层中,但只是一些零散的鳞片,未能给我们一个有关鱼类身态的轮廓。大量鱼类化石发现于距今 4 亿年至 3 亿 5 千万年前的志留纪晚期和泥盆纪的地层中,这些鱼化石的构造特征差异很大,说明当时类群多样。到泥盆纪已演化出四大类:棘鱼类、盾皮鱼类、软骨鱼类和硬骨鱼类。棘鱼类是原始有颌动物,体表覆盖一层细密的菱形鳞片,头侧有骨质鳃盖,奇鳍前方有棘一枚,2 对偶鳍之间尚有 5 对小棘,代表动物为梯棘鱼。盾皮鱼类体被盾甲,具偶鳍、歪型尾和软骨性骨骼;在石炭纪绝灭。最早发现的古软骨鱼类化石是裂口鲨,已具有盾鳞、歪尾等许多现代软骨鱼类的特征;在石炭纪高度发展,并分化出全头类和鲨鳐类,后者又分化出鲨类和鳐类。最古老的硬骨鱼是古鳕类,出现于泥盆纪,与棘鱼类是近亲;由此演化出古内鼻孔鱼类和现代硬骨鱼类主体辐鳍鱼类。鱼类的发展经历了泥盆纪的初生时代、中生代的中兴时代,到新生代达到全盛时代,成为脊椎动物中的最大类群(图 9-4)。

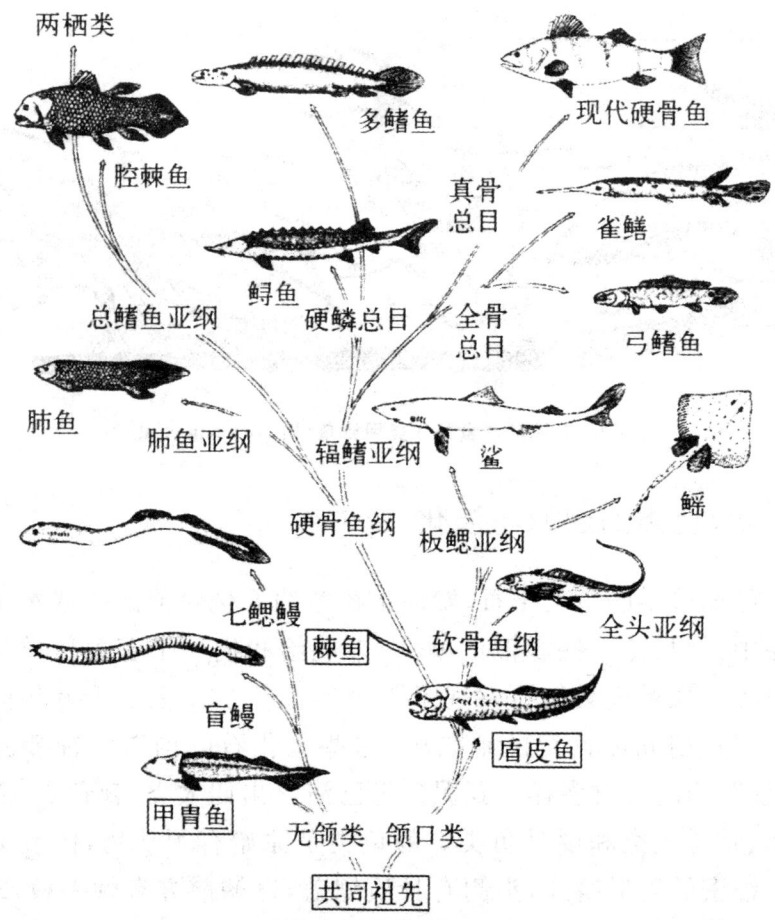

图 9-4　基于形态学和化石证据假定的鱼类主要类群系统发生关系
（仿 Hickman）（黑框表示已灭绝类群）

五、两栖类的起源与演化

两栖类起源于泥盆纪末期的古总鳍鱼类。在泥盆纪末期已出现陆生植物，地面上气候潮湿而炎热。大量植物的枝叶和残体落入水中，腐烂后使水域缺氧，或因干旱使水体干涸，导致大量的鱼死亡，而具有"肺"呼吸和偶鳍的古总鳍鱼类，则尝试着从缺氧或干涸的水池爬到另外有水处去生活。并在长期的演变过程中，鳍变成了五趾型四肢，鳃被肺取代，逐渐演化出最早的两栖动物。

最早的两栖类化石发现于北美格陵兰泥盆纪晚期地层里,称鱼头(石)螈,体长约 1m,具鱼类和两栖类的双重特征,与古总鳍鱼类在头骨结构、肢骨等方面均相似。其头部全都被膜性硬骨覆盖,有残余的鳃盖骨,体表有小的鳞片,身体侧扁,有鱼形尾鳍,这些都像古总鳍类。但鱼头螈又有五趾型四肢,脊椎骨上还长出前、后关节突,前肢的肩带不与头骨连接,头部已能活动,这些又像两栖类的特征。两栖类到石炭纪得到了大量的发展,直到以后的二叠纪都是两栖类最繁盛的时代,故称石炭纪和二叠纪为两栖类时代。

由鱼头螈分化出来的古两栖类的头部均被膜性硬骨覆盖,故统称坚头类,以后辐射发展形成两栖类的各种类群,主要分为迷齿类和壳椎类两大类(图 9-5)。关于现存各目两栖动物和古两栖类的亲缘关系,由于化石证据不足,至今尚未十分明确。

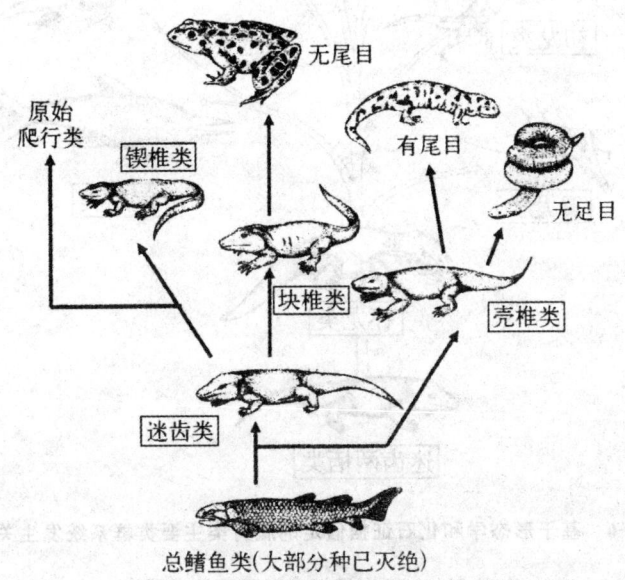

图 9-5 基于形态学和化石证据假定的两栖类主要类群系统发生关系

(仿 Hickman)(黑框表示已灭绝类群)

六、爬行类的起源和演化

从生物学或化石方面的论证,爬行类无疑是起源于两栖类,特别是迷齿亚纲最接近于爬行纲的祖先。

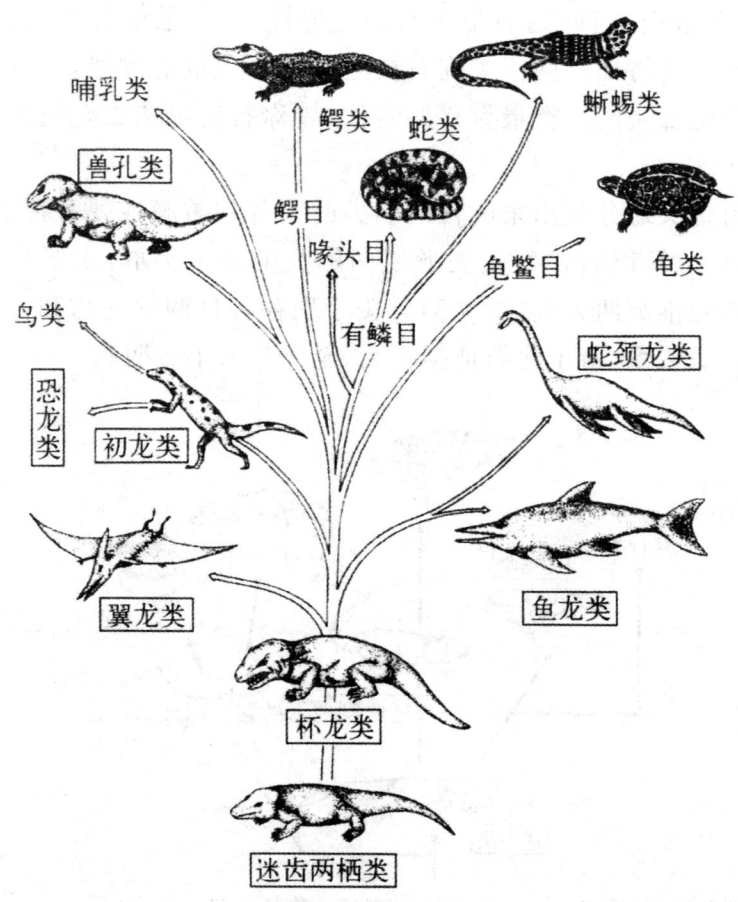

图 9-6　基于形态学和化石证据假定的爬行类主要类群系统发生关系

(仿 Hickman)(黑框表示已灭绝类群)

最早的爬行类化石见于上石炭统下部,即杯龙类的 Hylonomus。但其具体特征与迷齿类对比,还不是很理想。从比较解剖学出发,发现于美国得克萨斯西蒙城下二叠纪的西蒙螈是介于爬行类和两栖类之间的过渡型。西蒙螈的头骨及牙齿保持了两栖类的特点,而头后的骨骼则具有爬行类的特点。但由于西蒙螈的出现时间较晚,故不可能是爬行类的祖先。

从最早的含有爬行类化石的地层上石炭纪中便已见到有大鼻龙类、阔齿龙类、盘龙类和中龙类的许多类群,这说明爬行动物在晚石炭世之前早已分支演化了,它们有可能是多源起源。再经过二叠纪的分支演化,爬行纲的各亚纲均已出现,为中生代爬行类的大发展打好了基础。中生代开始它们不仅横行于大陆,而且还占领了天空和水域。中生代的中期分支演化出的种类更是多种多样,很多类群更发展成庞然大物。在当时的地球上,它们是占据绝对统治地位的动物,所以中生代被称为"爬行动物时代",又叫作"恐龙时代"。侏罗纪和白垩纪是巨大爬行动物——恐龙的兴旺时期。它们不仅个体发展得特别大,而且体态乃至食性也非常特化。在白垩纪末期,这些在地球上经历了1亿多年的庞然大物终于灭绝了。度过中生代而又残存到新生代的只有龟鳖类、鳄类和有鳞类(蜥蜴和蛇),而很少的喙头类可以被看作是爬行类的活化石(图9-6)。

七、鸟类的起源与演化

鸟类是从中生代侏罗纪的一种古爬行类进化而来,其直接祖先尚未定论。

古鸟类的骨骼脆弱及飞翔的生活方式,形成化石的机会较少。世界著名的始祖鸟化石是爬行类和鸟类的中间过渡类型,它兼有爬行类和鸟类的双重特征。其头骨似蜥蜴,无喙,上、下颌有牙齿;有多枚尾椎构成的长尾,椎体双凹型;骨骼非气质,无龙骨突和肋骨钩状突,具腹壁肋;前肢有3枚分离的掌骨,指端具爪等,这些都是与爬行类相似的特征。但又有与鸟类相似的特征,如有羽毛、前肢特化成翼、后肢为三前一后的四趾型、开放式骨盆等。始祖鸟的出现对人类探索鸟类起源有重大作用,是研究生物进化史关键的证据材料,也是科学家破解中生代地球演化的一个突破口。

基于对始祖鸟的研究，更能说明鸟类起源于爬行类。而原始鸟类是如何从陆生祖先发展出飞翔能力的呢？有两种假说。第一种假说是奔跑起源说，认为鸟类祖先有长尾，以双足奔跑，用前肢助跑或捕获食物，最后前肢变成飞行器官的翼，长尾变成保持平衡的尾羽；第二种假说是树栖起源说，认为鸟类祖先是不能飞翔的树栖动物，用前肢攀缘，过渡到树枝间跳跃，再发展为短距离滑翔，最后前肢变成具飞翔能力的翼。

由古爬行类进化而来的鸟类，经过漫长的历史变迁、演化和发展，由少数低级的种类逐渐形成许多复杂、高级的种类。由于它们适应不同自然环境的变化，发展出现代的游禽、涉禽、陆禽、走禽、猛禽、攀禽、鸣禽等多种生态类型。鸟类的种类和数量，在脊椎动物中仅次于鱼类，遍布全球。

八、哺乳类的起源与演化

哺乳类的起源比鸟类还早，最早的哺乳动物是从三叠纪末期的兽形爬行动物演化而来。兽形爬行类分为两支，一支为原始类型的盘龙类，在三叠纪已灭绝；另一支是从盘龙类进化而来的进步类型的兽孔类，其后裔中又进化出兽齿类，它们一直朝着哺乳类的方向发展。对哺乳动物的祖先有种种推测，但比较一致的看法是哺乳动物为多源进化，有的起源于犬齿龙类，也有的起源于其他兽孔类（图9-7）。

最早的哺乳类体形都非常小，数量也少，虽然和中生代占地球统治地位的恐龙类比是渺小的，但它们却有比爬行类更高级的身体结构和功能，进入新生代后，大多数大型的恐龙类爬行动物灭绝，促使哺乳动物迅速分化、辐射，得到了空前发展，故称新生代为哺乳动物时代。

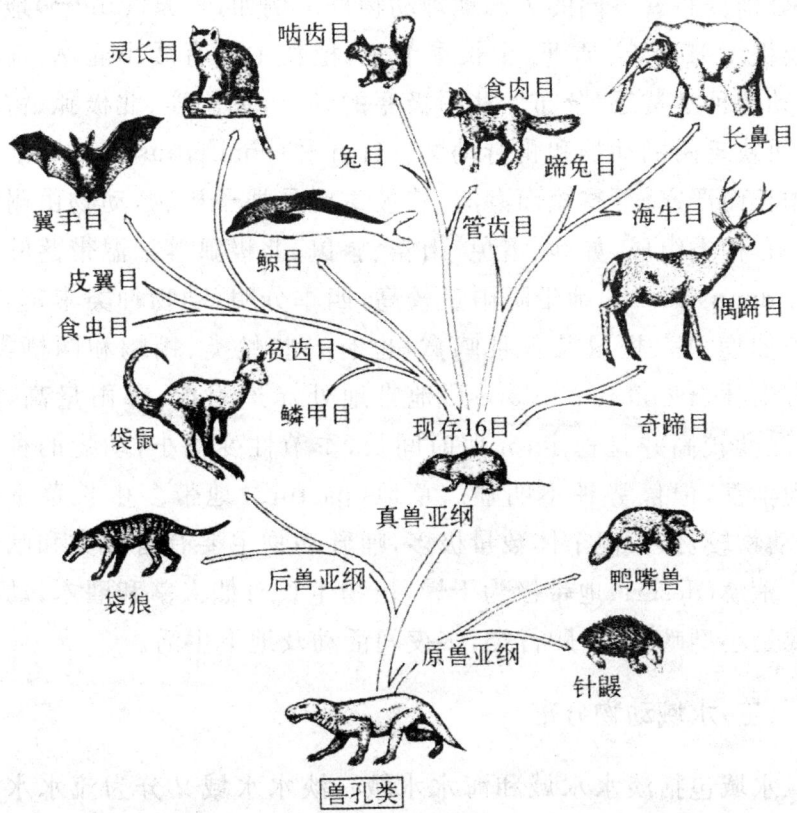

图 9-7 基于形态学和化石证据假定的哺乳类主要类群系统发生关系

(仿 Hickman)(黑框表示已灭绝类群)

第五节 动物的地理分布

一、动物的分布

(一)陆地动物分布

陆地由于太阳辐射的不均衡性,致使其自然环境复杂多样,由北向南呈现出有规律的地带性变化,形成不同的生态地理条件,分别分布着不同的生态地理动物群。例如,苔原(tundra)地带气候极度寒冷,土质薄,生长季节短,植物主要有矮小灌丛、地衣等,动物种类贫乏,分布一些耐极寒的动物,如驯鹿、北极狐、雷鸟等,而缺乏两栖动物和爬行动物。针叶林(coniferous forest)地带冬季长而严寒、夏季短而潮湿,植被主要是裸子植物,动物由耐寒和广布种类组成,如鹿、雪兔、山雀、旅鼠、北极狐等。温带落叶林(deciduous forest)地带降雨量较高,四季分明,动物种类丰富,哺乳类如鹿、熊、松鼠及各种鸣禽,也有一些蛇类、蜥蜴和两栖类。热带雨林(tropical rainforest)地带地处赤道附近,降雨量高,温度、湿度较高并且稳定,光照时间长,季节性变动小,动物的种类极为丰富,但优势种不明显。草地(pasture)地带多生长草本植物,动物较贫乏,但个体数量极多,哺乳动物主要有有蹄类和啮齿类。荒漠(desert)地带极为干燥,植物生长有仙人掌和灌木,动物主要是小型啮齿类、爬行类,多夜间活动及地下生活。

(二)水域动物分布

水域包括淡水水域和海水水域。淡水水域又分为流水水域和静水水域。流水水域包括河流、山溪等,水沿一定方向不断流动。静水水域包括湖泊、池塘、沼泽等。在淡水水域中分布有10000余种鱼类、两栖类中的有尾目、爬行类中的鳖类、淡水龟类、淡水鳄类等。脊椎动物中缺乏软骨鱼类,无脊椎动物比较匮乏,没有棘皮动物、软体动物中的头足纲。在流水的上游生活的无脊椎动物(如海绵动物、苔藓动物和软体动物),多具有吸盘等附着器官或适应匍匐石块下方,在流水下游由于流速缓慢、沉积物多、食物丰富,无脊椎动物种类较丰富,主要是蚌类、水生昆虫及浮游生物。静水水域环境稳定,水生植物丰富,脊椎动物还分布有涉禽、游禽及蛙类等,无脊椎动物包括各种螺类、蚌类、甲壳类、昆虫的幼虫及浮游动物。

海水水域是地球生物圈最大的部分,总面积达3620万 km^2,约占地球表面积的71%,动物种类极其丰富,至少生活着20万种生物,其中90%以上是无脊椎动物,脊椎动物包括14000余种鱼类,鲸、海豹等哺乳动物及龟类、蛇类、鳄类等爬行动物、海洋鸟类,缺乏两栖动物。海水水域可分为3个主要区域,即沿岸带、浅海带和远洋带。沿岸带又称潮间带,是每日潮水的高潮线和低潮线之间的区域,为海陆的交接地带。因经常受巨浪冲击,温度变化大,无脊椎动物主要包括具有吸附力强和保护身体结构的物种,如海葵、藤壶、螺、石鳖、蟹类、棘皮动物。鱼类主要是有吸盘的鰕虎鱼。红树林是生长在热带沿岸带的一种长绿林,分布着相当丰富的动物种类,如甲壳动物及鱼类、蛇类、水禽、鼠类等。珊瑚礁也是沿岸带的一种特殊环境,是由珊瑚骨骼形成的,分布于热带和亚热带浅海,这里光线充足,食物和氧气丰富,加之有避敌藏身之处,动物群落种类繁多,为多营固着生活的无脊椎动物及珊瑚礁鱼类。浅海带是由潮间带至200m等深线形成的海域,由于光照、营养、氧气等生活条件充足,浮游生物生长旺盛,大多数海洋鱼类都分布在浅海带,成为世界渔场的集中地。此外,水母类、桡足类及海龟、海蛇、海豹、鲸类等均主要分布在这一区域。远洋带是浅海带以外的广大海域,约占海洋总面积的90%,很多水深超过2000m,水压巨大,终年黑暗,水温接近0℃,氧气和食物匮乏,生活条件极为苛刻。无脊椎动物中海绵动物、棘皮动物占优势,脊椎动物中有一些特殊鱼类分布。

二、世界陆地动物地理分布

(一)澳洲界(Australian realm)

澳洲界包括澳洲大陆、新西兰、塔斯马尼亚以及附近的太平洋上的岛屿。澳洲界动物区系是现今所有动物区系中最古老的,在很大程度上仍保留着中生代晚期的特征。其最突出的特点是缺乏现代地球上其他地区已占绝对优势地位的胎盘类哺乳动物,保存了现代最原始的哺乳类——原兽亚纲(单孔目)和后兽亚纲(有袋目),是后兽亚纲的适应辐射中心。真兽亚纲仅有少数几种蝙蝠和啮齿动物。澳洲界的鸟类也很特殊,鸸鹋(澳洲鸵鸟)、食火鸡、无翼鸟、琴鸟、极乐鸟及园丁鸟等均为本界所特有。现存最原始的爬行动物——喙头蜥,仅产于本界新西兰附近的小岛上。蛇、蜥蜴以及两栖类均奇缺,特有种有鳞脚蜥科的种类和极原始的滑跖蟾等。澳洲肺鱼为本区某些淡水河流中的特产。澳洲动物区系的特点有其历史上的因素。澳洲大陆与新西兰均在中生代末期即与大陆相隔离,当时地球上正是有袋类广泛辐射发展时期,胎盘类哺乳动物尚未出现。在亚洲、欧洲及北美大陆的白垩纪和第三纪早期地层中均见到有袋类化石。当以后其他大陆上出现真兽亚纲动物时,由于海洋阻隔而不能进入澳洲大陆,这是有袋类等低等哺乳动物类群能在澳洲界保留并得到进一步发展的原因。澳洲界现存的真兽亚纲动物,有的是人类带入后野化的,有的(例如,部分啮齿类)可能是借漂浮的树干等物偶然迁入而获得发展的。

(二)新热带界(Neotropical realm)

新热带界包括南美大陆、中美、墨西哥南部平原和西印度群岛。属于热带气候,有大面积的热带雨林和草原,很少有沙漠和温带植物。新热带界动物区系的特点是物种繁多而具特色。

鱼类、两栖类、爬行类在本界不仅种类非常丰富,而且有许多特有种,如美洲肺鱼、电鳗、电鲶、负子蟾、美洲鬣蜥等均为本界所特有;鸟类的种类和数量均是最丰富的地区之一,其中有美洲鸵鸟科、鹉科、麝雉科、凤冠雉科、叫鸭科、灶鸟科、侏儒鸟科等31个特有科;哺乳动物中有袋目的新袋鼠科(负鼠),贫齿目(犰狳、食蚁兽、树懒),灵长目中的阔鼻亚目(狨猴、卷尾猴、蜘蛛猴),翼手目中的魑蝠科、吸血蝠科,啮齿目中的豚鼠科、毛丝鼠科、海狸鼠科等均为本界所特有,本界哺乳动物种类虽然丰富,但缺乏其他大陆广泛分布的种类,如食虫目、食肉目、长鼻目、奇蹄目、偶蹄目等。

新热带界动物组成的特点除了与环境有关外,还与历史因素有重要关系,南美洲曾经和南极大陆、澳洲、非洲连在一起,因此动物区系上仍残留着这种联系的特征,如分布有袋类、鸵鸟、肺鱼等。直至第三纪才与其分离,发展了许多特有种类。第三纪末期南美洲又与北美洲相连,导致两地区动物相互渗透,形成了现今复杂多样的动物区系。

(三)热带界(Ethiopian realm)

热带界又称埃塞俄比亚界,包括撒哈拉沙漠以南的非洲大陆、北回归线以南的阿拉伯半岛、马达加斯加及附近岛屿。本界大部分为沙漠、草地和热带草原,气候较稳定。本界动物区系的特点是物种组成多样性和具有丰富的特有种类。

鱼类中的非洲肺鱼、多鳍鱼,两栖类中的爪蟾,爬行类中的避役等均是本界的特产。鸟类中陆栖、奔走及食种子的鸟类较多,水鸟较少,非洲鸵鸟目和鼠鸟目为特有目。哺乳动物中蹄兔目和管齿类目为特有目,还有许多特有科,如食虫目的金毛鼹科、獭鼩科,啮齿目的鳞尾鼠科、跳兔科滨鼠科,偶蹄目的河马科、长颈鹿科等。以及黑猩猩、大猩猩、狒狒、非洲象、非洲犀牛、斑马等特有种。

热带界和东洋界在动物区系上拥有许多共同的目或科,如鸟类的犀鸟科、阔嘴鸟科、太阳鸟科等,哺乳动物的鳞甲目、长鼻目、灵长目中的狭鼻亚目、懒猴科及奇蹄目中的犀科等,说明了两界在历史上有着密切的联系。本界的另一个特征是一些广泛分布于旧大陆的科不见于本界,如鸟类中的河乌科、鹟鹩科等,哺乳动物食虫目的鼹科、食肉目的熊科、偶蹄目的鹿科等。

(四)东洋界(Oriental realm)

东洋界包括亚洲南部喜马拉雅山脉和秦岭以南地区、印度半岛、中印半岛、斯里兰卡岛、马来半岛、菲律宾群岛、苏门答腊岛、爪哇岛及加里曼丹岛等。本界地处热带、亚热带,降水丰富,植被类型多样,具有以热带和亚热带雨林为主,季雨林、干旱热带森林、灌丛、热带草原及沙漠等多种环境,使得本界动物区系复杂而多样,种类仅次于新热带界和热带界。

两栖类中虽没有特有科,但种类十分丰富,尤其是无尾两栖类,爬行类包括平胸龟科、鳄蜥科、拟毒蜥科、异盾蛇科、食鱼鳄科5个特有科,鸟类中虽然只有雀形目中的和平鸟科为特有科,但有许多科是以本界为分布中心,如鸡形目中的雉科,雀形目中的阔嘴鸟科、黄鹂科、卷尾科、椋鸟科、画眉科等。哺乳动物中的皮翼目为特有目,特有科包括灵长目中的长臂猿科、眼镜猴啮齿目中的刺山鼠科等。

(五)古北界(Palearctic realm)

古北界包括欧洲大陆、北回归线以北的阿拉伯半岛及撒哈拉沙漠以北的非洲、喜马拉雅山脉与秦岭山脉以北的亚洲。本界气候、自然地理、生态栖息地类型等复杂多样,主要山脉东西走向,动物组成相对贫乏,无特产科,但有一些特有属,如哺乳动物中的鼹鼠、金丝猴、旅鼠、熊猫、狐、貂、獾、骆驼、獐、羚羊等,鸟类中的山鹑、鸨、毛腿沙鸡、百灵、岩鹨等。

(六)新北界(Nearctic realm)

新北界包括墨西哥以北的北美洲。本界气候、自然地理、生态栖息地类型等与古北界相似,山脉南北走向,动物组成也较贫乏,但有一些特产科,如鱼类中的弓鳍鱼科、雀鳝科,两栖类中的两栖鲵科、鳗螈科,爬行类中的北美蛇蜥科,哺乳动物中的叉角羚科、山河狸科等。此外大褐熊、美洲麝牛、美洲驼鹿、白头海鹃等均是本界的特有种。

古北界与新北界的动物区系有许多共同的特点,有人将这两界合称为全北界(Holarctic realm)。有很多科为两界所共有,如鱼类中的刺鱼科、狗鱼科、鲟科、白鲟科,两栖类中的洞螈科、大鲵科,鸟类中的松鸡科、攀雀科,哺乳动物中的鼠兔科、河狸科等。

三、我国动物地理分区

(一)东北区

东北区位于我国最北部,包括大兴安岭、小兴安岭、张广才岭、老爷岭、长白山的山地森林及山麓一带的森林草原、松花江和辽河平原、三江平原。气候寒冷,大、小兴安岭在 0℃ 以下的时间长达半年,夏季短而潮湿,是我国最冷的地区。本区森林茂密,大部分地区覆盖着原始针叶林。大兴安岭主要以落叶松、云杉等组成的针叶林带,小兴安岭、长白山等为红松、云杉等与栎、槭、榆、山杨等构成的针阔混交林,属于寒温带针叶林动物群和温带森林—森林草原、农田动物群。本区动物的特点是耐寒性森林动物丰富,如哺乳动物中食肉目、啮齿目、偶蹄目等,典型代表种类有紫貂、水獭、黄鼬、白鼬、艾鼬、猞猁、东北虎、豹、貉、赤狐、狼、黑熊、松鼠、花鼠、马鹿、狍、麝、驼鹿、驯鹿、野猪等。鸟类松鸡科种类最多,如黑琴鸡、花尾榛鸡、松鸡、柳雷鸟等,岩鹨科、潜鸟科及旋木雀、鹪鹩、黑啄木马、三趾啄木鸟、星鸦、戴菊、交嘴雀等均是本区的著名代表,此外还有许多在南方越冬,夏季迁到本区繁殖的种类。两栖爬行动物种类较少,代表种类如极北蝰、胎生蜥蜴、棕黑锦蛇、极北小鲵、爪鲵、中国林蛙、黑龙江林蛙等。本区的特有种类包括东北虎、驼鹿、驯鹿、貂熊、雪兔、林旅鼠、河狸、胎生蜥蜴、黑龙江草蜥、东北小鲵、爪鲵等。

(二)华北区

华北区包括黄土高原、冀北山地以及黄淮平原。范围为北接东北区、蒙新区,南至秦岭、淮河,东至黄、渤海,西达甘肃的兰州盆地。气候属暖温带,四季显著、冬季寒冷、夏季炎热,由于人类活动,多数地区已经开垦,森林被破坏,植被主要为农田、草地、灌丛等,森林仅在太行山、燕山、秦岭等地有零星分布。动物特点是种类贫乏、特有物种稀少,蒙新区、东北区以及东洋界的种类均渗透到本区。如蒙新区的黄鼠、五趾跳鼠、沙鼠,东北区的松鼠、花鼠、飞鼠等,东洋界的社鼠、猪獾、花面狸、黑枕黄鹂、红嘴蓝雀、珠颈斑鸠、黑眉锦蛇等均有分布。本区广泛分布种类如哺乳动物中的麝鼹、大仓鼠、田鼠、鼢鼠、草兔等,食肉目主要以中、小型种类为主,如狐、黄鼬、狗獾、豹等,大、中型森林动物稀少,仅有少数的狍、野猪等;鸟类中的灰喜鹊、大山雀、斑鸠、石鸡、白鹡鸰、岩鸽、山噪鹛等;爬行类中的无蹼壁虎、丽斑麻蜥、山地麻蜥、红点锦蛇、白条锦蛇、赤链蛇、黄脊游蛇、虎斑颈槽蛇等以及两栖类中的花背蟾蜍、中国林蛙、黑斑蛙、北方狭口蛙等。复齿鼯鼠、褐马鸡为本区特有种类。

(三)蒙新区

蒙新区包括内蒙古高原、鄂尔多斯高原、阿拉善沙漠、河西走廊、塔里木、柴达木、准噶尔盆地和天山山地等。大部分为典型的大陆性气候,寒暑变化剧烈,夏季昼夜温差可达 30℃～40℃。该区东部雨量较多,为草原及草甸地带,西部降雨少,为荒漠和半荒漠地带。动物种类贫乏,缺乏适应潮湿的种类,主要为荒漠和草原种类。哺乳动物中啮齿类和有蹄类以及中小型食肉类最为繁盛,如跳鼠、沙鼠、黄鼠、草原旱獭、田鼠、鼢鼠、黄羊、岩羊、双峰驼、鹅喉羚、黄鼬、艾鼬、伶鼬、狼、狐、草兔等,鸟类以适应荒漠生活的种类为主,如百灵、云雀、毛腿沙鸡、大鸨、原鸽等,爬行动物中鬣蜥科和蜥蜴科最为丰富,如沙蜥、麻蜥等,两栖动物种类少,仅新疆北鲵、中国林蛙、花背蟾蜍、绿蟾蜍等。

(四)青藏区

青藏区包括青海(柴达木盆地除外)、西藏和四川西北部,被横断山脉、喜马拉雅山脉、昆仑山、阿尔金山、祁连山等山脉所环绕,是世界上最高最大的高原,平均海拔在 4500m 以上。气候为高寒类型,冬季漫长而无夏季,植被类型主要为高山草甸、草原及高寒荒漠。动物种类最为贫乏,主要由适应高寒的物种组成,如哺乳动物中的白唇鹿、野牦牛、藏羚、岩羊、盘羊、西藏野驴、鼠兔、喜马拉雅旱獭、狼、雪豹、马熊等,鸟类中的雪鸡、黑颈鹤、藏马鸡、白马鸡、雪鹑、藏雀等,爬行类中的温泉蛇、喜山龙蜥、西藏竹叶青等,两栖类中的西藏蟾蜍等。野牦牛和藏羚羊为本区的特有种。

(五)西南区

西南区包括四川西部、昌都地区东部、北起青海及甘肃南缘,南达云南北部,即横断山脉部分以及喜马拉雅山南坡针叶林以下的山地。区内布满高山峡谷,地形起伏大,海拔在 1600～4000m,植被垂直分布显著、气候变化剧烈,动物垂直分布明显。组成本区动物区系的动物群属于高地森林草原—草原草甸、寒漠动物群和亚热带林灌、草地—农田动物群。在横断山脉地区,还呈现出古北界和东洋界种类交错现象。代表种类如哺乳动物中的大熊猫、小熊猫、金丝猴、羚牛、黑鹿、鼠兔、跳鼠、鼢鼱、麝、猕猴、花面狸等,鸟类中的雉科、画眉科以及鹦鹉科、太阳鸟科、啄花鸟科等,两栖爬行动物均较丰富。

(六)华中区

华中区包括四川盆地以东的长江流域地区。区内地形复杂,西部北起秦岭,南至西江上游,除四川盆地外,主要是高原和山地;东部为长江中下游流域,主要是丘陵和平原。气候温和,雨量充沛,植被主要是温带夏绿林和亚热带常绿林,动物种类比较丰富,但由于本区与华北区、华南区、西南区之间无显著的自然屏障,因此呈现出东洋界和古北界相混杂和过渡的现象。主要为东洋界的成分,如哺乳动物中的短尾猴、穿山甲、赤腹松鼠、竹鼠、毛冠鹿、华南兔、灵猫、华南虎等,鸟类中的牛背鹭、啄花鸟科、白颈长尾雉、山椒鸟科等,爬行类中的扬子鳄、尖吻蝮、眼镜蛇、王锦蛇、玉斑锦蛇等,两栖类中的细痣疣螈、斑腿树蛙、沼蛙等,也有部分古北界种类的渗透,如刺猬、岩松鼠、林姬鼠、麝、灰喜鹊、攀雀、日本雨蛙等。本区特有种类如獐、黑鹿、白鳍豚、白颈长尾雉、黄腹角雉、竹鸡、扬子鳄、东方蝾螈、中国雨蛙等。

(七)华南区

华南区包括云南及广东、广西的南部、福建东南沿海一带以及台湾、海南岛和南海群岛。区内地形复杂、炎热多雨,年平均气温多在 22℃ 以上,年降水量超过 1000mm,属于热带、亚热带地区,自然条件优越,植被以热带雨林和季风林为主。是动物种类最繁盛的地区,哺乳动物中代表种类如长臂猿、懒猴、熊猴、叶猴、亚洲象、大斑灵猫、椰子狸、熊狸、华南虎、鼬獾、犬蝠、棕果蝠、狐蝠、树鼩、赤腹松鼠、巨松鼠、黑家鼠、黄胸鼠等,鸟类也极为丰富,如鹦鹉科、犀鸟科、咬鹃科、蜂虎科、阔嘴鸟科、八色鸫科、太阳鸟科、原鸡、绿孔雀、绿鸠等。爬行类中的大壁虎、飞蜥、巨蜥、鳄蜥、蝰蛇、金环蛇、蟒蛇等。两栖类中的华南湍蛙、树蛙、版纳鱼螈等。

第六节 分子进化

一、分子进化的概念

达尔文学说的核心是选择理论,认为自然选择决定物种的适应方向和空间地位,是进化的动力。但限于当时科学发展的水平,没有对进化的机制,特别是分子机制进行论述。20 世纪 50 年代以来,随着对生物大分子研究的不断深入,对生物大分子在进化过程中的作用及其变化规律有了进一步的认识,提出了一些有关分子进化的学说。其中最有代表性的应属日本学者木村资生的中性突变理论。它揭示了分子进化的特点和规律,已成为进化生物学的重要组成部分,备受进化论学者的重视。

广义的分子进化有两层含义,一是指原始生命出现之前的进化,即生命起源的化学演化;二是原始生命产生之后生物在进化发展的过程中,生物大分子结构变化以及这些变化和生物进化的关系等。我们通常所说的分子进化指的是后者。

二、分子系统树

分子系统学是研究生物大分子进化历史的科学,它主要研究某一生物大分子在生物进化的过程中突变的产生、固定以及积累的过程。分子系统学以生物大分子进化速率的恒定性为前提,通过比较现在同一同源分子在不同生物间的差异以及其他信息来推断生物大分子的进化史,以此建立生物大分子进化系统树。

生物大分子的进化速率是相当恒定的,它的变化量应该和该分子所经历的时间呈正相关,即生物大分子的改变是进化时间的函数,其数学表达式为 $\kappa_{aa} = \dfrac{K_{aa}}{2T}$。由此式可以看出,不同生物的某一同源大分子之间的差异与所比较的生物从共同祖先分歧后的时间成正比。由此可以确定,不同生物在进化过程中的地位、分歧时间以及亲缘关系,建立该分子的系统树。

建立分子系统树,首先要得到所涉及的生物中同源大分子之间的差异,对这些差异数据进行统计学的处理,根据分歧时间的先后绘出系统树。具体方法如下。

(一) 获得不同生物同源生物大分子间的差异数据

首先确定所要构建分子系统树的生物种类和要分析的生物大分子。确定生物种类的原则是所有生物中均应存在该种同源生物大分子。对生物大分子的选择也有一定的要求,不是任意的大分子都可以用来构建分子系统树,一般来讲,建立亲缘关系比较远,分歧时间比较长的生物之间的分子系统树时,要选择进化速率相对较慢的生物大分子,相反要选择进化较快的大分子。如线粒体 DNA 的进化速率较快,适于在亲缘关系较近的物种之间建立分子系统树,像细胞色素 C、16S rRNA 以及丙糖磷酸异构酶等进化速率较慢,适合在亲缘关系较远的物种之间建立分子系统树。生物大分子确定之后,对不同生物该种生物大分子进行一级结构的测定,比较后就可以得到用于建立分子系统树的最基本的数据。

(二) 比较各物种之间同源生物大分子的差异

人工比较生物大分子之间的差异不是非常容易的事,现在一般用计算机进行比较。比较时可能有 3 种情况:一是两个比较的位点为相同的单元(相同的碱基或相同的氨基酸),称作匹配(matches);二是两个比较的位点为不同的单元,称作不匹配(mismatches);三是所比较的位点有一方是空缺,称作空缺或断沟(gaps)。对于核酸分子而言,不匹配意味着发生了碱基替换,空缺可能是由于碱基丢失或插入而造成。我们把后两者都统计为差异,如比较的是蛋白质,N_{aa} 为氨基酸总数,二者之间差异氨基酸数为 d_{aa},那么差异比例 $P_d = \dfrac{d_{aa}}{N_{aa}}$,有了 P_d 之后可根据 $K_{aa} = -2.3\lg(1-P_d)$ 计算出 K_{aa}。根据 K_{aa} 值可以初步确定不同种之间亲缘关系的远近。由 K_{aa} 推测亲缘关系有时不是绝对的。因为分析的只是现在的两种生物间蛋白质的氨基酸差异,一个差异仅能反映一次突变,实际上差异部位和相同部位在长期进化的过程中,可能比现在估计的要复杂得多,现在的一个差异可能是多次突变的结果,另外,现在相同的部位也不能肯定它在进化的过程中没有发生过突变(产生了恢复突变、同义突变等)。这些都不能如实地反映出来,所以根据 K_{aa} 推测亲缘关系时还要参考其他信息数据。

亲缘关系的远和近只是定性的描述,不能反映远近的程度。分子系统树仅有这种定性的描述还远远不够,还要给出具体的分歧时间。分歧时间的计算可根据公式 $\kappa_{aa} = \dfrac{K_{aa}}{2T}$ 进行,κ_{aa} 为分子进化速率,T 为分歧时间。有了 κ_{aa} 和 T 值,加上其他信息特征和数据,就可以绘出分子系统树(图 9-8 和图 9-9)。

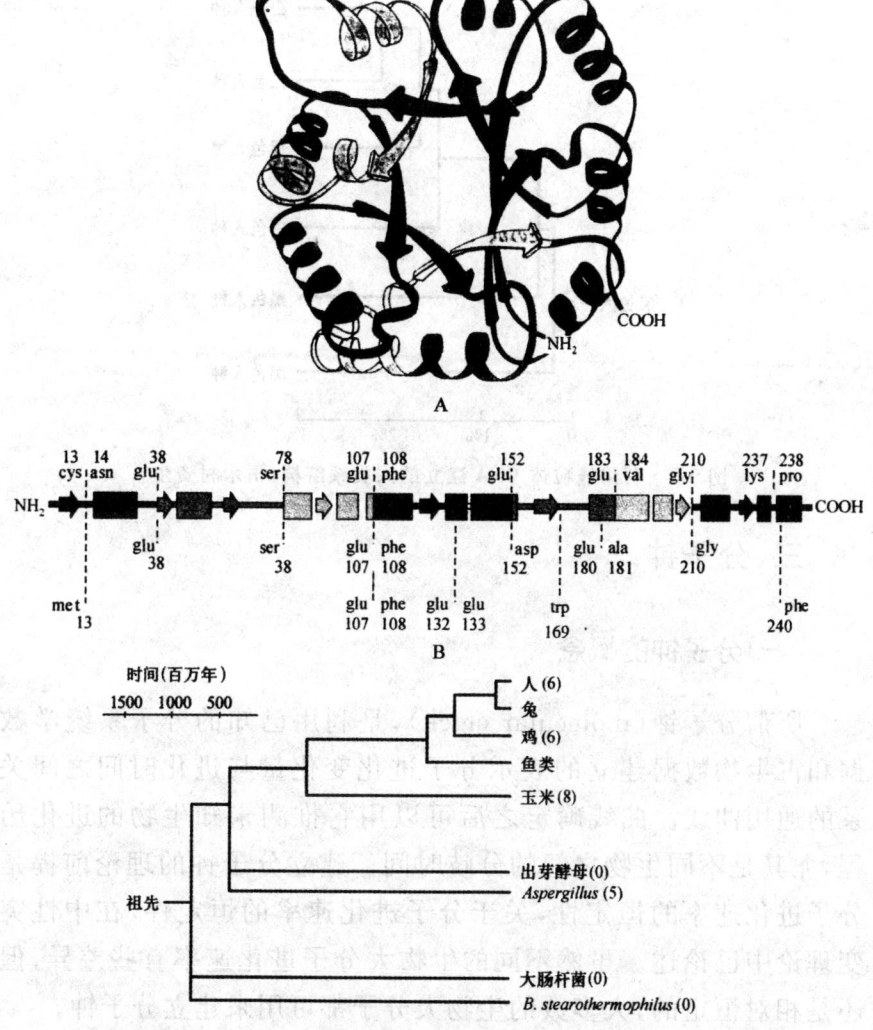

图 9-8 利用丙糖磷酸异构酶构建的系统树（仿原谦一译）

A. 丙糖磷酸异构酶的结构；B. 丙糖磷酸异构酶基因的内含子位置；
C. 几种生物的系统树

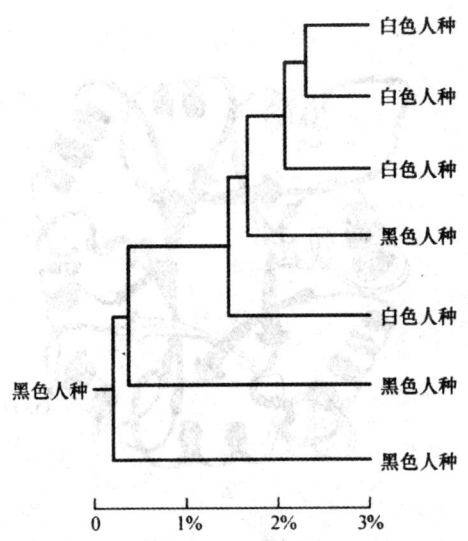

图 9-9 利用线粒体 DNA 建立的人类系统树（仿木村资生）

三、分子钟

（一）分子钟的概念

所谓分子钟（molecular clock），是利用已知的分子系统学数据和古生物数据建立的表示分子进化变化量与进化时间之间关系的通用曲线。曲线确定之后可以用它推测未知生物的进化历程，尤其是不同生物之间的分歧时间。建立分子钟的理论前提是分子进化速率的恒定性，关于分子进化速率的恒定性，在中性突变理论中已论述。虽然不同的生物大分子进化速率有些差异，但还是相对恒定的，大多数的生物大分子都可用来建立分子钟。

（二）分子钟建立程序

1. 确定生物大分子和物种

建立分子钟首先需要选定某种合适的生物大分子，即相对稳定、进化速率合适。然后确定所要比较的物种，对物种的要求：一是都含有上述生物大分子；二是最好含有不同分歧时间的物种，即分歧时间有较长的、有较短的和介于二者之间的。

2. 由古生物学确定各物种分歧的时间

在进化生物学的研究中提倡将微观进化与宏观进化相结合，由古生物学的研究结果，特别是绝对地质年龄的测定，来确定相关物种的分歧时间，为分子钟的建立打下基础。

3. 比较各物种之间该生物大分子的差异及分子钟的建立

(1) 确定比较组数。比较组数根据 $\frac{n(n-1)}{2}$ 确定。

(2) 分别求出比较组的 K_{aa}，如人和鲨鱼之间血红蛋白 α 链的 P_d 为 53.2%，$K_{aa} = -2.3\lg(1-P_d) = 0.76$，依此类推，求出各组生物之间的 K_{aa}，这样可以得到 28 个 K_{aa}。

(3) 依次求出其中一种生物与另外几种生物之间 K_{aa} 的平均值，如鲨鱼和其他 7 种生物的 K_{aa}，鲤鱼和其他 6 种生物的 K_{aa}，依此类推，可以求出 7 个平均值。

(4) 将 7 个 K_{aa} 平均值标在一个横坐标为分歧时间，纵坐标为 K_{aa} 的直角坐标系中。

(5) 求出回归方程，绘出直线，这就是所谓的分子钟（图 9-10）。

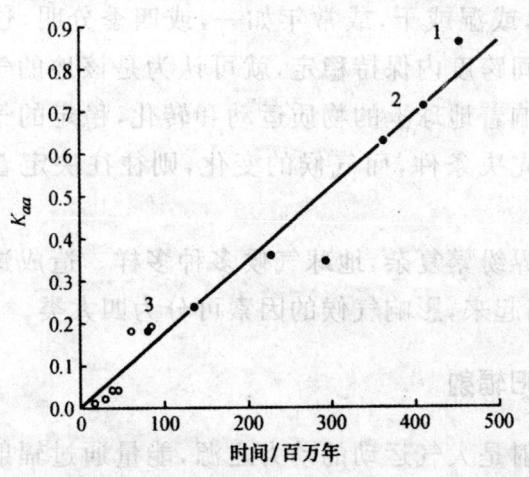

图 9-10　氨基酸差异数和分歧时间的关系（引木村资生）

图中黑点 1 表示鲨鱼血红蛋白 α 链分别与其他 7 种动物的 α 链比较得到的 K_{aa} 的平均数；黑点 2 是鲤鱼血红蛋白 α 链与其他 6 种动物的 α 链比较得到的 K_{aa} 的平均数，其他依此类推。

第十章　海洋气候、环境与动物分布

世界陆地面积与海洋面积的比例为 2.5∶1,在地球表面,海洋将陆地分割、包围。海洋是地球生物的发源地,是地球的生物宝库。研究海洋的气候、环境与动物分布对人类社会有着十分重要的意义。

第一节　海　洋　气　候

一、影响海洋气候形成的主要因素

气候是指某一地区多年大气运动变化状态的综合情况。某地或寒或暖,或湿或干,或常年如一,或四季分明,这些特征在一个较长的时间跨度内保持稳定,就可认为是该地的气候特征。气候深刻地影响着地球上的物质运动和转化,稳定的气候是生物存在和发展的先决条件,而气候的变化,则往往决定着各种生物的命运。

大千世界纷繁复杂,地球气候多种多样。造成这些差异的原因很多,总结起来,影响气候的因素可分为四大类。

(一)太阳辐射

太阳辐射是大气运动的动力之源,能量通过辐射传递到地球表面,引起大气的变化。纬度位置是地球表面接收太阳辐射能量大小的最重要因素,纬度越高的地方,获得的热量越少,气温越低。

太阳辐射对海面的加热是通过发生在海-气界面上的辐射交换过程来完成的,它包括太阳短波辐射交换和海面与大气的长波辐射,而海面的净辐射收支主要取决于太阳总辐射。

(二)大气环流

大气环流形成的原因主要是大气运动——大气接收能量过程中"受热不均",导致空气从一地流向另一地。全球性有规律的运动称为大气环流,它反映了大气运动长时期的平均状态。

从全球来讲,大气环流把热量和水汽从一个地区输送到另一个地区,使高低纬度之间、海陆之间的热量和水分得到交换,是各地天气变化和气候形成的重要因素。

一般而言,不同的气压带和风带控制下的地区会形成不同的气候。例如:赤道及其南北两侧,全年处于赤道低压带控制下,盛行上升气流,高温多雨,全年皆夏,年平均气温在26℃左右,年降水量大都在2000mm以上,且全年分配比较均匀,形成了热带雨林气候。亚马孙平原、刚果盆地、马来群岛是世界主要的热带雨林气候区。

纬度40°~60°的大陆西岸地区,全年盛行西风,受海洋暖湿气团的影响,年降水量一般在700~1000mm,终年湿润。气温年变化较小,冬不冷、夏不热,形成温带海洋性气候。欧洲大西洋沿岸、美洲太平洋沿岸等地区都属于这种气候。

纬度30°~40°的大陆西岸地区,夏季受副热带高压控制,气流下沉,干旱少雨;冬季副热带高压南移,此地受西风带控制,暖湿多雨,形成地中海气候。地中海沿岸、北美洲的加利福尼亚沿海、南美洲的智利中部、非洲南端的好望角地区,都属于这种气候。

气压带和风带是气候形成的一个重要因素,但不是唯一因素。一个地方气候的形成是太阳辐射、大气环流、海陆分布、地形、洋流等因素综合影响的结果。

(三)下垫面

下垫面主要是低层空气运动的边界面,海洋与陆地之间的气温、水分和环流有很大区别。大气中的臭氧层能够大幅削弱太阳短波辐射,保护地球上的生物免受紫外线的辐射伤害。与此同时,臭氧层吸收太阳辐射也加热了大气。我们知道,大气的中长波辐射能够被地面反射,地面温度越低,反射辐射越弱。因此,海、陆之间存在着较大的热力差异。

海、陆下垫面对气候形成的影响还表现在动力性质的差异。陆上,由于地形的起伏,粗糙度较大,摩擦力大,容易使风力减弱;海上则不同,海面比较光滑,粗糙度小,风在海面上运行消耗于摩擦的能量也少,风速不易衰减。

(四)人类活动

人类活动对气候影响很大。人类向大气中排放大量二氧化碳,破坏臭氧层,导致全球气候变暖。海洋中的浮游生物和陆地的森林是吸收大气中二氧化碳的有效手段。人类砍伐树木,污染水源等活动都会影响到海洋和森林对二氧化碳的吸收,气候问题变得越来越严重。

二、海洋气候的主要要素特征

气候要素包括气温、气压、风、云、降水、湿度、蒸发、日照、雾、能见度以及各种天气现象等。

(一)气温

气温是表示空气冷、热程度的物理量,它是空气分子运动的平均动能。气温也是衡量一个地方、一个海区热量资源和自然生产力的重要指标,与人类生活和生产活动有着密切的关系。

中国近海气温地理分布的特点是:渤海、黄海、东海及南海北部,冬、春、夏、秋四季分明;而南海中部和南部,终年高温,几乎没有四季之分。从气温分布的大趋势来看,北冷南暖;气温随时间的变化有日变化,季节变化和年际变化。气温年较差的地理分布是由北往南逐渐递减的(表 10-1)。

表 10-1 各海区气温年较差

海区	渤海	黄海北部	黄海南部	东海北部	东海中南部	南海北部	南海中部	南海南部
年较差温度/℃	27～28	26	21～24	18～20	11～17	7～13	3～5	2～3

(二)气压

气压是随大气高度和密度而变化的,海拔越高,大气压力也越低。空气密度越大,压力也越大,反之则小。气压在水平方向分布的不均匀性,是导致产生风的直接因素。气压场的变化,使空气运动的类型也发生变化,进而引起相应的天气、气候、气压的空间分布和变化,它们都支配着天气系统的分布和演变。因此,气压是气象观测中的基本要素之一,了解和分析气压场的时空分布和变化具有重要意义。

气压随时间的变化同样存在着日变化、季节变化和年际变化。表 10-2 显示了中国近海海面气压的日变化情况。由表 10-2 可以看出,气压的日变化十分复杂,随纬度、海区、月份的不同而异。以 1 月为例,北黄海日最高气压出现在 08 时,最低气压出现在 02 时,日较差为 4 hPa。黄海西部,日最高气压发生在 08 时和 20 时,日最低气压发生在 17 时、23 时和 05 时,日较差为 1 hPa。黄海东南部、东海中部、台湾以东、南海北部、南海中部、南海南部,日最高气压出现在 08 时,日最低气压出现时间随地区而异,日较差分别为 3 hPa 和 2 hPa。

表10-2 黄海、东海、南海部分海域气压的日变化（引孙湘平）

海域	月份	地方时								
		08	13	14	17	20	23	02	05	平均
北黄海 (38.3°N、 122.8°E)	1月	1028	1026	1025	1025	1026	1026	1024	1026	1026
	7月	1005	1005	1006	1005	1006	1006	1003	1005	1005
	年	1016	1015	1017	1014	1017	1015	1016	1015	1015
黄海西部 (36.6°N、 122.3°E)	1月	1027	1026	1026	1025	1027	1025	1026	1025	1025
	7月	1005	1006	1005	1005	1005	1006	1004	1006	1005
	年	1018	1017	1017	1015	1017	1016	1016	1016	1015
黄海东南部 (34.2°N、 124.9°E)	1月	1026	1024	1024	1024	1026	1024	1025	1023	1024
	7月	1007	1007	1006	1006	1006	1007	1005	1007	1007
	年	1017	1015	1017	1015	1016	1015	1016	1015	1015
东海中部 (29.8°N、 126.1°E)	1月	1024	1022	1022	1021	1023	1022	1023	1021	1022
	7月	1008	1007	1008	1007	1008	1008	1008	1007	1007
	年	1016	1015	1015	1014	1015	1015	1015	1014	1014
台湾以东 (25.0°N、 124.3°E)	1月	1021	1020	1019	1018	1020	1019	1019	1019	1019
	7月	1008	1007	1008	1006	1008	1007	1007	1006	1007
	年	1014	1013	1013	1012	1014	1013	1013	1013	1013
南海北部 (18.2°N、 118.1°E)	1月	1016	1015	1015	1014	1015	1015	1015	1014	1015
	7月	1007	1006	1007	1005	1007	1007	1007	1005	1006
	年	1011	1011	1010	1009	1011	1011	1010	1010	1010
南海中部 (12.8°N、 113.3°E)	1月	1014	1014	1013	1012	1013	1013	1013	1013	1011
	7月	1007	1007	1006	1005	1006	1007	1007	1006	1006
	年	1010	1010	1009	1008	1009	1010	1009	1009	1009
南海南部 (8.3°N、 111.2°E)	1月	1012	1011	1011	1010	1011	1011	1012	1011	1011
	7月	1009	1008	1008	1007	1008	1008	1008	1008	1008
	年	1010	1010	1009	1008	1009	1010	1010	1009	1009

(三)风

空气从高压区向低压区的水平流动就是风。作为一种重要的天气因素,风对海洋环境有着重要的影响。海面风场对海水的运动有着巨大的影响,特别与表层海流的变化、海浪的发展和传播以及风暴水位涨落的程度等有密切关系。风还加速海面水的蒸发,影响海面的平整度,进而影响光的传播。风能使干冷空气和潮湿空气发生交换,是天气变化的重要因素之一。大风是海上最主要的灾害性天气之一,大风和巨浪对航运交通、港口建筑、海上作业等带来巨大的危害。大风如遇上天文大潮,通常形成风暴潮,引起海水倒灌,淹没大片土地,造成巨大损失。

空气作水平运动有风向和风速两个方面,所以它是矢量。风向指风的来向,用16个方位或8个方位表示。以北向为起始方位,每隔22.5°确定一个风向,方向为北(N)、东(E)、南(S)、西(W);东北(NE)、东南(SE)、西南(SW)、西北(NW);东北偏北(NNE)、东北偏东(ENE)、东南偏东(ESE)、东南偏南(SSE)、西南偏南(SSW)、西南偏西(WSW),如图10-1所示。

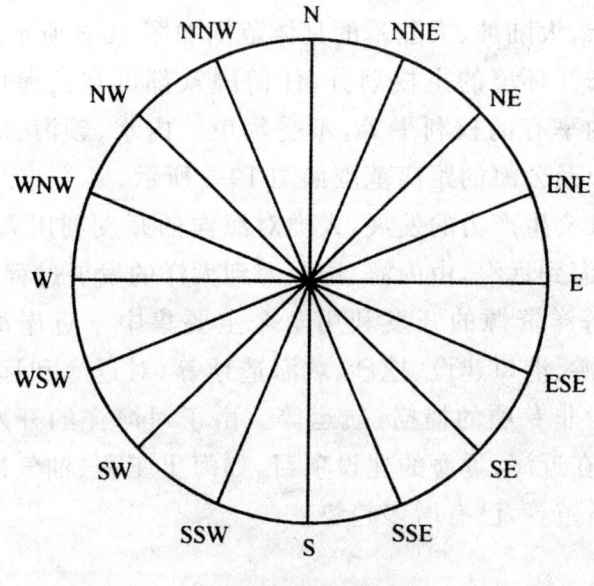

图 10-1 风向的方位

风速的大小划分为 13 级,用风级表表示。

海、陆之间热量的差异影响近地面和近海面的气温和气压,导致冬季风从陆地吹向海洋,而夏季风从海洋吹向陆地,称为季风。

中国近海及其邻近地区,是季风最发达的地区之一。季风不仅盛行,而且范围大、势力强。

第二节 海洋环境

一、海洋环境的划分

海洋环境根据划分的依据不同,类型不同,具体如图 10-1 所示。图 10-2 所示的海洋环境类型的划分的目的是为了实现海洋研究工作的统一,实际上它们之间的界限并非十分清晰。

在图 10-1 的地理划分中,大陆架的环境适合多种鱼类生长,是近岸主要的渔业区域。深度超过 4000m 时,属于深海平原区域。大陆架、大陆坡、大陆基的具体范围如图 10-3 所示。

依据海洋环境的主权划分,任何国家都可在公海内行动,各国在公海内享有的权利平等,不受约束。内水、领海、毗连区、专属经济区以及公海的距离范围如图 10-4 所示。

随着社会生产力的发展,人类对海洋的开发利用大多经历了由近岸、近海到远海,由内海、边缘海到大洋的发展过程。

我国海洋资源的开发利用至今主要集中于近岸海域,如养殖、滨海旅游、港口建设、挖砂、填海造地等,对近海和远海海域的利用大多为非专项的捕捞、航运等。由于对海洋的开发向深度、广度扩展,在近海、远海的建设项目,如海上工程、油气勘探开采、水产牧放增殖等,已有增多趋势。

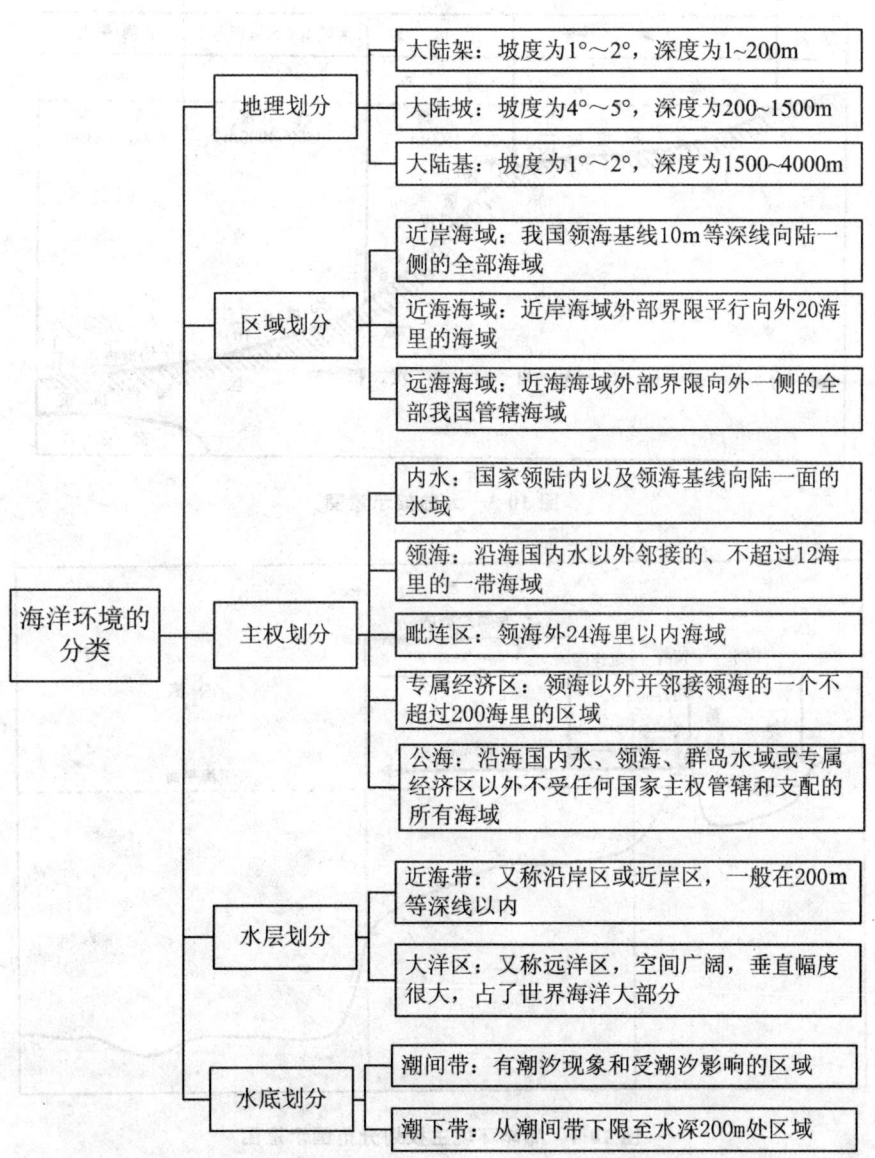

图 10-2 海洋环境的划分

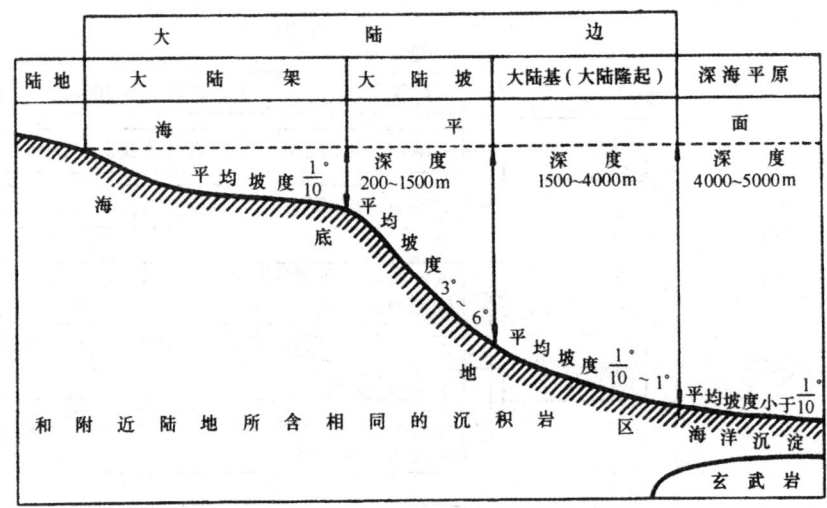

图 10-3 大陆架示意图

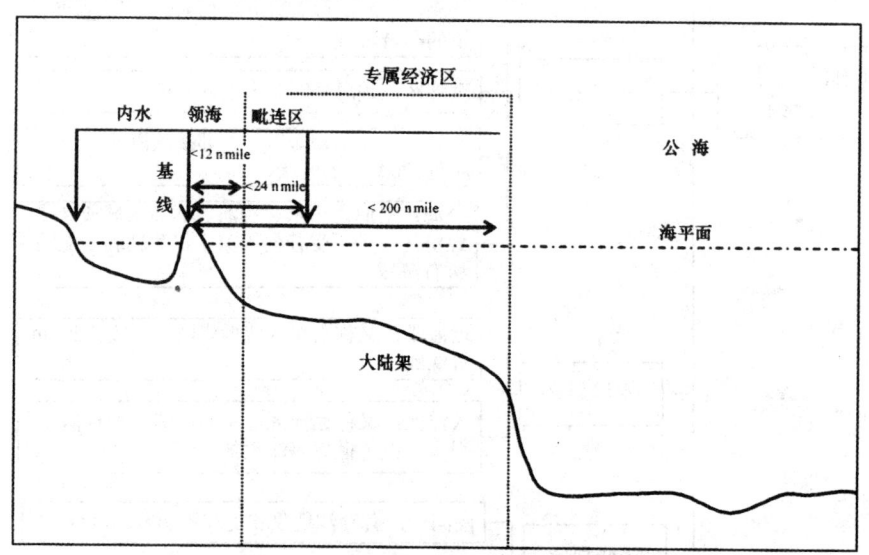

图 10-4 海洋环境主权划分范围示意图

近海带的水平距离是以海底倾斜缓急程度的不同而具有明显差异。如中国海的渤海、黄海和东海海域的大部分浅海区一般都在200m等深线以内,所以面积相当广阔。有些海域,如日本的东海岸和南美西海岸离岸不远水深就超过200m,甚至达到数千米。这种情况浅海区的范围就相当小。而美国的东北部海域,海底坡度就很小,大陆架很宽,因此,浅海区的范围则比较大。

近海带海水的盐度变化幅度较大,一般低于大洋,有时可能很低(如波罗的海和亚速海)。环境的理化因素具有季节性和突然性的变化。由于受大陆径流的影响,海水中的营养元素和有机物质很丰富。环境的这些特点使得近海带的生物种类十分丰富;浮游植物(主要是硅藻)的生产量很大。生活在近海带的生物有许多是属于广温性和广盐性的种类。与大洋区水域比较,近海带是底层鱼类的主要栖息索饵场所和一些经济鱼类的重要产卵场,所以不少浅海海域是许多重要经济种类的渔场。

大洋区海水所含的大陆性的碎屑很少或完全没有,因而透明度大,并呈现深蓝色。海水的化学成分比较稳定,盐度普遍较高,营养成分较沿岸浅海为低,因此生物种类和种群密度都较贫乏和低。大洋的理化性质在空间和时间上的变化不大,在深海水层的下部环境条件终年相对比较稳定,只有少量深海动物生活其中。

大洋区可以分为上层(epipelagic zone)、中层(mesopelagic zone)、深层(bathypelagic zone)、深渊层(abyssopelagic zone)和超深渊层(hadal pelagic zone)。上层的上限是水表面,下限是在200 m左右的深度。上层亦称有光带(lighted portion),即太阳辐射透入该水层的光能量可以满足浮游植物进行光合作用的需求。中层的下限是在1000 m左右的深度。中层水域仍有光线透入,但数量相对较少,满足不了浮游植物进行光合作用的需求。深层的下限是在4000 m左右,以下为深渊层,深渊层的下限为6000m,深渊层以下为超深渊层。深层和深渊层统称无光带,或称黑暗带(dark portion)。由于各种环境因子的干扰,大洋区上层的下限,即有光带下限的深度在不同海域是不完全一致的。如图10-5所示。

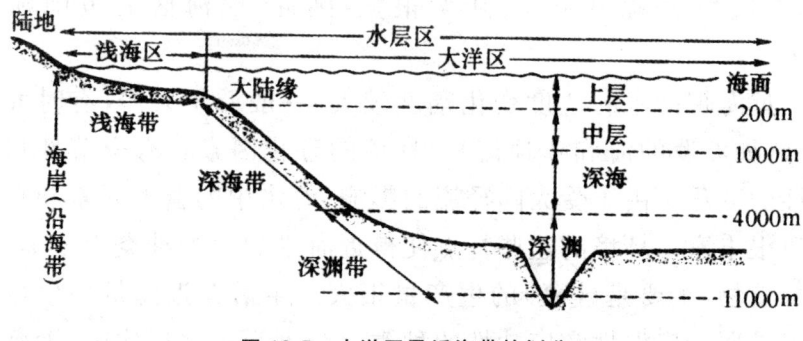

图 10-5　大洋区及近海带的划分

二、海洋环境的主要类型

地球表面 70％左右的面积被海水覆盖。陆地与海洋的接壤处会相互作用,海洋各处的深度不一,构造不同,促使各种各样海洋环境类型的形成。

(一)潮间带海洋环境

潮间带海洋环境的形成主要因素有剧烈的温度变化、剧烈的盐度变化、波浪和潮汐的作用等。潮间带是海洋与陆地之间的缓冲区域,温度变化频繁,区域内盐度变化幅度大,生存着许多耐受性高的生物,生物群落特点鲜明。加上邻近陆地,积累了大量的污染物质。

潮间带的底质类型有三类,具有各自不同的特点。

1.岩岸潮间带

岩岸潮间带底质为坚硬的岩石,海水流动通畅,海水悬浮物较少。海水淹没和空气暴露交替过程是该生境最重要的环境特征,也是决定栖息于岩岸生物垂直分布的重要原因,岩岸潮间带生活的生物种类较多,包括海绵动物、腔肠动物、环节动物、软体动物、节肢动物、棘皮动物、原索动物、鱼类和众多的藻类。

2. 沙滩潮间带

这种潮间带出现在开阔而且水动力较强的海岸,海岸坡度不大,通常由不规则的石英颗粒或沙粒、破碎的贝壳组成。在海浪和海流的作用下,水平方向上形成近岸沙粒粗、远岸沙粒细的分布特点,而在垂直方向上形成底部粗上部细的分布特点。沙滩潮间带分布的生物种类很少,个体也小,常常隐蔽在沙粒之间,当被水流从沙中掀出时能够很快钻入沙中,沙滩潮上带主要栖息一些甲壳类动物,如端足类的圆柱水虱及沙蟹属的种类。

3. 泥滩潮间带

这种潮间带一般出现在有海岛屏障的内海、海湾和河口湾,这里波浪等引起的水体运动较少,滩涂和坡度比沙滩平坦,泥滩的基质主要是由细小沉积物颗粒形成的泥。有些潮间带基质是以泥为主,但含有一定分量的沙粒,则为沙泥滩。如果基质是以细砂为主,但含有一定的泥,则为泥沙滩。泥沙滩和沙泥滩表面以下的温度受海水温度影响较少,全年几乎保持恒定。海水对泥沙滩内部的盐度影响也较小。由于泥滩潮间带含有丰富的有机物质,加上稳定的底质环境,所以分布的生物种类和数量比较丰富。在底质表面,生活着大量的蓝绿藻、甲藻、硅藻等生物。

(二)河口海洋环境

河口是海水和淡水交汇和混合的部分封闭的沿岸海湾。河口海洋环境中的生物承受着较大的环境压力,整个河口海洋环境的最上层为淡水层,中间为混合而成的湍流,盐度剖面不明显,最后为完全混合的河口湾。

河口环境条件比较恶劣,所以生物种类较少。广盐性、广温性和耐低氧性是河口生物的重要生态特征。河口区生物组成主要起源于三个方面:(1)大多数是来自海洋的种类;(2)已适应于低盐条件的半咸水的特有种类;(3)少数广盐性淡水生物种类。

河口植物区系非常贫乏。河口底质多为泥滩,不适合于大型藻类附着,河口区水体混浊,光线只能达到水体的浅层,较深的水层中往往没有植物存在。在河口湾的浅水区存在数量有限的植物,包括浮游植物(主要是硅藻、甲藻)、小型底栖藻类(主要是硅藻)、大型海藻(石莼、浒苔、刚毛藻等)和海草(大叶藻、海龟草、海神草等)、沼泽植物(红树植物、芦苇、大米草等)大型水生植物。其中,小型底栖藻类常被人忽视,其实底栖硅藻比浮游硅藻要丰富得多,它们甚至可以根据光照情况进行垂直移动。

河口浮游动物的数量非常少,特点是季节性浮游动物种类较多,而终生浮游动物的种类较少。生活在河口区的动物多是广盐性种类,能忍受盐度较大范围的变化。游泳生物中终生在河口区生活的只有鲻科鱼类等少数种类,而阶段性生活在河口区的却是大量的,因为很多浅海种类在洄游过程中常以河口区作为索饵育肥的过渡场所,特别是许多海洋经济动物的产卵场和幼年期(幼鱼、幼虾)的索饵育肥场都在河口附近水域,如鳗鲡、河蟹等降海洄游生物以及梭鱼、对虾、大黄鱼、小黄鱼等在河口进行生殖的鱼类。

河口生物群落的特征之一是种类多样性较低,而某些种群的丰度却很大。这是因为河口的温度、盐度等环境条件比较严酷,所以能适应这里生活的种类较少。例如,河口盐度低,使得很多海洋和淡水种类无法忍受这种盐度变化的情况,难以在河口生存,但是河口可为适应这种多变环境的种类提供丰富的食物,因而产量很高。

(三)海湾海洋环境

海湾是被陆地环绕成明显水曲的水域,是海洋的边缘部分。广义的海湾是指海洋深入陆地形成明显水曲的水域。海湾是海洋生物生产力较高的区域之一,蕴藏着丰富的资源,有着优越的地理位置和独特的自然环境,是人类认识海洋、开发海洋和保护海洋的首选区域。

海湾的环境,有的是朝向外海大洋,海洋波浪和潮汐的作用对其影响很大,有的海湾处于相对封闭的内海,波浪、潮汐的影响相对较小,海湾还被陆地环绕,它受陆地环境影响的强度剧烈,因此海湾水域的环境状况与一般海洋不同,同时又由于海湾在成因、平面形状、大小、深度、海底地貌以及与外海的隔离程度和气候条件等各不相同,而且海湾的不同区域,环境特征也有明显差别,所以不同的海湾往往都有自己的特点。下面着重介绍海湾生物特征。

海湾的生物特征与海湾环境的具体情况是分不开的。例如,湾口较开阔、能与外海海水进行自由交换的海湾,其生物特征大体上与相邻的海洋相一致,而一般海湾受陆地包围,陆地入湾径流量大,径流携带大量营养物质进入海湾,使海湾水质肥沃,为生物的生长繁殖创造良好条件,但海湾由于受到大陆影响,水域环境变化剧烈,从而造成动植物区系组成比较简单。种类不如大陆架中、下部或某些陆坡上部丰富。然而,由于海湾水体肥沃,某些生物大量发展并占优势。因此海湾水域多是生产力高、生物资源丰富的区域。

海湾生物的种类是随海湾所在位置而有区别的,但生物的种类和数量一般都比较大,其原因有以下三个:(1)海湾湾首多有比较低平的浅滩,而且多数海湾除湾口岬角附近外,这种低平浅滩的范围还比较大,如泥沙滩是蠕虫类、软体动物和蟹类最好的繁衍生息场所;(2)海湾被陆地环绕,陆源物质尤其是河流带进海湾的各种营养物质多,而且又不易流失,从而使湾内的浮游植物生产量大,为湾内动物的生长提供丰富的饵料,有利于湾内各种动物的生长;(3)海湾内风浪比较平静,有利于湾内许多动物的产卵和繁殖。但是,海湾地区人类活动频繁,海洋环境容易遭受破坏,这样就直接威胁湾内海洋生物的生存。

(四)浅海海区海洋环境

浅海海区是指海岸带海水深度较小的区域,包括从潮间带下限至大陆架边缘内侧的水体和海底,它的平均深度一般不超过 200m。

浅海海区受大陆影响较大,水文、物理、化学等要素相对于大洋区复杂多变,并且有季节性和突然性变化的特点。

由于浅海海区受大陆影响,水文等各种要素相对比较复杂,因此海洋生物(特别是底栖生物)的组成和分布影响很大。例如,浮游植物由于得到足够的营养盐,初级生产力水平比大洋区高;浮游动物食物充足,种类繁多。在海底生活的底栖硅藻和大型海藻是本区的重要底栖植物,在北温带和温带潮下带的硬质底部,常生长着繁盛的褐藻类组成的大型海藻场。在潮下带软质海底上,常存在高等植物(如大叶藻)形成的海草场。在底栖动物中,几乎各个生物门类都有物种在该区分布,浅海海区的游泳动物包括各种鱼类、大型甲壳类、爬行类、哺乳类和海鸟等。其中鱼类是该区经济价值最高,产量最大的游泳动物。

(五)大洋海区海洋环境

大洋海区是指大陆缘以外深度较大、面积广阔的区域,包括水体环境和海底环境。大洋海区相对于近岸浅海海区而言,由于大洋海区不受大陆的直接影响,其环境相对稳定。

大洋海区大部分海水表层水体阳光充足,光在海水传播过程中,由于吸收和散射,光线只能透到海水的一定深度,形成很浅的透光层,透光层的下方是大洋最主要的部分,那里光线微弱或因无光,成为很厚的无光层。

在大洋上层的透光层内,主要有浮游植物和光合微生物,其中以"微型浮游植物"占优势。在贫营养的大洋区,蓝细菌和固氮蓝藻是重要的自养性浮游生物,这些都为大洋海区的动物提供食物来源。大洋上层的动物最为丰富,经济价值比较大的有乌贼、金枪鱼、鲸类等。大洋中层(200～1000m)的浮游植物主要是大型磷虾类,它是重要的食物链环节,常与鱼类(主要是鲸类)结成大群,形成深散射层,这一层的鱼类大约有 850 种。由于大洋海区初级生产者个体都很微小,因而大洋水层食物链长,营养物质基本上可再循环。

在大洋深处无光带深海没有浮游植物等初级生产者生存,分布在那里的是一些微生物和海洋动物,那里的动物多为肉食性和腐食性动物,能够捕食其他动物或利用从上层沉降下来的有机碎屑和生物尸体获得能量。深海鱼类有深海鳗、宽咽鱼等。无脊椎动物主要有甲壳类、多毛类和棘皮动物等。深海底栖动物的多样性水平很高,大部分门类都有深海底栖种类,在万米以上的海沟里也发现有海葵、多毛类、等足类、端足类、双壳类等。可见,压力和寒冷似乎都不是海洋动物生存的障碍。深海动物的数量随深度增加而递减,绝大部分水域的生物量都在 $18m^2$ 以上,只有与大陆架相毗邻的深海和高生产力区的深海海底,生物数量才比较丰富。

三、海洋环境调查

海洋生物是海洋有机物质的生产者,广泛参与海洋中的物质循环和能量交换,对其他海洋环境要素有着重要的影响。海洋生物调查的任务是查清调查海区的生物种类、数量分布和变化规律,为海洋生物资源的合理开发利用、海洋环境保护、国防及海上工程设施和科学研究等提供基本资料。

(一)微生物调查

微生物是指一群个体微小、结构简单、生理类型多样的单细胞或多细胞生物。微生物调查的技术要求和常用仪器如下。

1. 技术要求

这种要求概括起来有以下 4 个方面:(1)采样层次与叶绿素一致;(2)无菌操作,即包括采水用具、实验室操作等;(3)样品应在采样后 2h 内处理、分析,如果做不到应将样品放入冰箱保存,但不能超过 1d;(4)微生物分析要素,指海洋微生物现存量,即细菌总数与微生物其他类别(放线菌、酵母和霉菌等)的丰度和微生物种类组成。

2.常用仪器

这些仪器主要有以下 4 种:(1) QCC3-1 型击开式采水器;(2)QCC14-1型不锈钢击开式采水器和 QCC3-1 型击开式采水器类似;(3)FJ-2107 液体闪烁计数器,FJ-2107 液体闪烁计数器用于测量 ^3H、^{14}C、^{35}S 等低能 β 放射性强度,也可测 ^{32}P 水溶液的切伦科夫辐射,仪器装有可自动送入或退出测量室,可做外标准道比测量,进行 100 个样品自动换样、测量、打印、数字显示;(4)FJ-2603 Ga 为 β 弱放射性测量装置,用于低水平环境样品的放射性活度的测量。主要适合于环境、河流、底泥、食品、水质、生物制品等微弱 α、β 放射性样品的活度测量,可对核爆炸后环境污染水平进行监测,对各受放射性污染的样品进行具体总量测定。可作为核辐射剂量防护性仪器装备。

(二)浮游生物调查

浮游生物是指缺乏发达的运动器官,运动能力很弱,只能随水流移动,被动地漂浮于水层中的生物群。浮游生物分为有微微型浮游生物、微型浮游生物、小型浮游生物、大中型浮游生物。现以小型浮游生物、大中型浮游生物的技术要求、分析方法和资料整理为例进行叙述。

1.小型浮游生物

调查这一类型浮游生物的技术要求,概括起来有以下 5 个方面:(1) 采样层次和水量:按规定标准层采样,采水量 500~1000cm³。(2)垂直拖网:小型浮游生物用浅水Ⅲ型浮游植物网或小型浮游生物网采集,按规定的网具自海底至水面垂直拖网取样。固定后在实验室内进行样品的分析鉴定。(3)垂直分段拖网:连续站或有特殊要求的站位,则采用垂直分段拖网。(4)连续观测的时间和次数;每 3h 采 1 次,共采 9 次。(5)种类鉴定与计数:水采样品每次实际标本镜检数不少于 100~200 个;网采样品每次实际标本镜检不少于 500 个。

至于小型浮游生物资料整理,归纳起来有以下 5 个方面:(1)样品分类鉴定;(2)丰度的计算;(3)填写小型浮游生物数量统计表;(4)按分类系统和种类出现季节,填写小型浮游生物种类名录;(5)绘制浮游植物、浮游植物优势种等细胞密度平面分布图。

2. 大中型浮游生物

这类浮游生物调查的技术要求:利用大、中型浮游生物网或浅水Ⅰ型、Ⅱ型浮游生物网采集大中型浮游生物。大网供湿重生物量测定后进行种类鉴定和计数,中网只供种类鉴定和计数。每次下网前应检查网具、网底管等是否处于正常状态,流量计是否回零。落网入水,当网口贴近水面时,调整计数器指针于零位置,然后以 0.5m/s 左右的速度落网,以钢丝绳保持紧直为准;当网具接近海底时,减低落网速度,一旦沉锤着底,钢丝绳出现松弛时,应立即停车,记录绳子长,并立即以 0.5~0.8m/s 速度起网;网口未露出水面前不可停车;网口升到适当高度后,用冲水设备自上而下反复冲洗网衣外部,使黏附于网上的标本集中于网底管内;将网收入甲板,开启网底管活门,把样品装入标本瓶;用于测定湿重生物量和种类鉴定计数的样品用中型甲醛溶液固定,加入量为样品体积的 5%,海上采集情况记录于浮游生物海上采集记录表。

关于资料整理,通常用以下两种方法:(1)大、中型浮游生物数量统计表;(2)大、中型浮游生物数量时空分布。

(三)底栖生物调查

底栖生物是指生活于海洋基底表面或沉积物中生物的总称,有大型底栖生物和小型底栖生物之分。底栖生物的调查主要依据仪器设备、技术要求以及资料整理的三方面技术。现分述如下。

1. 大型底栖生物

大型底栖生物是不能通过 1.0mm 筛网的种类,除在滨海带之外,大型底栖生物都是动物。

调查时主要的仪器设备有采泥器和网具。抓斗式采泥器,采样面积 $0.1m^2$ 或 $0.5m^2$;弹簧式采泥器,采样面积 $0.1m^2$;箱式采泥器,用于分层采泥,采样面积 500mm×500mm×500mm,或者 250mm×250mm×250mm。而使用的网具,主要有阿氏拖网、三角形拖网、珩拖网及双刃拖网。阿氏拖网为网口宽度为 1.5～2.0m 或 0.7～1.0m 的拖网,适宜底质为泥沙的海底;三角形拖网的网口大小及网衣结构同阿氏拖网,适合于底质较复杂的海区采样;珩拖网则适宜水深 100m 以内水域,特别是底质松软的海区;双刃拖网适用于底质为岩礁、碎石或沙砾的海区。

至于调查的技术要求,主要为以下 5 个方面:(1)采样面积:每个站位不少于 $0.2m^2$;(2)套筛网目:上层 2.0～5.0mm,中层 1.0mm,底层 0.5mm;(3)生物量测定精度:湿重 ±0.1g,干重 ±0.1mg,烘干温度 70～100℃;(4)种类鉴定计数:常见种类必须给出种名,按种计数;(5)拖网时调查船航速在 2kn 左右,航向稳定后投网,拖网绳长一般为水深的 3 倍,近岸浅水区应为水深 3 倍以上,拖网时间为 15min。

2. 小型底栖生物

小型底栖生物是指可被 0.1～1.0mm 筛网截留的种类,通常是由少数较大的原生动物(特别有孔虫)以及线虫、介形虫、涡虫类和猛水蚤类组成,同时也包含大型底栖动物(如多毛类、双壳类)的幼体。

小型底栖生物调查时使用的主要仪器设备有以下 3 种:(1)抓斗式采泥器:采样面积 $0.1m^2$ 或 $0.5m^2$;(2)弹簧式采泥器:采样面积 $0.1m^2$;(3)筛式采泥器:用于分层采泥,采样面积 500mm×500mm×500mm 或 250mm×250mm×250mm 的柱状取样管。

关于调查时技术要求,归纳起来有以下 7 个方面:(1)从取样器取芯样,必须是受扰动的采泥样品。(2)取芯样的个数,依据种群的空间分布型而定,小型底栖生物系斑块状分布,每站取小型生物芯样 2~5 个,芯样的内径为 2.6cm。2 个芯样计数满足一般调查需要,而 3 个或 4 个芯样则满足多元统计分析"零"假设检验的需要,5 个芯样则为特殊类群粒径谱和能量谱分析的需要。(3)芯样的长短和分层一般有效芯样长度是 10cm 左右,分层为 0~2cm,2~5cm,5~10cm。一般海域 0~5cm 可保证 90%左右取样精度,而 0~10cm 可达到 0.5%~98%的精度。(4)套筛网目:上层 0.5mm,中层 0.2mm,底层 0.042mm。(5)Ludox-TM 离心分选 3 次,分选效率应保持在 95%以上。(6)小型底栖生物的生物量测定用体积换算法,检验和校准使用梅特勒超微量分析天平($\pm 0.1\mu g$)。(7)小型底栖生物生产力的计算采用 P/B 值转换法,也可采用现场 BCDTS 系统测定和 ATP 校验。

3.底栖生物资料整理

通常使用以下 7 种方法:(1)底栖生物密度和生物量的平面分布;(2)小型底栖生物丰度和生物量的空间分布;(3)小型底栖生物主要类群丰度和生物量分布;(4)小型底栖生产最主要类群(数量占 70%~95%)海洋线虫的群落结构及其生物多样性;(5)小型底栖生物另一个类群,底栖桡足类的群落结构及其多样性;(6)小型底栖生物最重要类群,海洋线虫的粒径谱和能量谱;(7)线虫和底栖桡足类优势种,常见种的种名录。

(四)游泳生物调查

游泳生物是指具有发达的运动器官,能自由游动,善于更换栖息场所的一类动物的总称,这里主要指鱼类(包括仔鱼和鱼卵)。对鱼类的调查,着重在采样和分类鉴定。

对鱼类的采样,有定性采样和定量采样之分。定性采样一般在海水表层(0~3m)或其他水层进行水平拖网 10~15min,航速为1~2kn。所用网具、水层及拖网时间应分别根据调查目的和调查区鱼卵和仔稚鱼密度来决定。这种采样方式也可作为定量样品,但网口应系流量计。而定量采样,主量样品由海底至海面垂直或倾斜拖网,落网速度为0.5m/s,起网速度为0.5~0.8m/s。采样情况记录于鱼类浮游生物海上采样记录表中,采用浅水Ⅰ型浮游生物网。

对于连续观测的时间与次数,通常是当水深小于50m的每3h采样1次,共9次;对于水深大于50m而采样深度在500m的每4h采样1次,共7次。

在调查时垂直拖网过程中(尤其是起网过程中)不得停顿,钢丝绳倾角不得大于450,若大于450时只能作为定型样品,需重新采样1次。冲网时应保持较大水压,确保网中样品全部收入样本瓶。湿重生物量测定准确度为±1mg。

第三节 海洋动物分布

海水鱼类终生于海水中生活,由于海洋水域范围广及大陆沿岸至离岸远洋,其环境因子如光照、盐度、水温、海流以及食物等在各水域有所差异,因此绝大部分海水鱼类均具地域性。它们并非在整个海洋的所有水域中自由迁移游动,更不会无故地进入或栖息于淡水,因此海水鱼类的分布与其栖息水域的位置及条件有密切关系。

海水鱼类可根据水平与陆岸距离分为沿岸鱼类及远洋鱼类,远洋鱼类又以垂直水层深度分为远洋表层鱼类、远洋中层鱼类、远洋深层鱼类及超深层鱼类;表层性鱼类又以生活方式分为非完全表层鱼类和完全表层鱼类,分类如下(图10-6)。

一、沿岸鱼类

在水深浅于200m的沿岸水域生活的鱼类。

二、远洋表层鱼类

在水深浅于 200m 的远洋水域表层生活的鱼类。

(1)非完全(远洋)表层鱼类。其生活史中某时期有规律或偶然到表层水域生活。

①暂时(远洋)表层鱼类:幼鱼阶段或繁殖期才到远洋水域生活。

②(远洋)中层鱼类:日周期活动某阶段时间(如夜间)游升至远洋表层水域中层。

③外来(远洋)表层鱼类:偶然随水流或漂浮物(如海藻)到达远洋水域。

(2)完全(远洋)表层鱼类:生活史绝大部分或全部在远洋表层水域度过的鱼类。

(3)远洋中层鱼类:在水深 200~1000m 中海层水域生活的鱼类。

(4)远洋深层鱼类:在水深 1000~6000m 深海层水域生活的鱼类。

(5)远洋超深层鱼类:在水深 6000~11000m 超深层水域生活的鱼类。

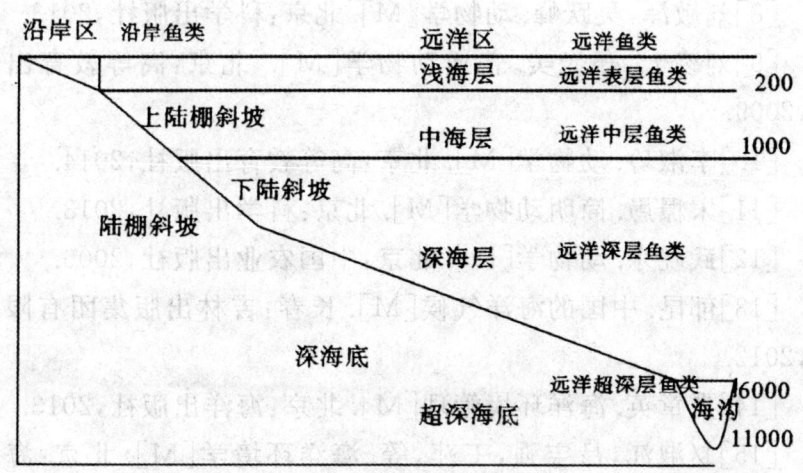

图 10-6　海洋地理分布及海洋鱼类类群的地理分布

参 考 文 献

[1]武云飞.海洋脊椎动物学[M].青岛:中国海洋大学出版社,2013.

[2]徐润林.动物学[M].北京:高等教育出版社,2013.

[3]沈银柱.进化动物学:3版[M].北京:高等教育出版社,2013.

[4]温安祥,郭自荣.动物学[M].北京:中国农业大学出版社,2014.

[5]侯林,吴孝兵.动物学[M].北京:科学出版社,2007.

[6]王宝青.动物学:2版[M].北京:中国农业大学出版社,2014.

[7]王慧,崔淑贞.动物学[M].北京:中国农业大学出版社,2014.

[8]刘敬泽,吴跃峰.动物学[M].北京:科学出版社,2013.

[9]刘凌云,郑光美.普通动物学[M].北京:高等教育出版社,2009.

[10]李淑玲.动物学[M].北京:高等教育出版社,2014.

[11]宋憬愚.简明动物学[M].北京:科学出版社,2013.

[12]武晓东.动物学[M].北京:中国农业出版社,2006.

[13]郁昆.中国的海洋气候[M].长春:吉林出版集团有限公司,2012.

[14]夏章英.海洋环境管理[M].北京:海洋出版社,2013.

[15]赵淑江,吕宝强,王萍,等.海洋环境学[M].北京:海洋出版社,2013.

[16]Cann R L, Stoneking M, Wilson A C. Mitochondrial

DNA and human evolution[J]. Nature,1986,325:31—36.

[17]Gilbert W M,Marchionni,McKnight G. On the antiquity of introns[J]. Cell,1986,46:133—141.

[18]Khaitovich P,Lachmann M. Evolution of primate gene expression[J]. Nature Reviews Genetics,2006,7:693—702.

[19]King M C,Wilson A C. Evolution at two levels:molecular similarities and biological differences between humans and chimpanzees[J]. Science,1975,188:107—116.

[20]Ludwig M Z,Bergman C,Tischler J, et al. Evidence for stabilizing selection in a eukaryotic enhancer element[J]. Nature,2000,403:564—567.

[21]Ohta T. Synonymous and nonsynonymous substitutions in mammalian genes and the nearly neutral theory[J]. Jour Mol Evol. 1995,40:56—63.